建筑装饰装修职业技能岗位培训教材

# 建筑装饰装修幕墙工

（中级工　高级工　技师　高级技师）

中国建筑装饰协会培训中心组织编写

U0281573

中国建筑工业出版社

**图书在版编目（CIP）数据**

建筑装饰装修幕墙工（中级工　高级工　技师
高级技师）/中国建筑装饰协会培训中心组织编写
—北京：中国建筑工业出版社，2003
建筑装饰装修职业技能岗位培训教材
ISBN 978-7-112-05739-9

Ⅰ.建…　Ⅱ.中…　Ⅲ.幕墙-建筑工程-技术培训-
教材　Ⅳ.TU767

中国版本图书馆 CIP 数据核字（2003）第 021062 号

建筑装饰装修职业技能岗位培训教材

**建筑装饰装修幕墙工**

（中级工　高级工　技师　高级技师）
中国建筑装饰协会培训中心组织编写

\*

中国建筑工业出版社出版、发行（北京西郊百万庄）
各地新华书店、建筑书店经销
廊坊市海涛印刷有限公司印刷

\*

开本：850×1168 毫米　1/32　印张：14⅛　插页：2　字数：378 千字
2003 年 7 月第一版　2015 年 9 月第三次印刷
定价：**31.00**元
ISBN 978-7-112-05739-9
（26496）

本教材根据建筑装饰装修职业技能岗位标准和鉴定规范进行编写，考虑建筑装饰装修幕墙工的特点，围绕从中级、高级、技师及高级技师的"应知应会"内容，全书由基本知识、识图、材料、机具、施工工艺和施工管理六章组成。以材料和施工工艺为主线。

　　本书可作为幕墙工技术培训教材，也适用于上岗培训以及读者自学参考。

# 出　版　说　明

　　为了不断提高建筑装饰装修行业一线操作人员的整体素质，根据中国建筑装饰协会 2003 年颁发的《建筑装饰装修职业技能岗位标准》要求，结合全国建设行业实行持证上岗、培训与鉴定的实际，中国建筑装饰协会培训中心组织编写了本套"建筑装饰装修职业技能岗位培训教材"。

　　本套教材包括建筑装饰装修木工、镶贴工、涂裱工、金属工、幕墙工五个职业（工种），各职业（工种）教材分初级工、中级工和高级工、技师、高级技师两本，全套教材共计 10 本。

　　本套教材在编写时，以《建筑装饰装修职业技能鉴定规范》为依据，注重理论与实践相结合，突出实践技能的训练，加强了新技术、新设备、新工艺、新材料方面知识的介绍，并根据岗位的职业要求，增加了安全生产、文明施工、产品保护和职业道德等内容。本套教材经教材编审委员会审定，由中国建筑工业出版社出版。

　　为保证全国开展建筑装饰装修职业技能岗位培训的统一性，本套教材作为全国开展建筑装饰装修职业技能岗位培训的统一教材。在使用过程中，如发现问题，请及时函告我会培训部，以便修正。

中国建筑装饰协会

2003 年 6 月

# 前　言

本书是中国建筑装饰协会规定的"建筑装饰装修职业技能岗位培训统一教材"之一，是根据中国建筑装饰协会颁发的《建筑装饰装修职业技能岗位标准》和《建筑装饰装修职业技能鉴定规范》编写的。本书内容包括中级、高级、技师及高级技师幕墙工的基本知识、识图、机具、材料、施工工艺及施工管理等。通过系统的学习培训，可分别达到中级、高级、技师及高级技师的标准。

本书根据建筑装饰装修幕墙工的特点，以材料和工艺为主线，突出了针对性、实用性和先进性，力求作到图文并茂、通俗易懂。

本书由深圳金粤幕墙装饰工程有限公司朱峰主编，由张文健、王春主审，主要参编人员曾达超、陈远程、竺林、张传凯、王骞、魏秀本。在编写过程中得到了有关领导和同行的支持及帮助，参考了一些专著书刊，在此一并表示感谢。

本书除作为业内幕墙工岗位培训教材外，也适用于中等职业学校建筑装饰专业、职业高中教学及读者自学参考。

本教材与《建筑装饰装修幕墙工职业技能岗位标准、鉴定规范、习题集》配套使用。

由于时间紧迫，经验不足，书中难免存在缺点和错漏，恳请广大读者指正。

# 目　　录

# 第一章 幕墙高级技能工应具备的基础知识

## 第一节 幕墙高级技能工在幕墙工程中的职能和作用

### 一、在幕墙加工及施工中的职能

根据《建筑装饰装修职业技能岗位标准》的规定，建筑装饰装修幕墙工技术等级分为：初级幕墙工、中级幕墙工、高级幕墙工、幕墙工技师、幕墙工高级技师五个级别。本教材适用于"中级幕墙工"、"高级幕墙工"、"幕墙工技师"、"幕墙工高级技师"的学习和培训。为了便于编写，在本教材中将"中级幕墙工"、"高级幕墙工"、"幕墙工技师"、"幕墙工高级技师"统称为"幕墙高级技能工"。"幕墙高级技能工"并非专指"高级幕墙工"，在学习阅读时应加以注意。

幕墙高级技能工在幕墙构件加工中具有的职能：

1. 组织认真学习阅读结构图、加工图、加工工艺卡片及有关技术要求和规范，对构件的加工工艺提出建议和意见，必要时参与编制加工工艺卡片；

2. 合理选择，正确应用量具、加工设备和夹具、刀具、磨具等机具，并组织量具、设备、机具的检查与维护；

3. 组织协调加工过程中的技术协调问题；

4. 熟悉加工质量控制；

5. 积极组织学习新技术、新材料、新工艺、新设备的知识，并学会应用和实际操作。

幕墙高级技能工在幕墙现场施工中具有的职能：

1.认真学习阅读工程大样图、结构图、安装图、施工工艺卡片和有关施工文件及相关技术要求和规范，对幕墙的具体施工操作提出建议和意见，参与工程技术交底工作；

2.合理制订分阶段的施工方案和计划，选择合适的放线测量工具，正确应用量具、现场施工机具，并组织量具、设备、机具的检查与维护；

3.组织协调现场施工过程中的技术协调问题和交叉作业协调问题；

4.熟悉施工质量控制；

5.积极组织学习新技术、新材料、新工艺、新设备的知识，并学会应用和实际操作。

## 二、应对幕墙加工及施工中的疑难问题

针对幕墙加工及施工中存在的疑难问题，幕墙高级技能工应能正确面对，首先，应仔细分析产生的原因，在疑难问题未解决前，及时停止加工和施工，不使加工和施工产生不必要的隐患和失误，甚至于重大事故；其次，对于能找到原因，可以及时处理或解决的一般疑难问题，应尽快处理或解决，不拖泥带水；对于一时无法找到原因，应及时详细向有关人员反映，并及时调整加工和施工计划，将造成的影响减小到最小；最后，无论疑难问题解决与否，都应对此问题进行详细的书面记录，解决后采取的措施和成果也都应详细记录，并及时整理归档。

## 三、幕墙高级技能工在幕墙工程中的作用

1.在幕墙加工及施工中的完善工艺职能

2.对初级幕墙工的指导作用

3.对幕墙新技术、新工艺、新材料的学习和应用

4.对幕墙标准规范的学习和执行

5.掌握电脑的基本应用

6.幕墙工程加工及施工资料的总结和归档

## 第二节 建筑幕墙的基本知识

### 一、建筑幕墙的结构组成

建筑幕墙是一种悬挂于建筑物主体结构框架外侧的外墙围护构件。它的自重和所承受的风荷载、地震作用等，通过锚接点以点传递方式传至建筑物主体上。建筑构件之间的接缝和连接用现代建筑技术处理，使幕墙形成连续的墙面。

建筑幕墙按结构可分为两大类：框架体系幕墙和单元式幕墙。

建筑幕墙按镶嵌材料可分为：玻璃幕墙、金属板幕墙、石材板幕墙、组合幕墙等。

玻璃幕墙按立面装饰形式最通常的分类方式是：

(1) 明框玻璃幕墙；

(2) 隐框玻璃幕墙；

(3) 半隐框玻璃幕墙；

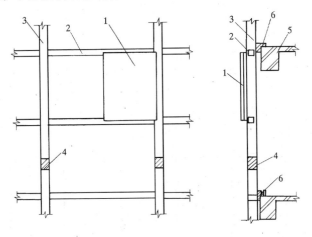

图 1-1 幕墙组成示意图

1—幕墙构件；2—横梁；3—立柱；4—立柱活动接头；

5—主体结构；6—立柱悬挂点

3

（4）全玻璃幕墙。

幕墙的主要结构如图 1-1 所示。由玻璃或金属板构成的幕墙板面构件连接在由横梁和立柱构成的受力框架上或直接悬挂在立柱和主体结构上。悬挂的立柱下端有一套接的活动接头，它可以限制立柱下端在水平方向的移动，但可以使立柱在变形缝尺寸许可的范围内上、下滑动，以消除因温度变化和主体结构层间变化而产生的系统内应力。立柱的悬挂连接一般采用铰接连接。

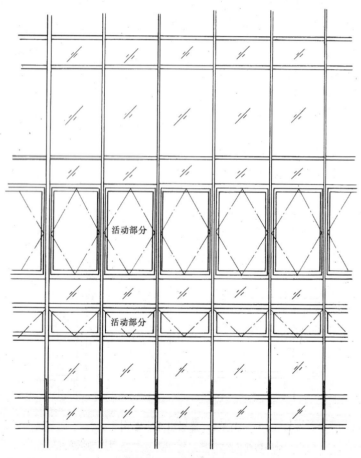

图 1-2 明框玻璃幕墙

（一）铝合金玻璃幕墙

铝合金玻璃幕墙大体可分为明框幕墙、隐框幕墙及半隐框幕墙（竖隐横明或横隐竖明）。

1．明框玻璃幕墙

明框玻璃幕墙的玻璃板镶嵌在铝框内，成为四边有铝框的幕墙构件。幕墙构件镶嵌在横梁上，形成横梁、立柱均外露，铝框分格明显的立面（图1-2），明框玻璃幕墙是最传统的形式，应用最广泛，工作性能可靠。相对于隐框玻璃幕墙，容易满足施工技术水平要求。

明框玻璃幕墙构件的玻璃与铝框之间必须留有空隙，以满足温度变化和主体结构位移所必须的活动空间。空隙用弹性材料（如橡胶条）充填，必要时用硅酮密封胶（简称耐侯胶）予以密

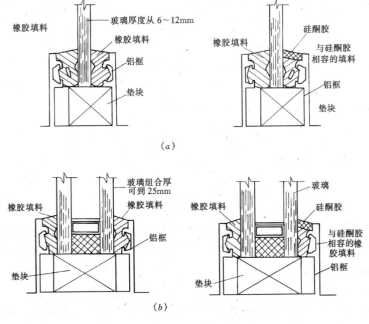

图1-3　明框玻璃幕墙构件大样
（a）单层玻璃；（b）中空玻璃

5

封（图 1-3）

2. 隐框玻璃幕墙

隐框玻璃幕墙是将玻璃用硅酮结构密封胶（简称结构胶）粘结在铝框上，大多数情况下，不再加金属连接件。因此，铝框全部隐蔽在玻璃后面，形成大面积全玻璃幕墙（图 1-4）。

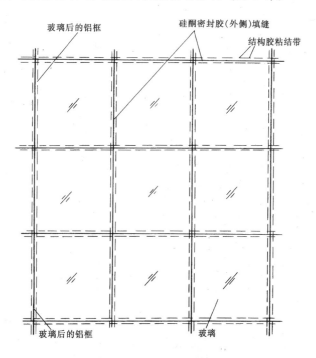

图 1-4　隐框玻璃幕墙

在某些工程中，垂直玻璃幕墙采用带金属连接件的隐框幕墙。金属扣件可作为安全措施，但容易因产生集中应力使玻璃破裂（图 1-5）。

由图 1-6 的节点大样可见，玻璃与铝框之间完全靠结构胶粘结。结构胶要承受玻璃的自重、玻璃所承受的风荷载和地震作用，还有温度变化的影响，因此，结构胶是隐框幕墙安全性的关键环节。

6

结构胶必须能有效地粘结所有与之接触的材料（玻璃、铝材、耐候胶等），这称之为相容性。在选用结构胶的厂家和牌号

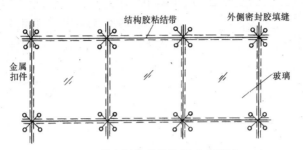

图 1-5　带金属扣件的隐框玻璃幕墙

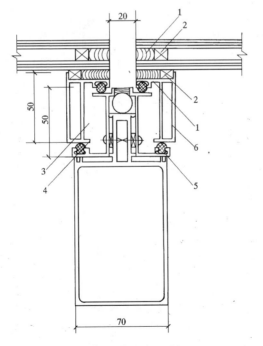

图 1-6　隐框幕墙节点大样示例

1—结构胶；2—垫块；3—耐候胶；

4—泡沫棒；5—胶条；6—铝框

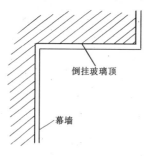

图 1-7 水平倒挂玻璃顶

时，必须用已选定的幕墙材料进行相容性试验，确认其适用性后，才能在工程中应用。

当挑檐下部等部位采用隐框倒挂玻璃顶时（图 1-7），应设金属扣件。

**3．半隐框玻璃幕墙**

半隐框玻璃幕墙是将玻璃两对边嵌在铝框内，两对边用结构胶粘结在铝框上，形成半隐框玻璃幕墙。立柱外露、横梁隐蔽的为竖显横隐幕墙（图 1-8b）；横梁外露，立柱隐蔽的称为竖隐横显（图 1-8a）。

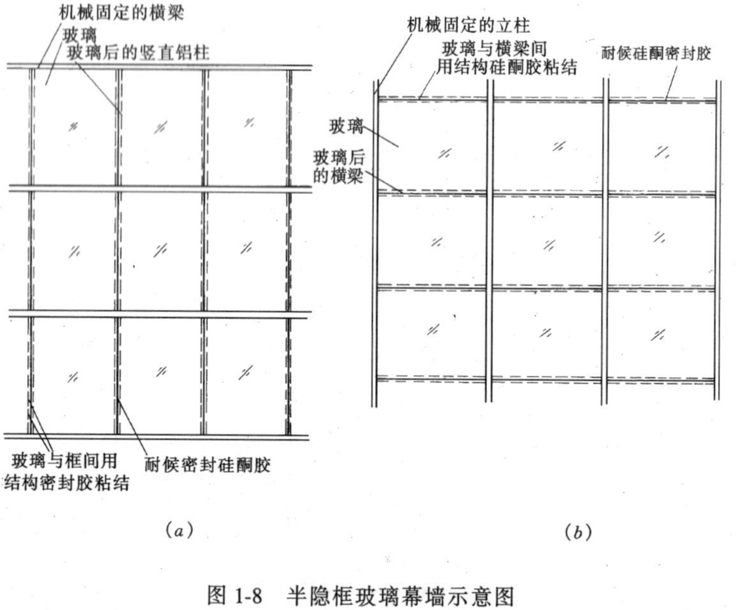

（a）

（b）

图 1-8 半隐框玻璃幕墙示意图
（a）竖隐横显；（b）竖显横隐

半隐框幕墙的明框部分节点示意见图 1-9、图 1-10。

幕墙用的双层中空玻璃由两片玻璃用硅酮结构胶粘合而成（图 1-11）。

8

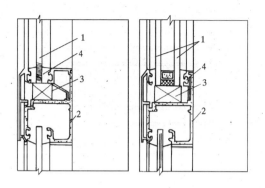

图 1-9 明横框节点示意图

1—玻璃；2—横梁；3—垫块；4—丙烯酸胶

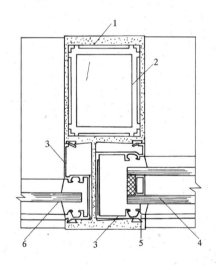

图 1-10 明竖框节点示意图

1—立柱；2—芯柱（伸入立柱 200）；3—扣件；

4—双层玻璃；5—丙烯酸胶；6—玻璃

## （二）悬挂式全玻璃幕墙

为游览观光需要，在建筑物底层、顶层及旋转餐厅的外墙，使用玻璃板，而且支承结构都采用玻璃肋，称之为全玻璃幕墙或

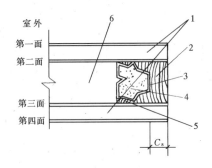

图 1-11 中空玻璃构造示意

1—玻璃；2—结构硅酮密封胶；3—铝合金隔

离框；4—干燥剂；5—丁基胶；6—干燥空气层

悬挂式全玻璃幕墙（图 1-12）。面板和肋板之间用透明硅酮胶粘接，幕墙完全透明，能创造出一种独特的通透视觉装饰效果。全玻璃幕墙可分为座地式和悬挂式两种。座地式玻璃幕墙的构造简单、造价较低，主要靠底座承重，缺点是玻璃在自重作用下容易产生弯曲变形，造成视觉上的图像失真。悬挂式，即用特殊的金属夹具将大块玻璃悬挂吊起（包括玻璃肋），构成没有变形的大面积连续玻璃幕墙。用这种方法可以消除由自重引起的玻璃挠曲，创造出既美观通透又安全可靠的空间效果。

1. 结构组成

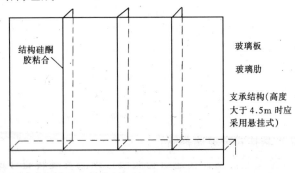

图 1-12 全玻璃幕墙

高度较低的全玻璃幕墙，可以直接以下部为支承；高度较高的全玻璃幕墙，宜在上部悬挂。

肋玻璃通过结构硅酮胶与面玻璃粘合，其具体构造见图1-13。

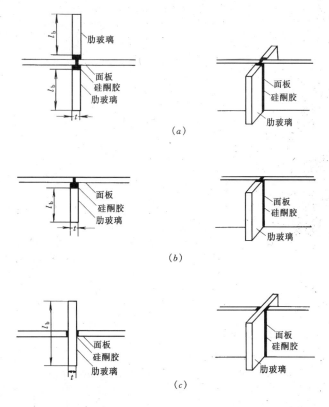

图 1-13　全玻幕墙的构造

（a）双肋；（b）单肋；（c）通肋

悬挂式全玻璃幕墙大致可以分成三个部分（图1-14）：

（1）上部承重悬挂结构，主要部件有：

1）钢吊架；

2）钢横梁；

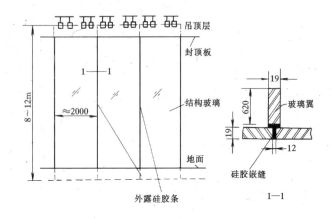

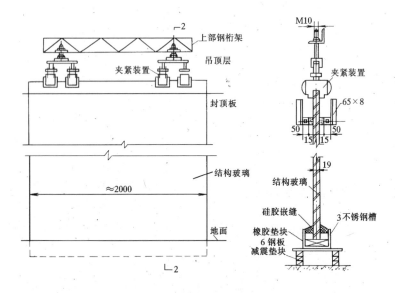

图 1-14 结构玻璃细部构造

3）悬挂吊杆；

4）马蹄形吊夹具；

5）吊夹铜片；

6）内外金属夹扣；

7）填充密封材料；

8）耐候嵌缝胶。

（2）中部玻璃结构

1）玻璃面板；

2）玻璃肋板；

3）硅酮结构胶。

（3）下部边框结构（包括侧向边框）

1）金属边框；

2）氯丁橡胶垫块；

3）泡沫塑料填充条（棒）；

4）耐候嵌缝胶。

2．悬挂式全玻璃幕墙主要材料规格和机械设备

（1）钢吊架和钢横梁等受力构件主要采用钢结构，是根据全玻璃幕墙的分隔设计，将玻璃面板和玻璃肋板等构件的自重和所受荷载正确可靠地传递到主体结构上去。钢结构主要选用型钢，钢材应符合有关现行国家标准的规定：《碳素结构钢》GB700—88；《优质碳素结构钢技术条件》。

（2）悬挂吊杆、马蹄形吊夹具和吊夹铜片：目前均采用专业工厂生产的配套产品，吊杆和吊夹具一般根据悬挂荷载的大小不同分为普通标准型和重型两种。吊夹铜片是用特殊专用胶固定在玻璃设计受力位置上。固定吊夹铜片必须在工厂车间干净的环境下进行，固定位置必须十分精确。不同类型的吊夹具需要在设计上保证有足够的施工空间，见表1-1。

吊夹具类型选用和所需施工空间高度参考表　　　　表1-1

| 承受悬挂玻璃重量 | 吊夹具类型 | 所需施工空间高度 |
|---|---|---|
| $W_g < 450\text{kg}$ | 普通标准型 | 450mm 以上 |
| $1200\text{kg} \geqslant W_g \geqslant 450\text{kg}$ | 重型 | 550mm 以上 |

（3）内外金属夹扣是在玻璃悬挂就位后在玻璃幕墙上部封边结构。它的作用是将玻璃在上部定位，使面玻璃承受风力荷载

后，能均匀地传递到肋玻璃和型钢吊架上，同时也是室内吊顶和室外装饰材料和全玻璃幕墙的交接收口位置。内外金属夹扣通常也用型钢制作。夹扣的长度应与玻璃宽度尺寸相配合。为便于面玻璃的吊装就位，一般只能先固定好内金属夹扣，待面玻璃被悬挂就位后再用安装螺栓固定好外金属夹扣。金属夹扣与玻璃接触的部位最好采用不锈钢材料，因为嵌缝胶一般为弱酸性，热镀锌处理的钢材尚不能很好解决防腐蚀要求。

（4）玻璃：在全玻璃幕墙中主要采用浮法玻璃，玻璃厚度应通过设计和计算，玻璃和玻璃肋的连接方式有 3 种，见图 1-13。玻璃厚度有 15mm、19mm、25mm，较常用的是 19mm 厚。悬挂玻璃幕墙上部节点示意图见图 1-14。玻璃所有的边缘均要求磨平。外露的边缘还应该磨光和倒棱角。玻璃周边磨平是为了防止切割玻璃后有小缺口，受外力作用后容易在该处产生应力集中，使玻璃开裂。

（5）玻璃结构胶和嵌缝胶。在面玻璃和肋玻璃之间采用硅酮结构胶，胶缝的宽度和厚度要通过强度验算。硅酮结构胶的抗拉强度比较高，以满足面玻璃和肋玻璃通过硅酮结构胶形成组合断面，以达到抵抗风力等外荷载的作用。在玻璃与金属边框、夹扣之间，宜采用中性硅酮密封胶。硅酮密封胶有良好的耐候性能，与玻璃和金属材料都有良好的剥离强度。

（6）金属边框。目前一般埋入地面以下或墙面内的边框多采用镀锌冷弯薄壁槽钢，但有的工程一年后复查，发现镀锌层有剥离现象，根据国外实践经验，最好采用 3mm 厚不锈钢槽型钢为宜。

（7）电动吸盘机是一种真空装卸装置。它主要由起重悬吊架、电动真空装置、横杆、可拆除伸延臂、吸盘等组成。真空吸盘安装在双弹簧悬挂装置上，以保证吸盘能准确地排列和吸附物件。真空装置要有报警显示和延时功能，不仅能及时发现有吸盘泄漏，且能有足够的时间处置，不致玻璃掉落。可拆除伸延臂是为方便起吊不同尺寸的玻璃所用。施工前要根据该工程所用玻璃的尺寸和重量，选择好电动吸盘的型号，参见图 1-15。

(8) 液压起重吊车。要根据吊装玻璃的重量和尺寸以及吊车

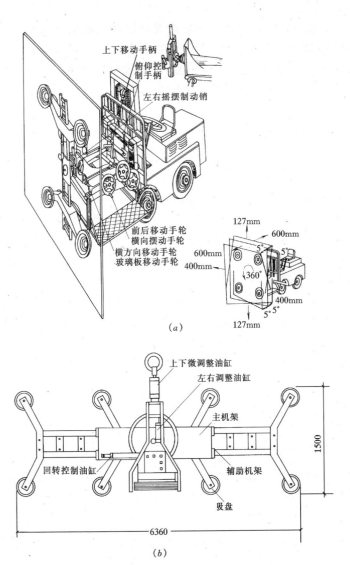

上下移动手柄
俯仰控制手柄
左右摇摆制动销

前后移动手轮
横向摆动手轮
横方向移动手轮
玻璃板移动手轮

127mm
600mm
600mm
400mm
360°
400mm
127mm

(a)

上下微调整油缸
左右调整油缸
主机架
辅助机架
回转控制油缸
吸盘

1500

6360

(b)

图 1-15  电动吸盘的型号

(a) 日本旭硝子 1 型；(b) 日本旭硝子 3 型

15

行驶位置选择吊车的型号，吊车必须要有液压微动操作功能。

（三）金属板幕墙

金属板幕墙与玻璃幕墙从设计原理、安装方式等方面很相似。大体也可分为明框幕墙、隐框幕墙及半隐框幕墙（竖隐横明或横隐竖明）。从结构体系划分为型钢骨架体系、铝合金型材骨架体系及无骨架金属板幕墙体系等。

1. 铝合金板

幕墙工程中常用的铝合金板，从表面处理方法上可分为：阳极氧化膜、氟碳树脂喷涂、烤漆处理等；从几何尺寸上分为：条形板、方形板及异形板；从常用的色彩分为：银白色、古铜色、暖灰色、金色等；从板材构造上分为：单层铝板、复合铝板、蜂窝铝板数种，为了提高板材刚度，其面板可以压成各种形式的波形。对于大面积的单层铝板由于刚度不足，往往在其背面加肋增强。铝板与肋的联结一般可采用三种方法：（1）大铝板背面用接触焊焊上螺栓，再与肋固接连接。（2）用胶将肋粘于铝板背面。（3）采用 3M 强力双面胶带粘贴。从上述三种方法来看，（2）的效果较好。无论何种墙板都必须经过结构计算，强度、刚度必须满足载荷要求。铝合金板的主要规格及性能详见表 1-2。

常用铝合金板规格及性能　　　　表 1-2

| 板材类型 | 构造特点及性能 | 常用规格 | 技术指标 |
|---|---|---|---|
| 单层铝板 | 表面采用阳极氧化膜或氟碳树脂喷涂。多为纯铝板或铝合金板。为隔声保温，常在其后面加矿棉、岩棉或其他发泡材料 | 厚度 2.5～4mm | 1. 弹性模量 E：$0.7 \times 10^5$MPa<br>2. 抗弯强度：84.2MPa<br>3. 抗剪强度：48.9MPa<br>4. 线膨胀系数：$2.3 \times 10^{-5}$/℃ |
| 复合铝板 | 内外两层 0.5mm 厚铝板中间夹 2～5mmPVC 或其他化学材料，表面滚涂氟碳树脂，喷涂罩面漆。其颜色均匀，表面平整，加工制作方便 | 厚度 4～6mm | 1. 弹性模量 E：$0.7 \times 10^5$MPa<br>2. 抗弯强度：≥15MPa<br>3. 抗剪强度：≥9MPa<br>4. 延伸率：≥10%<br>5. 线膨胀系数：$24 \times 10^{-5}$～$28 \times 10^{-5}$/℃ |

| 板材类型 | 构造特点及性能 | 常用规格 | 技术指标 |
|---|---|---|---|
| 蜂窝板 | 两块厚 0.8～1.2mm 及 1.2～1.8mm 铝板夹在不同材料制成的蜂窝状芯材两面制成，芯材有铝箔芯材、混合纸芯材等。表面涂树脂类金属聚合物着色涂料，强度较高，保温、隔声性能较好 | 总厚度：10～25mm 蜂窝形状有：波形、正六角形、扁六角形、长方形、十字形等 | 1. 弹性模量 E：$4 \times 10^4$MPa<br>2. 抗弯强度：10MPa<br>3. 抗剪强度：1.5MPa<br>4. 线膨胀系数：$22 \times 10^{-5}$ ～$23.5 \times 10^{-5}$/℃ |

2. 钢板及不锈钢板

常用于金属板幕墙的钢板材一般为：彩色涂层钢板和不锈钢板，其规格性能详见表 1-3。

**钢板、不锈钢板规格及性能**　　　　　　　　表 1-3

| 板材类型 | 构造特点及性能 | 常用规格 | 技术指标 |
|---|---|---|---|
| 彩色涂层钢板 | 在原板钢板上覆以 0.2～0.4mm 软质或半硬质聚氯乙烯塑料薄膜或其他树脂，耐侵蚀，易加工 | 厚度 0.35～2.0mm | 1. 弹性模量 E：$2.10 \times 10^5$MPa<br>2. 线膨胀系数：$1.2 \times 10^{-5}$/℃ |
| 不锈钢板 | 具有优异耐蚀性；优越的成型性，不仅光亮夺目，还经久耐用 | 厚度 0.75～3.0mm | 1. 弹性模量 E：$2.10 \times 10^5$MPa<br>2. 抗弯强度：$\geqslant$180MPa<br>3. 抗剪强度：100MPa<br>4. 线膨胀系数：$1.2 \times 10^{-5}$～$1.8 \times 10^{-5}$/℃ |

**（四）石板幕墙**

石板幕墙是一种独立的围护结构体系，它是利用金属挂件将石材饰面板悬挂在主体结构上。

1. 材料规格和性能

1) 石材

石材饰面板多采用天然花岗岩，常用板材厚度为 25～30mm。由于天然石材的物理力学性能较离散，还存在许多微细裂纹，即使在同一矿脉中开采出的石材，其强度和颜色也可能有很大差异。因为石板幕墙是暴露在室外，一般面积较大和高度较高，是建筑物室外装饰的重要部分，它还要长期受到各种自然气候因素的作用。所以一定要选择质地密实、孔隙率小、含氧化铁矿成分少的品种，还应到矿产地考察，所选品种的矿体要大，以便板材质量和色泽有可靠保障。当荒料加工成大板后，还要进一步对材质和斑纹颜色作严格挑选分类，才能最后加工成饰面板。

花岗石是一种脆性材料，但在一定外力作用下也会发生变形，所以加工后的大板和成品板的堆放倾斜度不能小于82°，要对称码放在型钢支架两侧，每一侧码放的板块数量不宜太多，一般20厚的板材最多8~10块。当然这也与石材的品种和板材尺寸大小有关。花岗石尽管结构很密实，但其晶体间仍存在肉眼无法察觉的空隙，所以仍有吸收水分和油污的能力，所以对重要工程项目，对饰面板有必要进行化学表面处理。

部分花岗石物理力学性能和主要化学成分见表1-4，表1-5。

部分花岗石主要物理力学性能　　　　　　　　表1-4

| 序号 | 花岗石品种名称 | 岩石名称 | 颜色 | 物理力学性能 | | | | |
|---|---|---|---|---|---|---|---|---|
| | | | | 表观密度（g/cm³） | 抗压强度（MPa） | 抗折强度（MPa） | 肖氏硬度 | 磨损量（cm³） |
| 1 | 白虎涧151 | 黑云母花岗岩 | 浅粉色有黑白点 | 2.58 | 137.3 | 9.2 | 86.5 | 2.62 |
| 2 | 花岗石304 | 花岗岩 | 浅灰色有条纹状花纹 | 2.67 | 202.1 | 15.7 | 90.0 | 8.02 |
| 3 | 花岗石306 | 花岗岩 | 红灰色 | 2.61 | 212.4 | 18.4 | 99.7 | 2.36 |
| 4 | 花岗石359 | 花岗岩 | 灰白色 | 2.67 | 140.2 | 14.4 | 94.6 | 7.41 |
| 5 | 花岗石431 | 花岗岩 | 粉红色 | 2.58 | 119.2 | 8.9 | 89.5 | 6.38 |

| 序号 | 花岗石品种名称 | 岩石名称 | 颜色 | 物理力学性能 | | | | |
|---|---|---|---|---|---|---|---|---|
| | | | | 表观密度（g/cm³） | 抗压强度（MPa） | 抗折强度（MPa） | 肖氏硬度 | 磨损量（cm³） |
| 6 | 笔山石601 | 花岗岩 | 浅灰色 | 2.73 | 180.4 | 21.6 | 97.3 | 12.18 |
| 7 | 日中石602 | 花岗岩 | 灰白色 | 2.62 | 171.3 | 17.1 | 97.8 | 4.80 |
| 8 | 峰白石603 | 黑云母花岗岩 | 灰色 | 2.62 | 195.6 | 23.3 | 103.3 | 7.83 |
| 9 | 厦门白石605 | 花岗岩 | 灰白色 | 2.61 | 169.8 | 17.1 | 91.2 | 0.31 |
| 10 | 奢石606 | 黑云母花岗岩 | 浅红色 | 2.61 | 214.2 | 21.5 | 94.1 | 2.93 |
| 11 | 石山红607 | 黑云母花岗岩 | 暗红色 | 2.68 | 167.0 | 19.2 | 101.5 | 6.57 |
| 12 | 大黑白点614 | 闪长花岗岩 | 灰白色 | 2.62 | 130.6 | 16.2 | 87.4 | 7.53 |

**部分花岗石主要化学成分**　　　　　表 1-5

| 序号 | 花岗石品种名称 | 主要化学成分 | | | | | 产地 |
|---|---|---|---|---|---|---|---|
| | | SiO₂ | Al₂O₃ | CaO | MgO | Fe₂O₃ | |
| 1 | 白虎涧151 | 72.44 | 13.99 | 0.43 | 1.14 | 0.52 | 北京昌平 |
| 2 | 花岗石304 | 70.54 | 14.34 | 1.53 | 1.14 | 0.88 | 山东日照 |
| 3 | 花岗石306 | 71.88 | 13.46 | 0.58 | 0.87 | 1.57 | 山东崂山 |
| 4 | 花岗石359 | 66.42 | 17.24 | 2.73 | 1.16 | 0.16 | 山东牟平 |

| 序号 | 花岗石品种名称 | 主要化学成分 | | | | | 产地 |
|---|---|---|---|---|---|---|---|
| | | SiO$_2$ | Al$_2$O$_3$ | CaO | MgO | Fe$_2$O$_3$ | |
| 5 | 花岗石 431 | 75.62 | 12.92 | 0.50 | 0.53 | 0.30 | 广东汕头 |
| 6 | 笔山石 601 | 73.12 | 13.69 | 0. | 1.01 | 0.62 | 福建惠安 |
| 7 | 日中石 602 | 72.62 | 14.05 | 0.20 | 1.20 | 0.37 | 福建惠安 |
| 8 | 峰白石 603 | 70.25 | 15.01 | 1.63 | 1.63 | 0.89 | 福建惠安 |
| 9 | 厦门白石 605 | 74.60 | 12.72 | | 1.49 | 0.34 | 福建厦门 |
| 10 | 砻石 606 | 76.22 | 12.43 | 0.10 | 0.90 | 0.06 | 福建南安 |
| 11 | 石山红 607 | 73.68 | 13.23 | 1.05 | 0.58 | 1.34 | 福建惠安 |
| 12 | 大黑白点 614 | 67.86 | 15.96 | 0.93 | 3.15 | 0.90 | 福建同安 |

2）金属骨架

石板幕墙同玻璃幕墙一样处于建筑物的外表面，经常受到自然环境下各种不利因素的影响，如日洒、雨淋、风沙等的侵蚀。而且石板幕墙造价较高，一般用于重要和高级建筑的外表装饰。所以同样要求石板幕墙的材料要有足够的耐候性和耐久性。具备防风雨、防日晒、防盗、防撞击、保温隔热等功能。所用金属材料应以铝合金为主，个别工程为避免电化腐蚀，局部骨架也有采用不锈钢骨架，但目前较多项目均采用碳素结构钢。采用碳素结构钢应进行热浸镀锌防腐蚀处理，并在设计中避免用现场焊接连接，以保证石板幕墙的耐久性。

（1）铝合金型材

参照我国现行规范《玻璃幕墙工程技术规范》JBJ102 执行，应符合现行国家标准《铝合金建筑型材》GB/T5237.1～5237.5—2000 中规定的高精级和《铝及铝合金阳极氧化 阳极氧化膜的总规范》GB8013 的规定，氧化膜厚度不应低于 GB8013 中规定的 AA15 级。铝合金型材的化学成分应符合现行国家标准《铝及铝合金加工产品的化学成分》GB/T3190 的规定。

（2）碳素钢型材

按照我国现行规范《钢结构设计规范》GB/T 50017—2002 要求执行，其质量应符合现行标准《普通碳素结构钢技术条件》或《低合金结构钢技术条件》的规定。手工焊接采用的焊条，应符合现行标准《碳钢焊条》或《低合金钢焊金》的规定，选择的焊条型号应与主体金属强度相适应。普通螺栓可采用现行标准《普通碳素结构钢技术条件》中规定的 Q235 钢制成。应该强调的是所有碳素钢构件应采用热镀锌腐蚀处理，连接节点宜采用热镀锌钢螺栓或不锈钢螺栓，对现场不得不采用的少量手工焊接部位，应补刷富锌防锈漆。

（3）锚栓

幕墙立柱与主体钢筋混凝土结构宜通过预埋件连接，预埋件应在主体结构混凝土施工时埋入。现在许多工程往往是总体设计深度不够，或在土建施工时没有埋入预埋件，此时如采用锚栓连接，锚栓应通过现场拉拔等试验决定其承载力。

3）金属挂件

金属挂件按材料分主要有不锈钢类和铝合金类两种。不锈钢挂件主要用于无骨架体系和碳素钢骨架体系中。常用不锈钢牌号是 1Cr18Ni9Ti、0Cr18Ni9，主要用机械冲压法加工。铝合金挂件主要用于石板幕墙和玻璃幕墙共同使用时，金属骨架也为铝合金型材。

应该指出的是不同类型金属不宜同时使用，以免发生电化腐蚀。如无法避免时，应采用非金属垫片隔离。

2．构造特点

不同的干挂方案在经济、方便施工、耐久性等方面都有很大的差别。

1）直接式

直接式是指将被安装的石材通过金属挂件直接安装固定在主体结构上的方法。这种方法比较简单经济，但要求主体结构墙体强度高，最好是钢筋混凝土墙，主体结构墙面的垂直度和平整度都要比一般结构精度高。

直接法可分为一次连接法和二次连接法。早期做法如图1-16

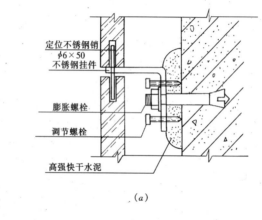

（a）

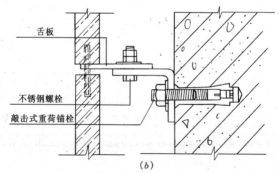

（b）

图1-16 干挂施工直接法早期做法

（a）一次连接法；（b）二次连接法

(a)、(b)。(a)图中用3个调节螺栓来调节板面平整,这种方法很不方便,同时后填的快干水泥质量不易保证,锚栓的有效埋深变浅,抗拉力也会削弱。(b)图是曾经较流行的作法,但施工时钻销钉孔不方便,也容易损坏石材。

目前较多采用的是图1-17所示的板销式,用几种不同长度的金属挂件来适应主体结构墙面的变化,石板上用切割机开槽口电钻孔更方便。

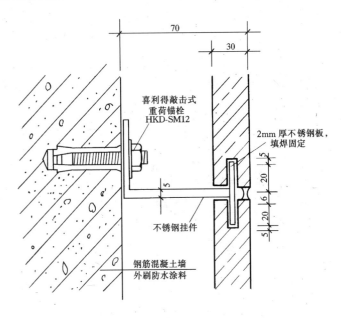

图 1-17　干挂施工直接法当前流行做法

2)骨架式

骨架式主要用于主体结构是框架结构时,因为轻质填充墙不能作为承重结构。由于骨架在建成后不便于维护,骨架的防腐蚀是很重要的。

图1-18(a)、(b)是北京泛利大厦外墙干挂石板的横剖面和纵剖面节点详图。该工程由北京市建工集团—建装饰公司设计和承建。骨架主柱和横梁均用型钢,表面热镀锌防腐,横梁和立

柱采用螺栓连接，调平调直后焊接固定，石板与骨架用不锈钢钢销式挂件固定。

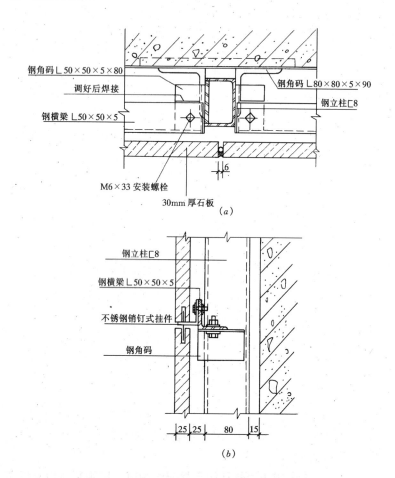

图 1-18　北京泛利大厦外墙干挂石板节点
（a）横剖面；（b）纵剖面

图 1-19 是由中国建筑科学研究院结构所为深圳蛇口时代广场外墙干挂石材设计的节点示意图，该工程骨架立柱和横梁均采用铝合金型材，用铝角码连接固定。铝横梁带有下托片，所以在

安装时只需准确调平好横梁的标高，石材的就位调平就很方便。由于采用了这种分离式的挂片，可以很方便地更换受损伤的石板。

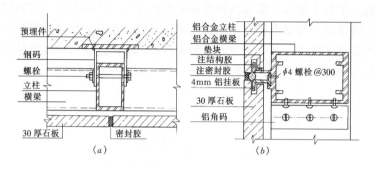

图 1-19 深圳蛇口时代广场外墙干挂石材设计节点示意图
（a）横剖面；（b）纵剖面

图 1-20、21 分别是北京华润大厦外墙石板幕墙部分纵向和横向节点详图。该建筑地面有 27 层，美国 HOK 公司承担总体建筑设计，外墙为玻璃幕墙和石板幕墙组合，幕墙部分由荷兰 KPff

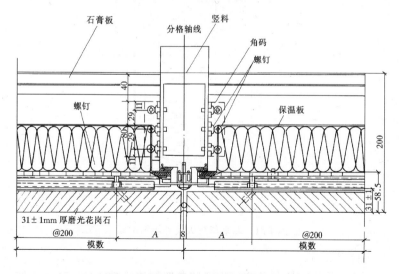

图 1-20 北京华润大厦外墙横向剖面

公司设计，上海富艺工程有限公司施工。幕墙竖料和横料均为铝合金型材，保温材料外用镀锌薄钢板封包，保温板与竖料之间有橡胶密闭条和硅胶封堵，不仅形成第二道防水，也避免冷桥形成。铝合金横向挂条也是固定保温板的压条，在铝型材上需钻螺孔的部位，都制有凹线，使螺孔定位准确。在每一层高外设有一道金属装饰条，并利用金属条和压板作为排除内壁可能有渗漏的排水槽。由上可见，这是一项设计比较成功的实例。

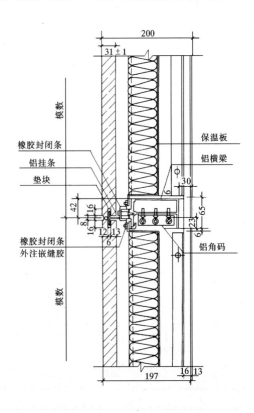

图 1-21　北京华润大厦外墙纵剖面

3）背挂式

这是采用德国慧鱼公司生产的幕墙用柱锥式锚栓的新型干挂

26

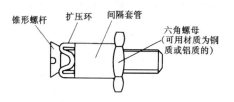

图 1-22 "慧鱼"柱锥型锚栓

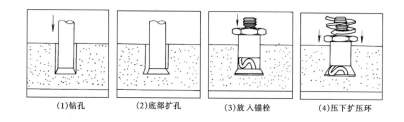

(1)钻孔　　(2)底部扩孔　　(3)放入锚栓　　(4)压下扩压环

图 1-23 柱锥型锚栓安装示意图

技术。它是在石材的背面上钻孔，必须采用该公司的柱锥式钻头和专用钻机，能使底部扩孔，并可保证准确的钻孔深度和尺寸。

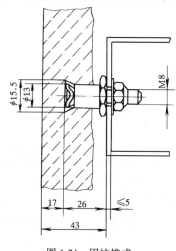

图 1-24 用柱锥式
锚栓固定挂件示意图

锚栓被无膨胀力地装入圆锥形钻孔内，再按规定的扭矩扩压，使扩压环张开并填满孔底，形成凸型结合。锚固为背部固定，因而从正面看不见。大量试验证明，这种锚栓破坏荷载高，安全度高，同时锚固深度小。利用背部锚栓可固定金属挂件。图 1-22、23 是柱锥型锚栓和锚栓安装示意图。

图 1-24 是挂件安装图，图 1-25、26 是背挂式安装和节点示意图。上海金茂大厦的石板幕墙就是采用此种方法，只是将挂件竖

向布置，挂件和横梁均采用不锈钢材料。

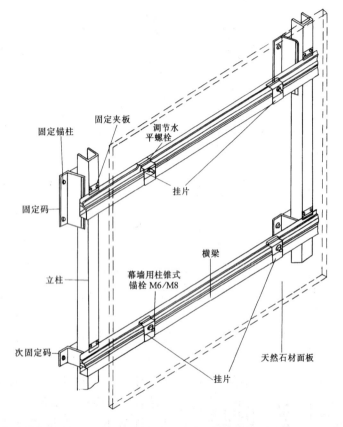

固定夹板
固定锚柱
调节水
平螺栓
固定码
挂片
立柱
幕墙用柱锥式
锚栓 M6/M8
横梁
次固定码
天然石材面板
挂片

图 1-25　背挂式安装示意图

4）粘贴式

这是一种可以完全不用金属挂件，而使用干挂工程胶来固定石材。该胶按属于环氧树脂聚合物。这种工程胶的特点是：

（1）粘接强度高，抗老化，耐候性能稳定。在 －30～90℃ 温差环境内保持性能稳定不变，不变脆，不变软，是高强永久性粘结材料。

（2）具有良好的抗震、抗冲击性能，其抗拉、抗压、抗弯等

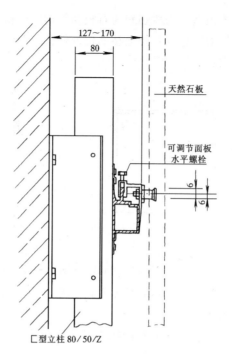

图 1-26　背挂式节点示意图

物理力学性能强度均超过石材和混凝土。

（3）有较强的韧性和伸缩性，能防止石板粘接后因震动、热胀冷缩等作用造成脱落。

（4）固化后抗水浸、防潮性能好，在水中长期浸泡，不会影响其粘接强度。

（5）能抵御自然污染中的任何化学物质侵蚀。

（6）稠度高，不崩不漏，利用率高达 95％以上。

（7）无毒，无腐蚀。

采用粘贴法工艺首先要确定好粘贴点，一般每块石板布置 5 个粘贴点（图 1-27），四角用慢干胶，中央用快干胶。用胶量应根据石板的重量和间隙的大小决定。石板可以直接粘贴在主体承重结构墙上或固定在主体结构的金属骨架上。胶的厚度不宜过大，以免造成浪费。为增强胶与石板和结构层的粘接强度，可以在石板、结构墙、金属骨架上粘贴位处钻孔（$\phi10 \sim \phi12$）。

施工要点：

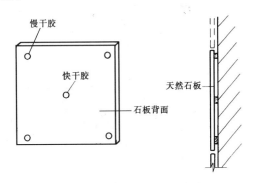

图 1-27　粘贴点布置

（1）按设计图纸，认真核实基层实际尺寸及偏差情况，并弹放纵横基准线。

（2）按石材分格尺寸在墙体式层弹放石材分块位置线，并复核验证，确保精确。

（3）确定石板粘贴点位置，并作钻孔处理（孔径为 $\phi10 \sim \phi12$）。

（4）清除墙体基层表面、孔内及石板背面的灰土、灰浆、油渍、浮松物等不利于粘接的物质，特别是在石板背面粘贴点上的粗糙浮石层及网格，必须用电动角磨机清除彻底。

（5）调胶后，按图例要求将胶抹在预定的粘贴点上，抹胶厚度应大于石板与墙体基层间的净空距离 5mm。

（6）石板上墙粘贴后，根据水平线用水平尺调平校正。

（7）石板定位后，应对粘合情况进行检查，必要时要加胶补强。

采用粘贴法施工有以下优点：

（1）施工工艺简便，容易掌握。

（2）工程综合成本降低（施工速度快，工效高，无需作墙面基层找平处理）。

（3）对特殊造型、装饰线条等各种异形石材的固定不需设计特殊挂件。

（4）施工现场文明，环保效果好。施工现场无粉尘、无噪声、无污水排放，减少现场清理工作。

5）单元体法

它利用特殊强化的组合框架，将饰面块材、铝合金窗、保温层等全部在工厂中组装在框架上，然后将整片墙面运至工地安装，由于是在工厂内工作平台上拼装组合，劳动条件和环境得到良好的改善，可以不受自然条件的影响，所以工作效率和构件精度都能有很大提高，图1-28是北京东方广场单元体外墙节点示意图。

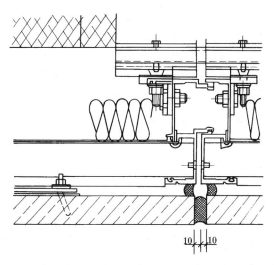

图1-28 北京东方广场单元体外墙节点示意图

**二、行业规范知识**

建筑幕墙既然是建筑物的外围护结构，必然要对相应的物理性能进行要求和规范，如抗风压变形、抗雨水渗漏、抗空气渗透性、隔热保温性能及隔声、抗震、耐冲击等性能，建筑幕墙在设计、加工和安装时就要对这些因素进行全面地考虑与详细地计算（主要指结构），对建筑幕墙受到的各种因素（如材料、风荷载、地震力、温度、雨水）的影响，应采取完全可靠的相应措施，解决这些因素带来的作用与影响。为此，国家建设部等有关部门和行业协会等机构组织以及国际上的有关国家的组织和机构制订了许多相关的行业规范，这些行业规范一般称为"国标"、"国家规范"、"行业标准"、"标准图集"等。所有的加工安装都必须严格遵守这些规范要求，加工安装的质量好坏也以这些规范来衡量。

以下为部分与幕墙有关的国家、行业标准：

建筑幕墙门窗

JG 3035—1996　建筑幕墙

JGJ 102—96　玻璃幕墙工程技术规范

JGJ 133—2001　金属与石材幕墙工程技术规范

JGJ 113—971　建筑玻璃应用技术规程

JGJ/T 139—2001　玻璃幕墙工程质量检验标准

CECS 101：98　建筑瓷板装饰工程技术规程

CECS 127：2001　点支式玻璃幕墙工程技术规程

GB/T 15225—94　建筑幕墙物理性能分级

GB/T 15226—94　建筑幕墙空气渗透性能检测方法

GB/T 15227—94　建筑幕墙风压变形性能检测方法

GB/T 15228—94　建筑幕墙雨水渗透性能检测方法

GB 8484—87　建筑外窗保温性能分级及其检测方法

GB 8485—87　建筑外窗空气隔声性能分级及其检测方法

主要幕墙材料

GB/T 5237.1—2000　铝合金建筑型材　第1部分　基材

GB/T 5237.2—2000　铝合金建筑型材　第2部分　阳级氧化、着色基材

GB/T 5237.3—2000　铝合金建筑型材　第3部分　电泳涂漆型材

GB/T 5237.4—2000　铝合金建筑型材　第4部分　粉末喷涂型

材

GB/T 5237.5—2000　铝合金建筑型材 第 5 部分 氟碳喷涂型
材

GB/T 8013—87　铝及铝合金阳极氧化 – 阳氧化膜的总规范

GB/T 8014—87　铝及铝合金阳极氧化膜厚度的定义和有关
测量厚度的规定

GB/T 17748—1999　铝塑复合板

GB/T 3880—83　铝及铝合金板

GB/T 3280—92　不锈钢冷轧钢板

GB 9962—88　夹层玻璃

GB/T 9963—88　钢化玻璃

GB 17841—1999　幕墙用钢化玻璃与半钢化玻璃

GB 11614—89　浮法玻璃

GB 11944—89　中空玻璃

GB 15763—1995　防火玻璃

GB 4781—1995　普通平板玻璃

JC/T 511—93　压花玻璃

JC 433—91　夹丝玻璃

JC/T 536—94　吸热玻璃

GB 16776—1997　建筑用硅酮结构密封胶

GB/T14683—93　硅酮建筑密封膏

五金件、紧固件

GB 9296—88　地弹簧

GB 9297—88　铝合金门插销

GB 9301—88　铝合金门窗拉手

GB 9303—88　铝合金门锁

GB 9304—88　推拉铝合金门窗用滑轮

GB 9305—88　闭门器

GB 65—85　开槽圆柱头螺钉

GB 95—85　平垫圈 C 级

GB 97.1—85　平垫圈 A 级

GB 818—85　十字槽盘头螺钉

GB 819—85　十字槽沉头螺钉

GB 845—85　十字槽盘头自攻螺钉

GB 846—85　十字槽沉头自攻螺钉

GB 901—88　等长双头螺柱

相关标准

GBJ 16—87　建筑设计防火规范

GB50045—95　高层民用建筑设计防火规范

GB50057—94　建筑物防雷设计规范

GB50009—2001　建筑结构荷载规范

JGJ 81—91　建筑钢结构焊接规范

# 第二章　建筑识图

## 第一节　制图基础知识

**一、制图前的准备工作**

（1）选择制图房间

制图是一项精细的工作，特别是打底稿时使用硬铅笔画细线，必须有一定亮度才能看清楚。因此制图房间必须有足够的亮度，但又不能让阳光直射到图纸上产生眩光。南向的房间必须设有窗帘。光线应从制图者左方射入，室内除有顶灯外，绘图桌上应有台灯。绘图桌右侧最好放一略低于桌面且有抽屉的小柜，用来放绘图工具。

（2）准备制图工具

除图板、丁字尺、三角板、比例尺、圆规和绘图笔外，还要准备一块抹布，用来浸水擦拭制图工具，时刻保持清洁；准备一块桌布，用来盖图板。

（3）选择绘图纸

硫酸纸应选择易着墨的，质量次的硫酸纸表面光滑，墨线描上去后会收缩，形成断线和毛边。绘图时绘图者如果手上有油粘到硫酸纸上也会有这种结果，因此绘图前必须用肥皂洗手。选道林纸要选吸水率小的否则墨线描上去也会形成毛边。

**二、画草图**

（1）根据所画内容选取合适的图幅。图框线、标题栏、会签栏要符合国家规范。

（2）根据所画内容选取合适的比例。

（3）根据所画内容确定画几幅图，在图面上怎样布局，然后再按比例用比例尺量一下每幅图的水平尺寸和垂直尺寸看能否放得下，注意一定留出标注尺寸和画引出符号的位置。

（4）用丁字尺画出水平基线，再用三角板画出垂直基线。如果绘制平面图，一般先绘好左边及下边的轴线作为基线。

（5）根据水平和垂直基线画出轴线网，根据网画具体内容。

（6）在几幅图中一般先画出平面图，由平面图向上作垂线画出立面图，再由立面图作水平线画出侧面图或剖面图。再画详图。

（7）草图完成后先自审再请有关人员和上级审核。

**三、画墨线图**

审核完毕后，开始画墨线图，一定要注意粗、中、细线型分明，图面整洁。如果发生"拖墨"或描错，可在图纸下面垫块三角板，用刮脸刀片反复刮，刮完后用橡皮擦，再重新画墨线。

**四、计算机制图**

在会使用计算机软件的基础上，可直接用计算机画图。计算机制图的具体步骤和方法与手工基本相同，只是用命令替代了手绘工具，只有熟练使用各种制图命令就能完成手工绘图的一切操作。

# 第二节　幕墙施工图

幕墙是悬挂于主体结构外侧的轻质围墙，幕墙是由玻璃、金属板、石板，钢（铝）骨架、螺栓、铆钉、焊缝等连接件组成的。由于这些内容的存在，因此幕墙施工图中常出现建筑和机械两种制图标准并存的局面。立面图和平面图可采用建筑制图标准；节点图、加工可采用机械制图标准。

**一、幕墙施工图的组成**

（一）图纸目录

（二）设计说明

（三）平面图（主平面图、局部平面图、预埋件平面图）

（四）立面图（主立面图、局部立面图）

（五）剖面图（主剖面图、局部剖面图）

（六）节点图

1．立柱、横梁主节点图

2．立柱和横梁连接节点图

3．开启扇连接节点图

4．不同类型幕墙转接节点图

5．平面和立面、转角、阴角、阳角节点图

6．封顶、封边、封底等封口节点图

7．典型防火节点图

8．典型防雷节点图

9．沉降缝、伸缩缝和抗震缝的处理节点图

10．预埋件节点图

11．其他特殊节点图

（七）零件图

**二、幕墙施工图纸的编号方法**

幕墙施工图编号方法目前尚无统一规定，现以某大型幕墙装饰工程有限公司的企业标准为例。

（一）幕墙及门窗工程施工图纸的编号方法以"BS—LM—01为例，其中：

1．"BS"为工程代号、多以工程名称的二个或三个特征词的第一个拼音字母表示；

2．"LM"为分类代号，代表图纸的内容，见表2-1

3．"01"为序号。

分类代号表示法       表 2-1

| 图纸目录 | 平面图 | 立面图 | 大样图 | 预埋件平面布置图 | 钢架结构图 | 节点图 | 轴侧图 |
|---|---|---|---|---|---|---|---|
| ML | PM | LM | DY | YM | GJ | * JD | ZC |

（二）幕墙工程加工图纸的编号方法以"BS—JGT—LB—01"为例，其中：

1．"BS"为工程代号，同上；

2．"JGT"为图纸分类代号，加工图用"JGT"表示、组件装配图用"ZJ"表示、零件图用"LJ"表示、开模图用"MT"表示；

3．"LB"为材料分类代号，以加工材料的二个或三个特征词的第一个拼音字母表示。常用材料的编号表示方法见表2-2。

**幕墙材料分类代号表示法**　　　　　　表2-2

| 铝板 | 玻璃 | 立柱 | 横梁 | 芯套 | 蜂窝铝板 | 压块 | 铝框 | 横梁盖板 |
|------|------|------|------|------|----------|------|------|----------|
| LB | BL | LZ | HL | XT | FB | YK | LK | GB |

（三）铝合金门窗工程加工图纸的编号方法以"BS—60TLC—S—01"为例，其中：

1．"BS"为工程代号，同上；

2．"60TLC"为门、窗代号，表示60系列推拉铝合金窗。其他门窗代号见表2-3。

**基本门、窗代号表示法**　　　　　　表2-3

| 名称 | 固定窗 | 平开窗 | 上悬窗 | 推拉窗 | 纱扇 | 平开门 | 推拉门 | 地弹簧门 |
|------|--------|--------|--------|--------|------|--------|--------|----------|
| 代号 | GLC | PLC | SLC | TLC | S | PLM | TLM | LDHM |

### 三、幕墙施工图符号和图例

（一）幕墙施工图索引符号、详图符号、引出线、剖切符号、断面符号、定位轴线符号与"房屋建筑制图统一标准"GB/T 50001—2001相同。

（二）幕墙施工图中混凝土、钢筋混凝土、砂、瓷砖、天然石材、毛石、空心砖、玻璃、金属、砖、塑料等图例与"房屋建筑制图统一标准"GB/T 50001—2001相同；型钢图例与"建筑结构制图标准"GB/T 50105—2001 相同见表 2-4；门、窗图例与"建筑制图标准"GB/T 50104—2001 相同见表 2-5。

（三）常用幕墙材料图例、常用幕墙紧固件图例目前尚无统一标准，现以某大型幕墙装饰工程有限公司的企业标准为例。见表 2-6 和表 2-7。此二表图例仅供参考，图例表示的材料应参看图纸说明，如有的企业将表 2-6 中结构胶图例表示密封胶，而将涂黑表示结构胶。

常用型钢的标注方法　　　　　　　　表 2-4

| 序号 | 名称 | 截面 | 标注 | 说明 |
|------|------|------|------|------|
| 1 | 等边角钢 | ∟ | $\llcorner_{b \times t}$ | $b$ 为肢宽<br>$t$ 为肢厚 |
| 2 | 不等边角钢 | $B$ ∟ | $\llcorner_{B \times b \times t}$ | $B$ 为长肢宽 $b$ 为短肢宽 $t$ 为肢厚 |
| 3 | 工字钢 | I | $I_N$　　$Q\,I_N$ | 轻型工字钢加注 Q 字 N 工字钢的型号 |
| 4 | 槽钢 | [ | $[_N$　　$Q\,[_N$ | 轻型槽钢加注 Q 字 N 槽钢的型号 |
| 5 | 方钢 | $b$ | $\square\,b$ | |
| 6 | 扁钢 | $b$ | $-\,b \times t$ | |
| 7 | 钢板 | | $\dfrac{-\,b \times t}{l}$ | $\dfrac{宽 \times 厚}{板长}$ |
| 8 | 圆钢 | ⊘ | $\phi d$ | |
| 9 | 钢管 | ○ | $DN \times \times$<br>$d \times t$ | 内径<br>外径×壁厚 |
| 10 | 薄壁方钢管 | □ | $B\,\square\,b \times t$ | |

## 常用门、窗图例　　表 2-5

| 序号 | 名　称 | 图　例 | 说　明 |
|---|---|---|---|
| 1 | 双扇门（包括平开或单面弹簧） | 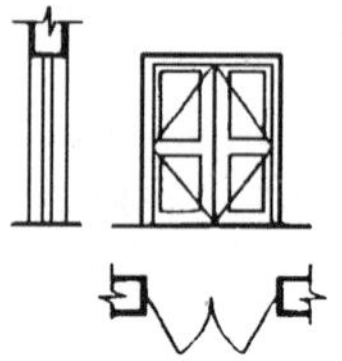 | 1. 门的名称代号用 M<br>2. 图例中剖面图左为外、右为内，平面图下为外、上为内<br>3. 立面图上开启方向线交角的一侧为安装合页的一侧，实线为外开，虚线为内开<br>4. 平面图上门线应 90°或 45°开启，开启弧线宜绘出<br>5. 立面图上的开启线在一般设计图中可不表示，在详图及室内设计图上应表示<br>6. 立面形式应按实际情况绘制 |
| 2 | 推拉门 | 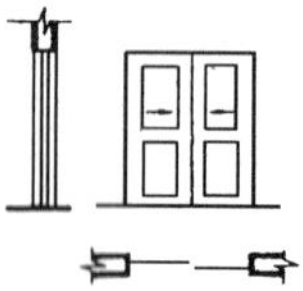 | |
| 3 | 单扇双面弹簧门 | 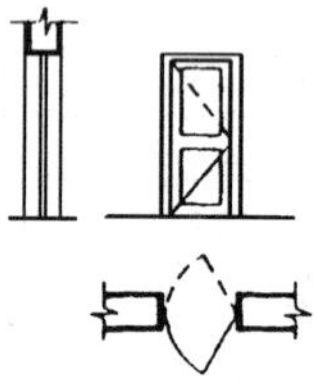 | |
| 4 | 双扇双面弹簧门 | 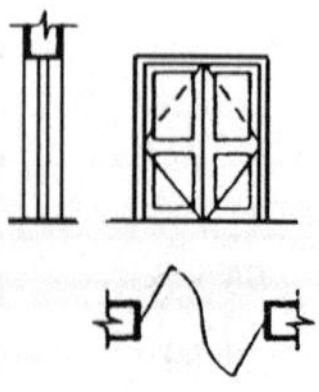 | |

| 序号 | 名　称 | 图　例 | 说　明 |
|---|---|---|---|
| 5 | 单层外开平开窗 | 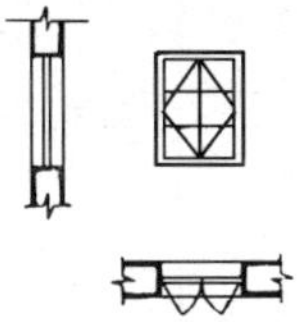 | 1. 窗的名称代号用 C 表示<br>2. 立面图中的斜线表示窗的开启方向，实线为外开，虚线为内开；开启方向线交角的一侧为安装合页的一侧，一般设计图中可不表示 |
| 6 | 双层内外开平开窗 | | 3. 图例中，剖面图所示左为外，右为内，平面图所示下为外，上为内<br>4. 平面图和剖面图上的虚线仅说明开关方式，在设计图中不需表示<br>5. 窗的立面形式应按实际绘制 |
| 7 | 推拉窗 | | 6. 小比例绘图时平、剖面的窗线可用单粗实线表示 |
| 8 | 百叶窗 | 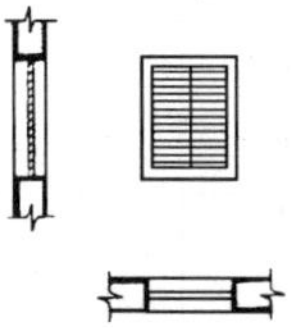 | 1. 窗的名称代号用 C 表示<br>2. 立面图中的斜线表示窗的开启方向，实线为外开，虚线为内开；开启方向线交角的一侧为安装合页的一侧，一般设计图中可不表示<br>3. 图例中，剖面图所示左为外，右为内，平面图所示下为外，上为内<br>4. 平面图和剖面图上的虚线仅说明开关方式，在设计图中不需表示 |
| 9 | 高窗 | | 5. 窗的立面形式应按实际绘制<br>6. $h$ 为窗底距本层楼地面的高度 |

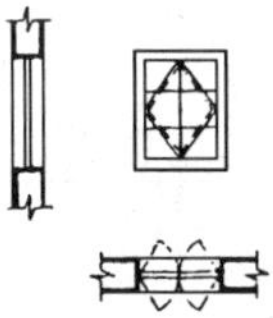

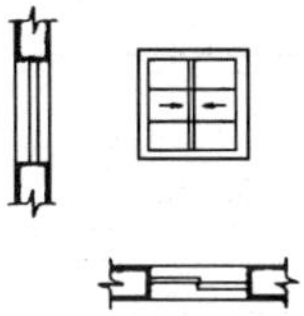

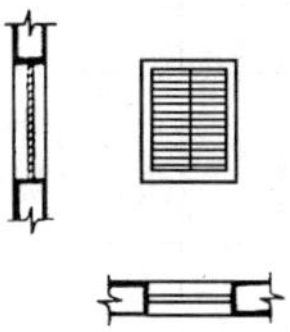

## 常用幕墙材料图例 表2-6

| 序号 | 名称 | 图例 | 序号 | 名称 | 图例 |
|---|---|---|---|---|---|
| 1 | 聚乙烯发泡填料（HEX） | | 7 | 焊缝 | （平面、立面）<br>（侧面、剖面） |
| 2 | 结构胶（ANS137） | | | | |
| 3 | 耐候性密封胶（DOTS） | | 8 | 玻璃 | |
| 4 | 密封胶条（ANS137） | | 9 | 中空玻璃芯（HEX） | |
| 5 | 双面胶条 | | 10 | 岩棉 | |
| 6 | 隔热条（ANS138） | | 11 | 窗台板（ANS134） | |

## 常用幕墙紧固件图例 表2-7

| 序号 | 名 称 | 图 例 | 序号 | 名 称 | 图 例 |
|---|---|---|---|---|---|
| 1 | 十字槽盘头螺钉 | | 4 | 开槽沉头螺钉 | |
| | 简图 | | | 简图 | |
| 2 | 十字槽沉头螺钉 | | 5 | 开槽半沉头螺钉 | |
| | 简图 | | | 简图 | |
| 3 | 开槽盘头螺钉 | | 6 | 十字槽盘头自攻螺钉 | |
| | 简图 | | | 简图 | |

42

| 序号 | 名　称 | 图　例 | 序号 | 名　称 | 图　例 |
|---|---|---|---|---|---|
| 7 | 十字槽沉头自攻螺钉 | | 11 | 内六角圆柱头螺钉 | |
| | 简图 | | 12 | 六角头螺栓 | |
| 8 | 开槽盘头自攻螺钉 | | 13 | 拉钉 | |
| | 简图 | | 14 | 射钉 | |
| 9 | 开槽沉头自攻螺钉 | | 15 | 螺母 | |
| | 简图 | | 16 | 螺母头 | |
| 10 | 膨胀螺栓 | | 17 | 螺钉头 | |
| | 简图 | | | | |

**四、幕墙施工图尺寸和标高标注**

（一）立面图、平面图、剖面图尺寸和标高标注与《房屋建筑制图统一标准》GB/T 50001—2001 相同；

（二）节点图、零件图可采用机械制图标准，包括下列主要内容：

1. 尺寸组成及尺寸线终端形式（图 2-1）；

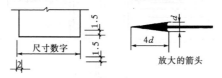

图 2-1　尺寸组成

## 2. 尺寸只注首先要保证的尺寸，而不注封闭尺寸（图2-2）；

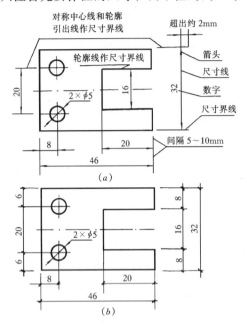

图 2-2　两种尺寸注法区别

（a）首先保证尺寸注法；（b）封闭尺寸注法

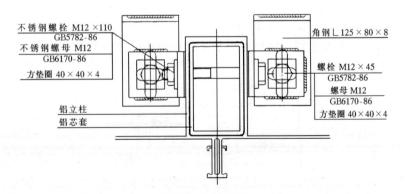

图 2-3　常用螺纹紧固件画法、标注

3. 螺栓、螺母、垫圈等常用螺纹紧固件画法、标注（图 2-3）;

4. 螺孔、光孔、沉孔等常见结构要素的尺寸标注（表 2-8）;

5. 用车、铣、磨等加工的零件应标注表面粗糙度（表 2-9）;

**螺孔、光孔、沉孔尺寸标注** 表 2-8

| 零件结构类型 | | 标 注 方 法 | 说 明 |
|---|---|---|---|
| 螺孔 | 通孔 | 4×M8　　　　4×M8　　　　4×M8 | 4 × M8 表示有规律分布的四个孔，公称直径为 8mm。 |
| 光孔 | 通孔 | 4×φ5　　　　4×φ5　　　　4×φ5 | 4 × φ5 表示有规律分布的四个孔，直径为 5mm |
| 沉孔 | 锥形沉孔 | 4×φ8　　　　4×φ8　　　　90° ∨φ13×90°　　∨φ13×90°　　φ13 φ8 | |

**表面粗糙度高度参数的注写** 表 2-9

| 代 号 | 意 义 | 代 号 | 意 义 |
|---|---|---|---|
| 3.2 ∨ | 用任何方法获得表面粗糙度，$R_a$ 的上限值为 $3.2\mu m$ | 3.2 ∨ | 用去除材料方法获得的表面粗糙度，$R_a$ 的上限值为 $3.2\mu m$ |

6. 尺寸公差的标注（图 2-4）。

**五、幕墙施工图的特点**

1. 幕墙施工图主要特点是建筑制图标准和机械制图标准并

图 2-4　绘制图样上的公差表示法

（a）表示正/负公差的值不相同；（b）表示正/负公差的值相同

存。立面图、平面图和剖面图采用建筑制图标准；节点图、零件图采用机械制图标准。但同一张图样不允许采用两种标准。

2．幕墙平面图、剖面图常和立面图共存于一张图纸内。

3．幕墙节点图常常是一个节点一张图，因此节点编号常常也是图纸编号，如 1 号节点图为"JD—01"。

**六、立面图**

幕墙立面图是施工图中的主视图，是按正投影法绘制的外视图（图 2-5），一般应包括正视、侧视，二个方面的视图。其命名方法与建筑图相同，但工程较大时常以立面图两端的轴线编号来命名，如②~⑧轴立面图。当幕墙平面有转折时，常将立面图画成展开图，在立面图中应标出展开的角度。幕墙立面很大、建筑层数很多，立面图比例小时，对于典型立面、特殊要求立面应补充局部放大立面图。

立面图的主要内容：

1．幕墙种类；

2．在建筑中所处水平和竖向位置，一般以轴线和标高表示；

3．网格划分，分格尺寸，竖向标高；

4．开启扇形式及位置；

5．节点图索引。

**七、平面图**

幕墙平面图实际上是幕墙水平剖面图（图 2-5），平面图常以建筑层数命名，如二~十层平面图；在平面变化较大，需特别加以说明时，可附加局部放大的平面图，阳角、阴角的转角图等。

平面图的主要内容：

1．幕墙和建筑主体结构水平方向的关系；

2．幕墙所处水平位置，一般以轴线表示；

3．网格划分，分格水平方向尺寸；

4．开启扇的水平方向位置。

## 八、剖面图

幕墙剖面图是幕墙垂直剖面的正投影图（图2-5）。

剖面图主要内容

1．幕墙和建筑主体结构竖直方向的关系；

2．幕墙所处竖直方向的位置，一般以标高表示；

3．网格划分，分格竖直方向尺寸；

4．开启扇竖直方向位置。

## 九、立面图、平面图、剖面图的识读步骤

因幕墙立面图、平面图、剖面图常在一张图纸内，平面图、剖面图内容较少，但和立面图关系密切，因此常在一起识读。现以××大厦⑤～⑧号轴线，六～十四层为例。

1．查图纸目录找主立面图，由主立面找局部放大图

从图纸目录上查得主立面图②～⑧轴立面分格图图号为SZNH—LM—02，找到该图是－27层高层建筑（图2-6），立面由玻璃、铝板、花岗岩板幕墙组成，由于大厦高大，图纸比例为1：180，有些尺寸未表示，因此应去找局部放大立面图，由图纸目录查得⑤～⑧号轴线，六～十四层局部放大图图名为BLMQ4立面图（图2-7），查得该图后可见该图立、平、剖面图具全。

2．看幕墙所处位置和形状

由立、平、剖三图查得⑤～⑧轴线，六～十四层幕墙长度为3×8200mm，高度为26.4m～52.7m，为方形。

3．看幕墙材料

由主立面图上图例查得幕墙中央部位为银灰色镀膜玻璃，边缘配以白色氟碳喷涂铝板。

4．看幕墙和主体结构关系

从平面图上可见幕墙固定在⑤~⑧轴线的4根钢筋混凝土柱子上；从剖面图可见幕墙固定在钢筋混凝土梁上。

5．看网格划分

从立面图和平面图可见幕墙立面由一通长的宽180mm净距2×914mm（见立面图下剖尺寸）的竖线条和另一条宽度未注明中距分别为1400mm＋900mm和900mm（见立面图右侧第2道尺寸线）的横线条划分。在180mm宽线条的中间又加一条竖线条，在中距为1400mm＋900mm的横线条之间又加一细横线条。这些线条组成幕墙网格，这些粗细线条的构造要看节点图。

6．看开启扇的形式及位置

从立面图可以看出在914mm×1400mm的分格内有外开下悬窗。

7．看节点图索引

从立面图可见共索引了JD—02、JD—03、JD—05等9个节点。

**十、节点图**

（一）节点图主要内容：

1．节点结构及装配位置图形；

2．主要装配尺寸及装配代号；

3．节点的外形尺寸

（二）节点图的识读步骤

现仍以××大厦⑤~⑧号轴线，七~十四层为例。前面立、平、剖面识读时提到180mm宽线条和中间线条的构造要看节点，节点图JD—03（图2-8）正好剖到这两个线条。从该节点图上可见：

1．看标题了解该节点主要内容，找出在立面图中位置

该图实际上有两个节点，180mm宽线条节点和中间线条节点，因中间线条节点已在图JD—02中介绍，因此该图主要讲180mm宽节点；

2．找出框架、主要零件、玻璃或其他板材

180mm线条节点由立柱（框架）和2个主要零件——竖向装饰柱、竖向装饰条组成；

3．看框架与主体结构的连接

立柱通过螺栓（S/S）M12×120 和钢支座 GZ—02 连接；钢支座 GZ—02 通过螺栓（镀锌）M12×35、焊缝与钢支座 Z—01 连接；钢支座 GZ—01 焊接在主体结构的预埋件上。

4．看框架与零件的连接

用一对螺栓将竖向装饰柱与立柱连接，在左边槽内嵌有 8mm 钢化镀膜玻璃，用胶条密封。右边与开启扇组件连接，因另有图纸介绍开启扇，因此此处没作详细介绍。

5．看零件与零件的连接

通过卡接将竖向装饰条和竖向装饰柱连接。

6．看尺寸

（1）零件尺寸

a．装饰柱的宽度为 180m；

b．大竖向装饰条半径为 R70，小竖向线条半径为 R40。

（2）配合尺寸

a．玻璃前表面与预埋件表面距离为 176mm；

b．玻璃前表面距竖向装饰柱前表面距离为 125mm；

c．竖向装饰条和竖向装饰柱之间距离 25mm。

7．看未注明事项

（1）立柱、竖向装饰条、竖向装饰柱、横向装饰材料；

（2）芯套（1）的长度；

（3）配合尺寸公差。

以上疑问须见零件图和有关文件。

## 十一、零件图

（一）零件图的内容

1．零件各部分结构形状和位置关系；

2．零件的定形和定位尺寸；

3．零件在制造、检验、装配时应达到的技术上的约束条件，如尺寸公差等。

（二）零件图的识读

现以节点图 2-8 中立柱加工图（图 2-9）为例

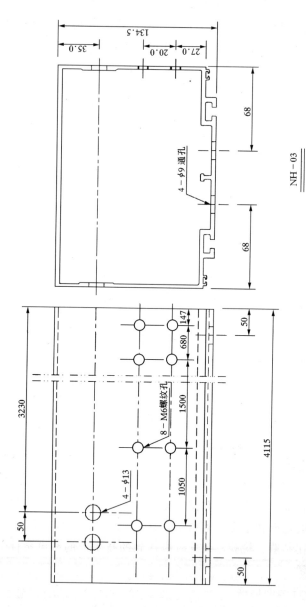

NH－03

4－φ9 通孔

8－M6螺纹孔

4－φ13

图 2-9 立柱加工图

注：代号：AZL－15′数量：4 每支料长：4210 每支料开 1 件，用料 4 支。

50

1. 看图名为"立柱（3）加工图"；

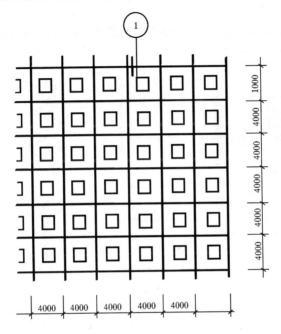

图 2-10  石板幕墙分格立面图

2. 看比例为 1:2.5；

3. 看视图，明关系，剖切位置要注意。

图 2-11  预制钢筋混凝土
聚苯复合板分格单元

该图共有 2 个视图一个立面图为主视图；一个为剖面图。图中表明该零件加工主要为钻孔，钻孔的直径和尺寸标注如下：

（1）4-φ13 通孔，其位置孔中心距右端 3230mm，距上表面 350mm，两孔相距 50mm；

（2）8-M6 螺纹孔共 4 组 8 个，最右距右端 147mm，其余孔中距分别为

680mm、1500mm、1050mm；最下面一个中心距下端27mm，上下两孔中距20mm；

（3）4-$\phi$9通孔，两孔中心距两端50mm，两孔中心距前后均为68mm。

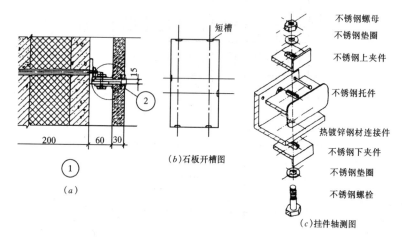

（b）石板开槽图

（c）挂件轴测图

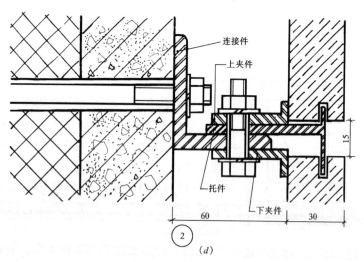

（d）

图2-12　石板幕墙节点图

## 十二、石板短槽干挂幕墙施工图

石板"短槽干挂法"是将传统的"钢针干挂法"φ4mm 的钢针变成宽 2mm 长 65mm 的一条钢板，而石板的槽长为 130mm，因而承载力提高，同时石板的位置前后、左右、上下均能调整，因而能精确安装。现以某大楼为例介绍这种幕墙的施工图。大楼幕墙面积 4 万 m²，其分格单元为 4m×4m（图 2-10），每个单元内都有窗户和 3 种规格的石板（图 2-11）。每个单元自成体系，单元之间石板无任何连接。石板和墙之间的连接分两种一种是直挂式，就是石板靠挂件体系直接挂到墙上，图 2-12 节点图就是直挂式的一种，此图由 3 幅图组成，第一 a 图介绍节点构造；第二 b 图介绍石板的开槽位置，第三 c 图用轴测图画出了挂件体系。从图中可见热镀锌钢材连接件用穿墙螺栓固定到带有保温层的钢筋混凝土墙上，不锈钢托件插入上、下两块石板的缝中，不锈钢上、下夹件将石板从内侧固定。另一种是有钢龙骨式干挂（图 2-13），竖向钢龙骨固定到预埋件上，水平钢龙骨固定到竖向钢龙骨上，挂件系统固定到水平钢龙骨上。

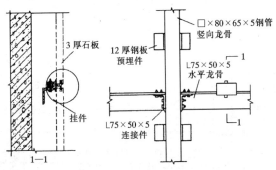

图 2-13 有钢龙骨"短槽干挂"

## 十三、薄片花岗石铝蜂窝复合板幕墙施工图

薄片花岗石铝蜂窝板是 3~4mm 厚的花岗石薄片粘贴到铝蜂窝板上和石板比较不仅重量轻、承载力高，而且每块最大可以做成 1200mm×2400mm。图 2-14 是幕墙的立面分格图，从图中可见

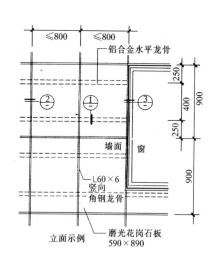

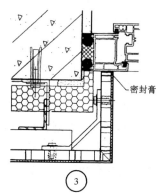

注:
1. 薄片花岗石(大理石)铝蜂窝复合板每块最大尺寸:1200×2400
常用尺寸:宽≤1000
高≤1600。
2. 复合板重 16kg/m²。
3. 各角钢龙骨扁钢连接件等钢材应热镀锌。
4. 木做法也可用于不作保温的外墙面,角钢竖龙骨紧贴墙体。

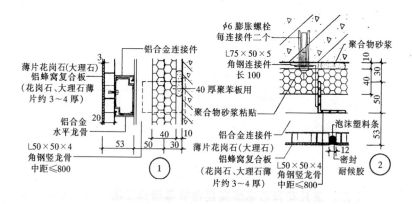

图 2-14  薄片花岗石铝蜂窝幕墙图

每格竖向为 900mm,横向为 ≤800mm;竖向板缝处有 L60×6 角钢龙骨,横向有铝合金水平龙骨,共有 3 个索引,①水平龙骨处垂直剖面；②竖向龙骨处水平剖面；③有窗处的水平剖面。

从节点图①可见墙体为钢筋混凝土墙，聚苯板保温层厚40mm，聚苯板与墙之间有10mm空隙，聚苯板用聚合物砂浆粘贴到墙上。L50×50×4角钢竖龙骨与铝合金水平龙骨垂直相交，用什么方法连接没交待；铝蜂窝复合板厚20mm，用螺钉和铝合金连接件连接，然后卡到铝合金水平龙骨上。

节点②介绍了L50×50×4角钢竖龙骨和墙体的连接及板缝处理。连接件为长100mmL75×50×5角钢，用2φ6膨胀螺栓固定到墙上，L50×50×4角钢竖龙骨固定到连接件上，连接方法未介绍。

节点③介绍节点窗口处的处理，加一连接件将垂直相交的两蜂窝板连接，在和窗框相交处用密封膏密封。

# 第三节  轴  测  图

正投影图的优点是能够完整、准确地表示形体的形状和大小，而且作图简便。但缺乏主体感。如图 2-15 所示的垫座，如果光画它的三面投影（图 2-15a），很难看出形体的形状，如果画出轴测图，则一目了然。轴测投影图加剖视可以表示很复杂的机械或建筑物内部结构如图 2-16 表示的房屋的组成。

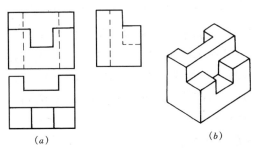

(a)                    (b)

图 2-15  垫座投影图

（a）正投影图；（b）轴测图

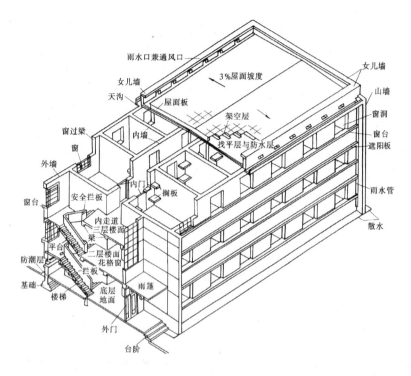

图 2-16 房屋的组成

**一、轴测图的形成**

根据平行投影的原理，向与形体三个投影轴都不一致的方向 $S$ 进行投影，将空间形体及确定其位置的直角坐标系 $OX$、$OY$、$OZ$ 一起投影到一个新的投影面上，所得到的投影称为轴测投影图，简称轴测图。如图 2-17 所示。$OX$、$OY$、$OZ$ 为坐标轴，$O_1X_1$、$O_1Y_1$、$O_1Z_1$ 为 轴 测 轴，$\angle X_1O_1Y_1$、$\angle Z_1O_1X_1$、$\angle Z_1O_1Y_1$ 为轴间角。

**二、轴测图的分类**

轴测图可分两大类：正轴测和斜轴测。

（1）正轴测图是指投影线垂直于投影面（和正投影一样），但形体的空间坐标轴（$OX$、$OY$、$OZ$）和投影面倾斜所得到的

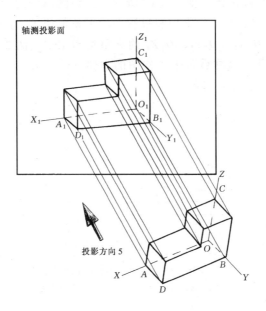

图 2-17　轴测图的形成与名词介绍

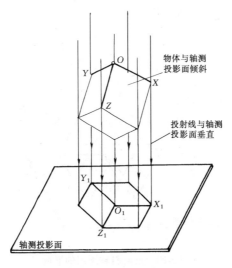

图 2-18　正轴测图的形成

投影图叫正轴测图。如图 2-18 所示。正轴测图中的特例，就是 $OX$、$OY$、$OZ$ 三个投影轴和投影面的夹角都相等。这时三个轴测投影轴 $O_1X_1$、$O_1Y_1$、$O_1Z_1$ 的夹角均为 120°（图 2-19$b$），称为正等测图。这样就带来了作图的方便（图 2-19$a$）。我们所见的轴测图大都是正等测图。

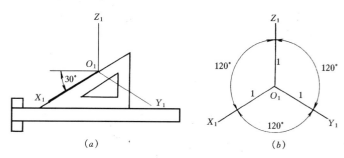

（$a$）　　　　　　　　　　　　（$b$）

图 2-19　正等测轴间角及简化系数

（$a$）轴测轴的画法；（$b$）轴间角与简化系数

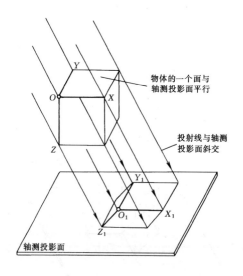

图 2-20　正面斜轴测图的形成

58

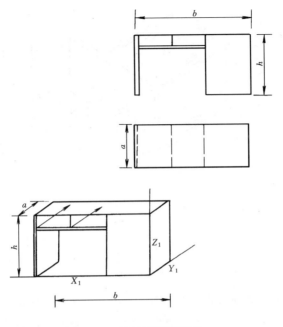

图 2-21　正面斜等测图画法

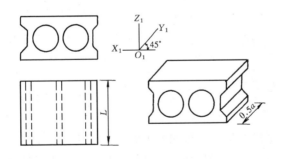

图 2-22　正面斜二测画法

（2）斜轴测图指投影线倾斜于投影面，形体的空间坐标轴（$OX$、$OY$、$OZ$）和投影线都不一致，而得到的轴测图。此时如果形体有一平面和投影面平行所得的轴测图称为正面斜轴测图（图 2-20）。这也给作图带来方便，因为平行于投影面的平面投影

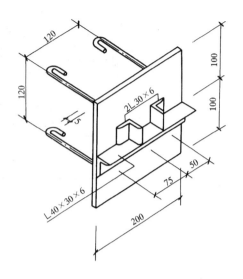

图 2-23　轴测图线性尺寸的标注方法

反映实形。其他投影线都可由此画出。正面斜轴测图根据变形系数的不同又分为正面斜等测图（图 2-21）和正面斜二测图（图 2-22）前者为 1 后者为 0.5。

### 三、轴测图线性尺寸的标注方法

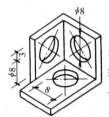

图 2-24　轴测图圆
直径标注方法

　　轴测图的线性尺寸，应标注在各自所在的坐标面内，尺寸线应与被注长度平行，尺寸界线应平行于相应的轴测轴，尺寸数字的方向应平行于尺寸线，尺寸起止符号宜用小圆点表示（图2-23）。

　　轴测图中的直径尺寸，应标注在圆所在的坐标面内；尺寸线与尺寸界线应分别平行于各自的轴测轴（图 2-24）。

## 第四节　效　果　图

　　效果图是设计者展示设计构思、效果的图样。建筑装饰效果图是设计者利用线条、形体、色彩、质感、空间等表现手法将设计意图以设计图纸形象化的表现形式表现出来，往往是对装饰工程竣工后的预想。它是具有视觉真实感的图纸，也称之为表现图或建筑画。

**一、效果图的作用**

1. 因为效果图是表现工程竣工后的形象，因此最为建设单位和审批者关注。是他们采用和审批工程方案的重要参考资料；

2. 效果图对工程招投标的成败有很大的作用；

3. 效果图是表达作者创作意图，引起参观者共鸣的工具，是技术和艺术的统一，物质和精神的统一。对购买装饰装修材料和采用施工工艺有很大的导向性，因此在这种意义上来说，效果图也是施工图。

**二、效果图的图式语言**

效果图综合了许多表现形式和表现要素。要读懂读好效果图，就得从效果图各要素入手，结合施工实践去观察体会。

效果图中图式语言有：形象、材质、色彩、光影、氛围等几种要素。形象是画面的前提；材质、色彩无时不在影响人们的情绪；光影突出了建筑的形体、质感。这些因素综合起来，产生了一个设计空间的氛围，有的高雅、有的古朴。各种图式语言之间是相互关联的一个整体。

**三、效果图的分类**

1. 水粉效果图

用水粉颜料绘画，画面色彩强烈醒目，颜色能厚能薄、覆盖力强、表现效果既可轻快又可厚重，效果图真实感强，绘制速度快，技法容易掌握。

2. 水彩效果图

用水彩颜料绘画和水粉画的区别是颜色透明，因此水彩画具有轻快透明、湿润的特点。

3. 喷笔效果图

用喷笔作画，质感细腻，色彩变化柔合均匀，艺术效果精美。

### 4. 电脑效果图

作电脑效果图要有一台优质电脑和几个作图软件。电脑效果图以其成图快捷准确、气氛真实、画面整洁漂亮、易于修改等优点很快被人们接受。成为目前最常见的效果图（图2-25）。

图 2-25　效果图

# 第五节  幕墙施工图的审核

审核施工图可把图纸中的错误在施工前发现，因此对提高工程质量，加快施工进度，提高经济效益的作用是很大的。审核施工图对于从事幕墙设计施工的单位来说有两方面的含义，一是图纸设计者的自审、互审和会审；二是设计院、业主、监理对图纸的审核。

审核图纸的内容有两方面，一方面是对绘图方面的审核，第二方面是对专业技术的审核。

**一、对绘图的审核**

1. 标题栏是否有设计者和上级领导的签字，修改记录栏是否有人签字。这是一项很重要的内容，图纸无人签字和一般文件无人签字一样，是无效图纸，不能成为有法律效力的技术文件。

2. 建筑物及幕墙在平面图和立面图中反映的长度尺寸；在平面图和侧面图中反映的宽度尺寸；在立面图和侧面图中反映的高度尺寸是否一致。

3. 幕墙的外形和内部构造是否表达清楚和详尽，是否漏画某些重要零件。

4. 图中说明是否漏项，该说的没说。

5. 图中尺寸计算是否有误。

6. 图中采用的通用图集是否有效。

**二、对专业技术的审核**

1. 看能否施工和方便施工，能否加以改进

对幕墙施工图来说首先要看能否施工，如有的螺栓两端都无法固定或伸进搬手，无法拧紧，导致整个构件无法安装。表2-10介绍了装配结构一些通病，供参考。

幕墙施工是高空作业，作业条件不如地面好，因此设计一定考虑方便施工。

对于不能施工和不方便施工的设计，审核者应根据自己施工经验提出修改意见。

2．看是否存在安全隐患

幕墙的安全隐患有两种含义，一是幕墙高挂在空中，其结构必须经得自重、强风和地震，对幕墙施工者来说虽不要求参加对安全系数的核算，但因为是具体施工者，对结构的可靠性看法会有独到见解；第二个含义是为实现设计进行的施工是否容易引起安全事故，如人员坠落或火灾事故。

3．看设计是否符合有关标准

看图中所用材料是否符合国家标准、地方标准和企业标准，如对结构胶密封胶国家都有严格规定。特别是国家禁用或明令淘汰的落后产品一定要杜绝使用。

常见装配结构通病 表 2-10

| 不合理 | 合理 | 说明 |
|---|---|---|
| 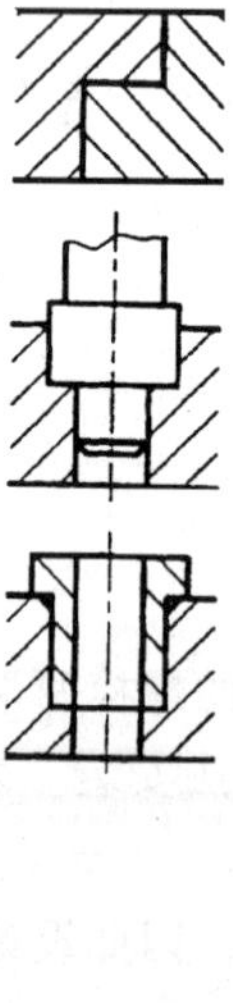 | 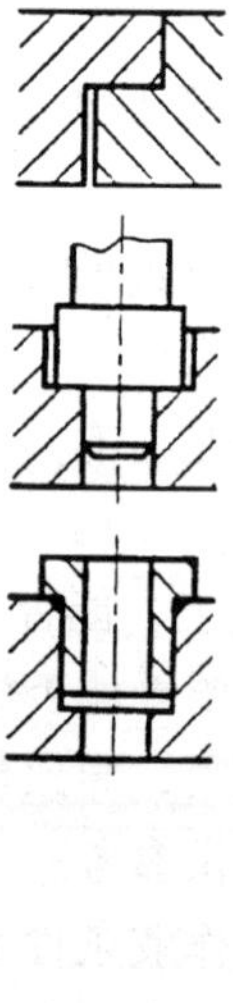 | 同一方向只允许有一对接触面保证接触可靠 |

| 不合理 | 合理 | 说明 |
|---|---|---|
| | | 螺纹部分要足够长并侵入孔内，以确保螺母能够旋紧 |
| | | 螺杆与孔之间应留有空隙 |
| | | 要考虑拆装的方便和可行 |
| | | 要为工具的操作留出足够的空间 |
| | | 设手孔或采用螺栓，以便于装拆 |

看设计是否符合行业标准或企业标准

审图时要把发现的问题逐条记录，整理成文，向上级技术负责人汇报，必要时由技术负责人主持，安装技术人员及技术骨干参加，由责任审图人把读图中发现的问题和提出的建议逐条解释，与会人员提出看法，会后整理成文，一式几份，分别自留及交设计单位及有关人员供会审时使用。

### 三、图纸的会审

（一）图纸会审主要内容：

1．设计图纸是否齐全和符合目录；

2．各图纸之间有无矛盾；

3．设计是否都能施工，是否有容易导致质量、安全、费用增加等方面的问题；

4．图纸中的材料是否是国家规范、国家和地方政府文件中规定不能使用的材料，材料来源有无保证，能否代换；

5．图纸中的缺项和错误。

（二）图纸会审的方法和步骤

会审由责任部门和责任人招集，请设计单位、建设单位、监理单位和安装单位参加，步骤如下：

1．首先由设计人员进行技术交底，将设计意图、工艺流程、建筑装饰效果、结构形式、标准图的采用、对材料要求，对安装的建议等，向与会者交待；

2．由安装单位、监理单位按会审内容提出问题，由设计单位解答；对难解决的问题，展开讨论，研究处理方法；

3．签署图纸会审纪要。将提出的问题、讨论的结果，最后的结论整理成会议纪要，由与会各方的代表会签形成文件。

# 第三章　建筑幕墙材料

## 第一节　幕墙材料的应用

（一）选材原则

1）幕墙材料应符合国家现行产品标准的规定，并应有出厂合格证。幕墙所使用的材料，概括起来，基本上可有四大类材料。即：骨架材料（铝合金型材、钢材、铝木或塑钢复合材料及隔热材料）、板块材料（玻璃、铝板、石板及其他材料）、密封填缝材料、结构粘接材料。这些材料绝大部分国内都能生产，而且大部分都有国家标准或行业标准，但由于生产技术和管理水平的差别，市场上同种类材料质量，由于生产厂家不同，质量差别还是较大。作为外围护结构的幕墙，虽然不承受主体结构的荷载，但它处于建筑物的外表面，除承受本身的自重外，还要承受风荷载、地震作用和温度变化作用的影响。因此，要求幕墙必须安全可靠，所以，要求幕墙使用的材料都应该符合国家或行业标准规定的质量指标，少量暂时还没有国家或行业标准的材料，可按国外先进国家同类产品标准要求，生产企业制定企业标准作为产品质量控制依据。总之，不合格的材料严禁使用，出厂时必须有合格证。

2）幕墙材料应选用耐气候性的材料，并进行表面防腐蚀处理。由于幕墙处于建筑物的外表面，经常受自然环境不利因素的影响，如：日晒、雨淋、风沙等不利因素的侵蚀。因此，要求幕墙材料要有足够的耐候性和耐久性，具备防风雨、防日晒、防盗、防撞击、保温隔热等功能。因此，所用金属材料和零附件除不锈钢和轻金属材料外，钢材应进行表面热浸镀锌处理，铝合金应进行表面阳极氧化处理。以保证幕墙的耐久性和安全性。

3）幕墙材料应采用不燃烧性材料或难燃烧性材料。幕墙无论是在加工制作、安装施工中，还是交付使用后的防火都十分重要。因此，应尽量采用不燃烧材料和难燃烧材料，但目前国内外都有少量材料仍是不防火的，如：双面胶带、填充棒等是易燃材料，因此，在安装施工中应倍加注意，并要有防火措施。

4）结构硅酮密封胶应有与接触材料相容性试验报告，并应有保险年限的质量证书。隐框和半隐框玻璃幕墙使用的结构硅酮密封胶，必须有性能和与接触材料相容性试验合格报告，接触材料包括铝合金型材、玻璃、双面胶带和耐候硅酮密封胶。所谓相容性是指结构硅酮密封胶与这些材料接触时，只起粘接作用，不发生影响粘接性能的任何化学变化。无论进口还是国产的结构硅酮密封胶，都必须持有国家认定证书和标牌，并经过检验通过，方可使用。结构硅酮密封胶供应商，在提供产品的同时必须出具产品质量保险年限的质量证书，安装施工单位在竣工时提交质量保证书，一方面可加强结构硅酮密封胶的生产者和隐框幕墙制作者、安装施工者的质量意识，保证产品和安装施工的质量，如在保险期间内出了质量问题，也可据此确定赔偿。另一方面，半隐框和隐框幕墙在竣工后的前几年，应经常检查，以便及时发现总是防患于未然。

（二）铝合金型材及钢材

1. 铝合金型材

1）铝合金型材有普通级、高精级和超高精级之分，玻璃幕墙采用的铝合金型材应符合现行国家标准《铝合金建筑型材》GB/T 5237.1～5237.5—2000 中规定的高精级和《铝及铝合金阳极氧化—阳极氧化膜的总规范》GB 8013 的规定，同时，其化学成份应符合现行国家《铝及铝合金加工产品的化学成份》GB/T 3190 的规定。

2）玻璃幕墙采用的铝合金的阳极氧化膜厚度不应低于现行国家标准《铝及铝合金阳极氧化 —阳极氧化膜的总规范》GB 8013 中规定的 AA15 级。这主要考虑铝合金阳极氧化膜不仅起装饰作用，而且更重要是防止自然界有害因素对铝合金的腐蚀作用，因此，氧化膜厚度不宜太薄，但也不能太厚，太厚一方面增加铝合金阳极氧化成本，另一方面氧化膜太厚有可能发生氧化膜与铝合金粘结力降低，使氧化膜层发生空鼓、开裂甚至脱落等现象。

3）与玻璃幕墙配套用的铝合金门窗应符合下列现行国家标准的规定：

| | |
|---|---|
| 《平开铝合金门》 | GB 8478 |
| 《平开铝合金窗》 | GB 8479 |
| 《推拉铝合金门》 | GB 8480 |
| 《推拉铝合金窗》 | GB 8481 |
| 《铝合金地弹簧门》 | GB 8482 |

2．钢材

1）玻璃幕墙采用的钢材应符合下列现行国家标准的规定：

| | |
|---|---|
| 《优质碳素结构钢技术条件》 | GB 699 |
| 《碳素结构钢》 | GB 700 |
| 《低合金高强度结构钢》 | GB/T 1591—94 |
| 《合金结构钢技术条件》 | GB 3077 |
| 《碳素结构钢和低合金结构钢热轧薄钢板及钢带》 | GB 912 |
| 《碳素结构钢和低合金结构钢热轧厚钢板及钢带》 | GB 3274 |

2）玻璃幕墙采用的不锈钢材应符合下列现行国家标准的规定：

| | |
|---|---|
| 《不锈钢棒》 | GB 1220 |
| 《不锈钢冷加工钢棒》 | GB 4226 |
| 《不锈钢冷轧钢板》 | GB 3280 |
| 《不锈钢热轧钢板》 | GB 4237 |
| 《冷顶锻不锈钢丝》 | GB 4332 |

（三）五金件

1）玻璃幕墙采用的标准五金件应符合下列现行国家标准的规定：

| | |
|---|---|
| 《地弹簧》 | GB 9296 |
| 《铝合金门插销》 | GB 9297 |
| 《平开铝合金窗执手》 | GB 9298 |
| 《铝合金窗撑挡》 | GB 9299 |
| 《铝合金窗不锈钢滑撑》 | GB 9300 |
| 《铝合金门窗拉手》 | GB 9301 |
| 《铝合金窗锁》 | GB 9302 |
| 《铝合金门锁》 | GB 9303 |
| 《推拉铝合金门窗用滑轮》 | GB 9304 |
| 《闭门器》 | GB 9305 |

2）目前，国内幕墙用五金件配件很不齐全，质量差异也较大，标准也不齐全，为保证幕墙用五金件的质量，必须采用经设计和监理人员认可的材质优良、功能可靠的五金件，并有出厂合格证。特别是幕墙采用的非标准五金件，必须经设计和监理人员认可，并有出厂合格证。

（四）玻璃

1）玻璃幕墙采用玻璃的外观质量和性能应符合下列国家现行标准的规定：

| | |
|---|---|
| 《钢化玻璃》 | GB/T 9963—1998 |
| 《夹层玻璃》 | GB 9962—1999 |
| 《中空玻璃》 | GB/T 11944—2002 |
| 《浮法玻璃》 | GB/T 11614—1999 |
| 《吸热玻璃》 | JC/T 536—94 |
| 《夹丝玻璃》 | JC 433 |

2）所有幕墙玻璃应进行边缘处理。玻璃在裁割时，玻璃的被切割部位会产生很多大小不等的锯齿边缘，从而引起边缘应力分布不均，玻璃在运输、安装过程中以及安装完成后，由于受各

种力的影响，容易产生应力集中，导致玻璃破碎；另一方面半隐框幕墙的两个玻璃边缘和隐框幕墙的四个玻璃边缘都是显露在外表面，如不进行倒棱、倒角处理，还会直接影响幕墙的美观整齐。因此，玻璃裁割后必须倒棱、倒角，钢化和半钢化玻璃必须在钢化和半钢化处理品前进行倒棱、倒角处理。

（五）密封填缝材料

1）幕墙采用的橡胶制品宜采用三元乙丙橡胶、氯丁橡胶；密封胶条应挤出成形，橡胶块宜压模成形。当前国内明框幕墙玻璃的密封，主要采用橡胶密封条，依靠胶条自身的弹性在槽内起密封作用，要求胶条具有耐紫外线、耐老化、永久变形小、耐污染等特性。如果在材质方面控制不严，有的橡胶接口在一、二年内就会出现质量问题，如发生老化开裂甚至脱落，使幕墙产生漏水、透气等严重质量问题，甚至玻璃也有脱落的危险，给幕墙带来不安全隐患。因此，不合格密封胶条绝对不允许在幕墙中使用。

2）密封橡胶条应符合下列国家现行标准的规定：

《建筑橡胶密封垫预成型实芯硫化的结构密封垫用材料》GB 10711

| 《硫化橡胶密度的测定方法》 | GB 533 |
| 《橡胶邵氏 A 型硬度试验方法》 | GB 531 |
| 《合成橡胶的命名和牌号》 | GB 5577 |
| 《硫化橡胶撕裂强度试验方法》 | GB 529 ～ GB530 |
| 《中空玻璃用弹性密封剂》 | JC 486 |
| 《建筑窗用弹性密封剂》 | JC 485 |
| 《工业用橡胶板》 | GB 5574 |

3）幕墙采用的聚硫密封胶应具有耐水、耐溶剂和耐大气老化，并应有低温弹性、低透气率等特点。其性能应符合表3-1的规定：

4）玻璃幕墙采用的氯丁密封胶性能应符合表 3-2 的规定：

聚硫密封胶的性能

表 3-1

| 项　目 | | 技 术 指 标 | 项　目 | | 技 术 指 标 |
|---|---|---|---|---|---|
| 密度 | g/cm² | | 下垂度（20mm 槽） | mm | ≤2 |
| A 组份 | | 1.62 ± 0.05 | 粘结拉伸强度 | N/mm² | 0.8 ~ 1 |
| B 组份 | | 1.50 ± 0.05 | 粘结拉伸断裂伸长率 | % | 70 ~ 80 |
| 黏度 | pa·s | | 热空气 – 水循环后定伸粘结性能　　（定伸 110%） | | 不破坏 |
| A 组份 | | 350 ~ 500 | | | |
| B 组份 | | 180 ~ 300 | 紫外线辐射 – 水浸后定伸粘结性能　（定伸 110%） | | 不破坏 |
| 适用期 | min | 60 ~ 90 | | | |
| 表干时间 | h | 1 ~ 1.5 | 低温柔性能　　　（ – 40℃、棒 φ10mm） | | 无裂纹 |
| 邵氏硬度 | | 45 ~ 50 | 水蒸气渗透性能 | g/m²·d | ≤15 |

氯丁密封胶的性能

表 3-2

| 项　目 | 指　标 | 项　目 | 指　标 |
|---|---|---|---|
| 稠度 | 不流淌，不塌陷 | 低 温 柔 性 能（ – 40℃、棒 φ10mm） | 无裂纹 |
| 含固量 | 75% | | |
| 表干时间 | ≤15min | 剪切强度 | 0.1N/mm² |
| 固化时间 | ≤12h | 施工温度 | – 5 ~ 50℃ |
| 耐寒性（ – 40℃） | 不龟裂 | 施工性 | 采用手工注胶机不流淌 |
| 耐热性（90℃） | 不龟裂 | 有效期 | 12 月 |

5）目前正在向以耐候硅酮密封胶代替橡胶密封胶条方面发展，但因耐候硅酮密封胶价格较昂贵，对施工条件要求高，施工工艺较复杂，只用于半隐框和隐框幕墙。耐候硅酮密封胶应采用中性胶，其性能应符合表 3-3 的规定，并不得使用过期的耐候硅酮密封胶。

耐候硅酮密封胶的性能 表 3-3

| 项 目 | 指 标 | 项 目 | 指 标 |
|---|---|---|---|
| 表干时间 | 1 ~ 1.5h | 极限拉伸强度 | 0.11 ~ 0.14N/mm$^2$ |
| 流淌性 | 无流淌 | 撕裂强度 | 3.8N/mm |
| 初步固化时间（25℃） | 3d | 固化后的变位承受能力 | 25% ≤ δ ≤ 50% |
| 完全固化时间 | 7 ~ 14d | 有效期 | 9 ~ 12 月 |
| 邵氏硬度 | 20 ~ 30 度 | 施工温度 | 5 ~ 48℃ |

（六）低发泡间隔双面胶带

1）目前国内使用的双面胶带有两种材料制成的两种双面胶带，即聚胺基甲酸乙酯（又称聚氨酯）和聚乙烯树脂低发泡双面胶带，要根据幕墙承受的风荷载、高度和玻璃块的大小，同时要结合玻璃、铝合金型材的重量以及注胶厚度来选用双面胶带。选用的双面胶带在注胶过程中，既要能保证结构硅酮密封胶的注胶厚度，又能保证结构硅酮密封胶的固化过程为自由状态，不受任何压力，从而充分保证了注胶的质量。

2）根据玻璃幕墙的风荷载、高度和玻璃的大小，可选用低发泡间隔双面胶带。当玻璃幕墙风荷载大于 1.8kN/m$^2$ 时，宜选用中等硬度的聚胺基甲酸乙酯低发泡间隔双面胶带，其性能应符合表 3-4 的规定：

聚胺基甲酸乙酯低发泡间隔双面胶带的性能 表 3-4

| 项 目 | 技术指标 | 项 目 | 技术指标 |
|---|---|---|---|
| 密度 | 0.35g/cm$^3$ | 静态拉伸粘接性（2000h） | 0.007 N/mm$^2$ |
| 邵氏硬度 | 30 ~ 35 度 | 动态剪切强度（停留15min） | 0.28N/mm$^2$ |
| 拉伸强度 | 0.91 N/mm$^2$ | | |
| 延伸率 | 105 ~ 125% | 隔热值 | 0.55W/（m$^2$·K） |
| 承受压应力（压缩率10%） | 0.11N/mm$^2$ | 搞紫外线（300W，250 ~ 300mm，3000h） | 颜色不变 |
| 动态拉伸粘接性（停留15min） | 0.39N/mm$^2$ | 烤漆耐污染性（70℃，200h） | 无 |

3）当玻璃幕墙风荷载小于或等于 1.8kN/m² 时，宜选用聚乙烯低发泡间隔双面胶带，其性能应符合表 3-5 的规定：

聚乙烯低发泡间隔双面胶带的性能 　　　　　　表 3-5

| 项　　　目 | 技术指标 | 项　　　目 | 技术指标 |
|---|---|---|---|
| 密度 | 0.21g/cm³ | 剥离强度 | 27.6N/mm² |
| 邵氏硬度 | 40 度 | 剪切强度 | 40 N/mm² |
| 拉伸强度 | 0.87N/mm² | 隔热值 | 0.41W/（m²·K） |
| 延伸率 | 125% | 使用温度 | − 44 ~ 75℃ |
| 承受压应力（压缩率 10%） | 0.18N/mm² | 施工温度 | 15 ~ 52℃ |

（七）其他材料

1）玻璃幕墙可采用聚乙烯发泡材料作填充材料，其密度不应大于 0.037g/cm³。

2）聚乙烯发泡填充材料应有优良的稳定性、弹性、透气性、防水性、耐酸碱性和耐老化性，其性能应符合表 3-6 的规定：

聚乙烯发泡填充材料的性能 　　　　　　表 3-6

| 项　　　目 | 技术指标 | | |
|---|---|---|---|
| | 10mm | 30mm | 50mm |
| 拉伸强度（N/mm²） | 0.35 | 0.43 | 0.52 |
| 延伸率（%） | 46.5 | 52.3 | 64.3 |
| 压缩后变形率（纵向）（%） | 4.0 | 4.1 | 2.5 |
| 压缩后恢复率（纵向）（%） | 3.2 | 3.6 | 3.5 |
| 永久压缩变形率（%） | 3.0 | 3.4 | 3.4 |
| 25%压缩时，纵向变形率（%） | 0.75 | 0.77 | 1.12 |
| 50%压缩时，纵向变形率（%） | 1.35 | 1.44 | 1.65 |
| 75%压缩时，纵向变形率（%） | 3.21 | 3.44 | 3.70 |

3）玻璃幕墙宜采用岩棉、矿棉、玻璃棉、防火板等不燃性和难燃性材料作隔热保温材料，同时，应采用铝箔和塑料薄膜包

装的复合材料，以保证其防水和防潮性。

4）幕墙受多种因素的影响会发生层间位移，而引起磨擦噪音。幕墙的噪音使人们对幕墙产生一种不安全的感觉，干扰人们的正常工作和生活，同时也是影响幕墙质量降低的大问题，这是因为磨擦会引起幕墙构件之间松动甚至使螺丝脱落，还会引起整个幕墙结构运动不协调，从而引发质量事故。因此，在幕墙安装施工过程中，每个连接点除焊接外，凡是用螺丝连接的，都应加设耐热的硬质有机材料垫片，以消除磨擦噪音。垫片的材质要求较严格，既要有一定柔性，又要有一定硬度，还应具备耐热性、耐久性和防腐、绝缘性能。

幕墙立柱与横梁之间的连接处，宜加设橡胶片，并应安装严密，以保证其防水性。

## 第二节　新型建筑幕墙玻璃

新型建筑玻璃是兼备采光、调制光线、调节热量进入或散失、防止噪声、增加装饰效果、改善居住环境、节约空调能源及降低建筑物自重等多种功能的玻璃制品。

随着科学技术的发展和人们对居住条件的要求越来越高，新型建筑玻璃品种不断增加，其性能也有很大的提高。其主要品种见表 3-7。

新型建筑玻璃的品种和性能　　　　　　表 3-7

| 品　　种 | 特　　性 |
|---|---|
| 彩色吸热玻璃 | 吸热性、装饰性好，美观节能、光线柔和 |
| 热反射玻璃 | 反射红外线、透过可见光、单面透视，装饰性好，美观防眩 |
| 低辐射玻璃 | 透过太阳能和可见光，能阻止紫外线透过，热辐射率低 |
| 选择吸收（透过）玻璃 | 吸收或透过某一波长的光线，起调制光线的作用 |
| 低（无）反射玻璃 | 反射率极低，透过玻璃观察，象无玻璃一样，特别清晰 |

| 品　　种 | 特　　性 |
|---|---|
| 透过紫外线玻璃 | 透过大量紫外线，有助医疗和植物生长 |
| 防电磁波干扰玻璃 | 玻璃能导电，屏蔽电磁波，具有抗静电性能 |
| 光致变色玻璃 | 弱光时，无色透明；在强光或紫外光下变暗，能调节照度 |
| 电加热玻璃 | 施加电压能控制升温，能除雾防霜 |
| 电致变色玻璃 | 施加电压时变暗或着色，切断电源后复明 |
| 双层（多层）中空玻璃 | 保温、隔热、反射、隔音，冬天不结雾结霜，节约空调能源 |

新型建筑玻璃主要用于现代高级建筑的门窗、内外装饰、玻璃隔墙、商店、银行服务窗口等。

新型建筑玻璃是兼备采用、调制光线、调节热量进入或散失、防止噪音、增加装饰效果、改善居住环境、节约空调能源及降低建筑物自重等多种功能的玻璃制品。

**一、热反射玻璃**

（一）定义

热反射玻璃是具有较高的热（红外辐射）反射率和保持良好的可见光透过率的镀膜玻璃。

区别热反射玻璃和吸热玻璃，可根据 $S = A/B$ 来判断。

式中　$A$——玻璃对整个光通量的吸收系数；

　　　$B$——玻璃对整个光通量的反射系数。

若 $S > 1$ 时，该玻璃为吸热玻璃；

若 $S < 1$ 时，该玻璃为热反射玻璃。

（二）分类

热反射玻璃按颜色分类，有银、灰、蓝、金、绿、茶、棕、褐等；按膜层材料分类，有金、银、钯、钛、铜、铝、铬、镍、铁等金属涂层及氧化锡、氧化铜、氧化锑及二氧化硅等氧化物涂层。

（三）产品规格

产品规格一般同浮法玻璃，最大尺寸为 3600mm × 2000mm，具体规格可由供需双方商定。

（四）性能和特点

（1）对太阳热有较高的反射率，热透过率低，一般热反射率都在 30％以上，最高可达 60％左右。热透过率比同厚度的浮法透明玻璃小 65％，比吸热玻璃小 45％，因而透过玻璃的光线，使人感到清凉、舒适。

（2）镀金属膜层的热反射玻璃有单向透射性，即迎光面具有镜面反射特性，背光面却和透明玻璃一样。能清晰的观察到室外景物。

（3）一般都有美丽的颜色，富有装饰性。单向透视的热反射玻璃制成门窗或玻璃幕墙，可反射出周围景色，如一幅彩色画面，给整个建筑物带来美感并和周围景象协调一致。

（4）有滤紫外线，反射红外线特性，可见光透过率也较低，因而能使炽热耀眼的阳光，变得柔和。

（5）用热反射玻璃制成中空玻璃或带空气层的隔热幕墙，比一砖厚（24mm）两面抹灰的砖墙的保温性能还好，可以节约空调能源。

（五）质量标准

热反射玻璃的涂层要均匀，其产品的外观质量、尺寸允许偏差范围均与浮法玻璃相同。

每片玻璃的整个板面应均匀着色，不得遗漏，其颜色均匀性应符合表 3-8 的规定。

**热反射玻璃的颜色均匀性**　　　　　　表 3-8

| 同一片玻璃缺陷 | | 一等品 | 二等品 | 三等品 |
|---|---|---|---|---|
| 条状色纹 | 宽度 < 2m | 不允许有 | 不允许有 | 3 条 |
| | 宽度 2～4mm | 不允许有 | 不允许有 | 2 条 |
| | 宽度 > 4mm | 不允许有 | 不允许有 | 不允许有 |
| 雾状，块状色斑 | | 不允许有 | 不允许有 | 不允许有 |

（六）生产工艺

热反射玻璃的制作方法，分为化学热分解法、真空蒸发法、电浮法、阴极溅射法、溶胶—凝胶法、离子交换法，其主要特点见表3-9。

热反射玻璃的主要成膜工艺                表3-9

| 成膜工艺 | | 制作特点 |
| --- | --- | --- |
| 化学热分解法 | 液体喷涂 | 向加热到高温（400～650℃）的玻璃表面喷涂铁、铬、钴、锰、镍、钯、锡等金属化合物或有机质溶液，经分解或氧化形成金属或金属氧化物热反射膜 |
| | 粉状喷涂 | 向高温（370～650℃）玻璃，喷涂上述粉状金属的有机盐，经分解或氧化制成热反射膜玻璃 |
| 真空蒸发法 | | 在真空状态下，蒸镀金、银、钛、铜等金属或$ZnS$，$TiO_2$等热反射膜 |
| 电浮法 | | 在浮法玻璃生产线上，在特定的温度区（600～900℃）设置电极和合金，在电场作用下，合金中的金属离子（铜、镍、钼、银、铬、铁等）迁移交进入玻璃表面，在还原气氛下形成胶体粒子而制着的热反射玻璃 |
| 阴极溅射法 | | 在真空状态下，向阴极（靶材）施加负电压，在磁场作用下，辉光放电的等离子体的正离子撞击靶材，靶材上的原子飞溅到玻璃上，形成极其均匀的反射膜 |

（七）用途

热反射玻璃主要用于现代高级建筑的门窗、玻璃幕墙、公共建筑的门厅和各种装饰性部位。用它制成双层中空玻璃和组成带空气层的玻璃幕墙，可取得极佳的保温隔热效果。

**二、低辐射玻璃**

（一）定义

低辐射玻璃是一种对太阳能和可见光具有高透过率，能阻止紫外线透过和红外线辐射，即热辐射率很低的涂层玻璃。这种玻璃有很好的保温性能。

低辐射玻璃的膜层通常由三层组成。最内层为绝缘性金属氧化物膜，中间层是导电金属层，表层是绝缘性金属氧化物层。

（二）分类

按低辐射膜层中导电金属材料分类，有金、银、铜或铝等。按使用性分类，有寒冷地区使用的膜和日光带地区使用的膜两大类。

（三）产品规格

一般同浮法玻璃，最大尺寸达 3600mm×2000mm 左右，具体规格可由供需双方自行商定。

（四）性能

（1）有保温性，对太阳能及可见光有较高的透过率，同时能防止室内热量从玻璃辐射出去，可以保持 90% 的室内热量，因而可在幅度节约取暖费用。

（2）有美丽淡雅的色泽，能使建筑物同周围环境和谐，因而装饰效果极佳。

（五）生产工艺

通常采用阳极溅射工艺生产。

（六）用途

低辐射玻璃主要用于寒冷地区，需要透射大量阳光的建筑。用这种玻璃制成的中空玻璃保温效果更好。

**三、选择吸收玻璃**

（一）定义

选择吸收（含选择透过）玻璃，一般是指能选择吸收或选择透过紫外线，红外线和其他特定波长可见光的玻璃。可通过镀制稀有金属、金属氧化物或其他金属化合物组成的复合膜制成。

（二）分类、性能及用途

选择吸收玻璃的分类、性能及用途见表 3-10。

（三）规格及质量标准

选择吸收玻璃的规格和质量要求，一般与热反射玻璃相同，有特殊要求时，由供需双方商定。

选择吸收玻璃的种类、性能及用途　　　　　表3-10

| 分　类 | 性　能 | 用　途 |
|---|---|---|
| 透过可见光，反射红外线 | 热反射性 | 用于热反射玻璃 |
| 透过可见光，吸收红外线 | 吸热性 | 同吸热玻璃 |
| 透过可见光，吸收紫外线 | 滤紫外线 | 用于文字，图书保存 |
| 透过近红外线，反射远红外线 | 低辐射性 | 太阳能集热器 |
| 透过特定波长，吸收其他波长的可见光 | 各种颜色玻璃 | 信号、滤光玻璃 |
| 透紫外线玻璃 | 透紫外性 | 医疗、农业、光化学 |
| 透红外线玻璃 | 透红外性 | 仪器等 |

### 四、中空玻璃

（一）定义

中空玻璃是由两片或多片平板玻璃中间充以干燥空气，用边框隔开，四周通过熔接、焊接或胶结而固定、密封的玻璃构件。

（二）分类

按采用的原板玻璃的类别可以分成表3-11所示的各类。

中空玻璃按原板玻璃分类　　　　　表3-11

| 中空玻璃类型 | 说　明 |
|---|---|
| 高透明无色玻璃 | 两片玻璃为无色透明玻璃 |
| 彩色吸热玻璃 | 其中一片玻璃为彩色吸热玻璃，一片为无色高透明吸热玻璃，也可以两片全是彩色玻璃 |
| 热反射玻璃 | 其中一片（外层）为热反射玻璃，另一片可是无色高透明玻璃或吸热玻璃 |
| 低辐射玻璃 | 其中一片（内层）玻璃为低辐射玻璃，另一片可以是高透明玻璃，彩色玻璃或吸热玻璃等 |
| 压花玻璃 | 其中一片为压花玻璃，另一片任选 |
| 夹丝玻璃 | 其中一片（内层）为夹丝玻璃，另一片可任选其他玻璃，可提高安全防火性能 |

| 中空玻璃类型 | 说　　明 |
|---|---|
| 钢化玻璃钢 | 其中一片为钢化玻璃，另一片任意选定，也可以全由钢化玻璃组成，提高安全性 |
| 夹层玻璃 | 其中一片（内层）为夹层玻璃，另一片可任意选定，具有较高的安全性 |

　　按颜色分类，有无色、绿色、黄色、金色、蓝色、灰色、棕色、褐色、茶色等。

　　按玻璃层数分，有双层中空玻璃和多层中空玻璃两大类。

　　按中间空气层厚度分类，有 6mm、9mm、12mm 三类，按原板玻璃的厚度分类，有 3mm、4mm、5mm、6mm 等。

　　（三）产品规格

　　常用中空玻璃的最大尺寸见表 3-12。

**常用中空玻璃的最大尺寸（mm）**　　　　表 3-12

| 原板玻璃厚度 | 空气层厚度 | 方形尺寸 | 短形尺寸 |
|---|---|---|---|
| 3 | 6、9、12 | 1200 × 1200 | 1200 × 1500 |
| 4 | 9 | 1300 × 1300 | 1300 × 1800 |
|  | 12 |  | 1300 × 2000 |
|  | 6 |  | 1300 × 1500 |
| 5 | 6 | 1500 × 1500 | 1500 × 2400 |
|  | 9 |  | 1600 × 2400 |
|  | 12 |  | 1800 × 2500 |
| 6 | 6 | 1800 × 1800 | 1800 × 2400 |
|  | 9 |  | 2000 × 2500 |
|  | 12 |  | 2200 × 2600 |

　　（四）性能

　　1．良好的隔热性能

中空玻璃的传热系数为 $1.63 \sim 3.37 W/m^2K$，相当于 20mm 厚的木板或 240mm 厚砖墙的隔热性能。因而采用中空玻璃可以大幅度节约采暖及空调能源。

2. 能充分调节采光

可以根据使用要求采用无色高透明玻璃、热反射玻璃、吸热玻璃、低幅射玻璃等组合中空玻璃，调节采光性能，其可见光透过率在 10% ～ 80% 之间，热反射率在 25% ～ 80% 之间，总透光率在 20% ～ 80% 之间变化。

3. 良好的隔音性能

中空玻璃可降低一般噪音 30 ～ 40dB，降低交通噪音 30 ～ 38dB，因此可以创造安静舒适的环境。

4. 能防止门窗结露、结霜。

中空玻璃中间层为干燥空气，其露点在 – 40℃ 以下，因而不会结露或结霜，不会影响采光和观察效果。

（五）质量标准

1. 尺寸允许偏差

中空玻璃的尺寸允许偏差示于表 3-13。

中空玻璃尺寸允许偏差（mm）                        表 3-13

| 边长 | 允许偏差 | 厚度 | 公称厚度 | 允许偏差 | 对角线长 | 允许偏差 |
|------|----------|------|----------|----------|----------|----------|
| 小于 1000 | ± 2.0 | ≤6 | 18 以下 | ± 1.0 | < 1000 | 4 |
| 1000 ～ 2000 | ± 2.5 | | 18 ～ 25 | ± 1.5 | 1000 ～ 2500 | 6 |
| 2000 ～ 2500 | ± 3.0 | > 6 | 25 以上 | ± 2.0 | | |

2. 性能要求

中空玻璃的性能要求示于表 3-14。

中空玻璃的性能要求                        表 3-14

| 试验项目 | 试 验 条 件 | 性能要求 |
|----------|-------------|----------|
| 密封 | 在试验压力低于环境气压 10 ± 0.5kPa，厚度增长必须 ≥0.8mm。在该气压下保持 2.5h 后，厚度增长偏差 <15% 为不渗漏 | 全部试样不允许有渗漏现象 |

| 试验项目 | 试验条件 | 性能要求 |
|---|---|---|
| 露点 | 将露点仪温度降到 ≤ − 40℃，使露点仪与试样表面接触 3min | 全部试样内表面无结露或结霜 |
| 紫外线照射 | 紫外线照射 168h | 试样内表面上不得有结露或污染的痕迹 |
| 气候循环及高温、高湿 | 气候试验经 320 次循环，高温、高湿试验经 224 次循环，试验后进行露点测试 | 总计 12 块试样，至少 11 块无结露或结霜 |

（六）用途

中空玻璃主要用于需要采暖、空调、防止噪音、结露及需要无直接阳光和特殊光的建筑物上，广泛用作住宅、饭店、宾馆、医院、学校、商店及办公楼以及火车、轮船的门窗。按其特点决定的应用范围见表 3-15。

中空玻璃钢的特点和应用范围  表 3-15

| 种类 | 特点 | 应用范围 |
|---|---|---|
| 隔热型 | 由无色透明、吸热、热反射、低辐射玻璃构成的双层或多层中空玻璃 | 用于要求保温、隔热、降低空调能源的建筑、车辆等 |
| 遮阳型 | 由吸热、热反射、低辐射、光致变色玻璃构成，或玻璃间安百叶窗等 | 用于防眩无直射阳光的建筑等 |
| 散光型 | 由压花玻璃、磨砂玻璃构成，或玻璃中填玻璃纤维等 | 提高光照均匀度和照射深度 |
| 隔音型 | 由无色透明玻璃构成 | 降低工业和城市噪音 |
| 安全型 | 由钢化玻璃、夹层玻璃、夹丝玻璃构成 | 承受风、雪载荷的屋面和安全防范建筑等 |
| 发光型 | 空气充惰性气体，通电后发光 | 商品橱窗厂告等 |
| 透紫外线型 | 由透紫外线玻璃构成 | 用于杀菌和医疗等 |
| 防紫外线型 | 由吸收紫外线玻璃构成 | 用于文物，图书馆等的贮藏 |
| 防辐射线型 | 由防 X、Y 等高能射线的玻璃构成 | 用于有 X、Y 等射线的观察窗口等 |

## 第三节　建筑密封胶和结构密封胶

### 一、密封胶的种类和性能

（一）概述

铝合金玻璃幕墙用的密封胶有结构密封胶、建筑密封胶（耐候胶）、中空玻璃二道密封胶、管道防火密封胶等。

幕墙玻璃构件使用的结构密封胶，它的主要成份是二氧化硅，由于紫外线不能破坏硅氧键，所以硅酮密封胶具有良好的抗紫外线性能和非常稳定的化学物质。

幕墙玻璃构件使用结构密封胶，把玻璃粘贴固定在铝框上，使玻璃板块所承受的作用，通过结构密封胶传递到铝框上。结构密封胶是固定玻璃并使其与铝框有可靠连接的粘接剂，同时也起密封作用。结构密封胶独特的性能对建筑物环境中的每一个因素，包括热应力、风荷载、气候变化或地震作用，都有相应抵抗的能力。

建筑密封胶（耐候胶）必须选用单组份中性胶，酸碱性胶不能用，否则将会给铝合金型材和结构硅酮密封胶带来不良影响。建筑密封胶（耐候胶）可与空气中水蒸气发生反应并变硬，因此，在贮存过程中应避免与水接触，以免变质，但建筑密封胶（耐候胶）固化后对阳光、雨水、冰雪、臭氧及气温高低都能适应。

目前国内许多工厂已具备大批量生产建筑密封胶和结构硅酮密封胶的条件。选择建筑密封胶和结构硅酮密封胶时可根据功能要求、使用场合和价格进行多种选择。

（二）对密封胶的主要性能要求

密封胶包括建筑密封胶（耐候胶）和结构密封胶（结构胶），它们有许多性能要求是相似的，但耐候胶更强调耐大气变化、耐紫外线、耐老化的性能，而结构胶则更重要是其强度、延性、粘结性能等力学性能要求。所以应据使用的选用，不得相互代用，尤其不得将结构胶作为耐候胶使用。有人误认为结构胶价格贵，较为高级，降为耐候胶用是大材小用，没有问题，其实这种看法是错误的，因为耐候胶主要用于外部建筑密封，对耐候性有更高要求，这是结构胶所难以胜任的。

密封胶在建筑上的连接类型上看有两种：静态和动态连接。

静态连接——指不移动连接，通常用于固定结构的密封。

动态连接——当搭接和对头连接的两个表面相接时就称为动态连接。它会受到不同程度的膨胀和收缩变化的影响，如隐框和半隐框系统幕墙。因此，所有的动态连接都要承受剪应力或拉伸应力或两者共同的作用。许多类型的密封胶均可以适用于剪切型的连接上，而较少用在对头连接上。对头连接时主要考虑胶的抗撕裂强度的模数，只有高效高质的硅酮结构密封胶才能用在动态连接的结口上，长久地在承受将出现的各种移动。

密封胶粘结与内聚的主要特性是评价它的标准，一则必须考虑表面类型对粘结的影响，再则天气条件也是影响密封胶的粘结和内聚能力的一个因素。

密封胶的主要性能要求：

1. 抗拉强度。美国材料试验协会（ASTM）对硅酮密封胶先后颁发了三种试验标准即

ASTM     D412-83

ASTM     C1135-90

ASTM     C1184-91

D412为橡胶抗拉强度测试方法，其试样为哑铃型（图3-1$a$)，按这种方法测得的抗拉强度为一般橡胶所共有的抗拉强度。

C1135是专为硅酮结构密封胶的制定的测试方法，它采用的试样为在两玻璃（或其他材料）基材（6.3×25×76.2）中间注造一个 12.7×12.7×50.8 胶层（图3-1$b$）在 23℃，RH50％固化21d 所进行测试，其结果反映了硅酮结构胶在常温使用条件下特

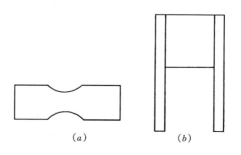

图 3-1　密封胶强度试件
（a）哑铃形试件；（b）专用试件

有的抗强度特性，即胶层本身的抗拉强度及胶层与基片的附着强度特性综合反映。

C1184 是在 C1135 的基础上并考虑硅酮结构密封胶实际使用环境条件下的抗拉强度特性，即将试样分别经历下列环境条件后测试的抗拉强度。

a.88℃±5℃　　　1h

b.－29℃±2℃　　　1h

c.浸水 7d

d.5000h 模拟气候条件循环试验。

在上述四项测试结果中取一个最小值作为抗拉强度，又称最小抗拉强度，并规定最小抗拉强度为 0.35N/mm² （50Psi）。

抗拉强度是硅酮结构密封胶的最重要的性能。

2.剥离强度。密封胶不仅胶本身要具有抗拉强度，并且要求密封胶与基材要有良好的粘附力，它是对密封胶评价的又一基本性能。它要满足胶缝在一定范围内，多种温度下的拉伸与压缩循环，剥离强度不应低于 0.21N/mm² （30Psi）。

3.撕裂强度。是指沿胶层本身撕开的能力，撕裂强度试验的样本 ASTM 规定了三种型式 （图 3-2）。

一般采用 b 型样本进行测试，要求密封胶 b 型试样撕裂强度不低于 0.19N/mm² （27Psi）。

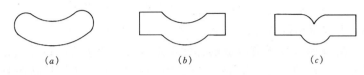

$(a)$　　　　　　　$(b)$　　　　　　　$(c)$

图 3-2　撕裂强度试件

4．弹性模量。它是指密封胶应力与应变的关系，它表明密封胶具有吸收拉力的能力。按密封胶的弹性模量特征，他们的特征见图 3-3。其中 I 曲线表示中模量密封胶的应力应变关系，Ⅱ曲线表示中模量应力应变关系。从图中可以看了对应于给定的应力，高模量密封胶发生的应变对应变比中模量密封胶要小；而大的应变在边界使用条件下会产生粘附失效。硅酮密封胶的优点是它在低温条件下并不变硬和增大其弹性模量；而其他一些密封胶在室温下是低模量的。但当暴露在低温条件下或胶缝最大时，就变成高模量材料；某些密封胶经过反复拉伸压缩会发生粘附失效。

5．硬度。硅酮密封胶的硬度一般采用《橡胶邵尔 A 硬度试验方法》（ShoreA）测试。结构硅硅酮密封胶要求硬度值在（邵

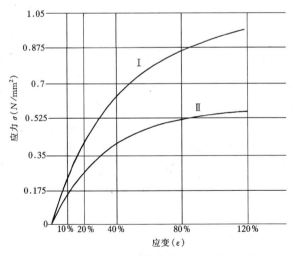

图 3-3　胶的弹性模量特征

A）35～45度之间，这个值域已被证明在活动胶缝中是最适宜的，并要求结构密封胶在低温下不变硬，高温时不软化。

6. 密封胶要求有较好的弹性恢复能力。即密封胶被外力作用伸长（压缩）之后能恢复到它原来的尺寸并保持其粘附性能。具有良好弹性恢复的密封胶，即使在反复伸缩活动之后内部由伸缩产生的应力减少时也会出现应力松弛，同时会出现塑性变形，即伸缩卸荷后不能随即恢复到原始尺寸，而有残余变形。一旦发生塑性变形，当再度伸长（压缩）时会产生高的内应力。

7. 变位承受能力。胶缝在风荷载、地震作用影响下及温度变化引起材料伸长（缩短）及各种材料伸长（缩短）的差异，能导致胶缝活动。对接胶缝发生伸长（压缩）活动，搭接胶缝产生错动，也引起胶缝的部分伸长，就要求密封胶具有一定的变位承受能力。胶缝的厚度与宽度对胶的活动量具有重要影响，因此胶缝的宽度与厚度必须与所选择的密封胶的变位承受能力相协调。

（三）密封胶的分类

根据密封胶的主要化学成分，密封胶可如表3-16划分若干大类。

**根据主要成分划分的密封材料种类** 表 3-16

| 根据主要成分划分 | 详细内容 | 符号 |
|---|---|---|
| 硅酮系统 | 是以硅为主要成分的密封材料，有湿气硬化的单组分形及以基料和硬化剂反应而硬化的双组分形 | SR |
| 变改性硅酮系统 | 以改性硅酮为主要成分的密封材料，有湿气硬化的单成分形及以基料和硬化剂反应而硬化的双成分形 | MS |
| 聚硫系统 | 以聚硫为主要成分的密封材料，有湿气硬化的单成分形和以基料与硬化剂反应而硬化的双成分形 | PS |

| 根据主要成分划分 | 详细内容 | 符号 |
|---|---|---|
| 聚氨酯系统 | 以聚氨酯为主要成分的密封材料，有湿气硬化的单成分形和以基料与硬化剂反应而硬化的双成分形 | PU |
| 丙烯系统 | 是以丙烯树脂为主要成分的密封材料，它是干燥硬化单一成分乳液型的 | AC |
| SBR 系统 | 是以苯乙烯—丁二烯橡胶为主要成分的密封材料，它是干燥硬化单一成分乳液型的 | SB |
| 丁基橡胶系统 | 丁基橡胶为主要成分的密封材料，是干燥硬化单一成分形的溶剂 | BU |

## 二、建筑密封胶（耐候胶）

建筑密封胶主要有硅酮密封胶和聚硫密封胶，聚硫密封胶与硅酮结构密封相容性能差，不宜配合使用。

（一）聚硫密封胶

按我国标准，聚硫密封胶性能应符合表 3-17 的要求。

聚硫密封胶的性能　　　　　表 3-17

| 项　　目 | | 性　　能 | |
|---|---|---|---|
| | | 高 模 量 | 低 模 量 |
| 可操作时间 | （h） | ≤3 | |
| 表干时间性 | （h） | 6～8 | |
| 渗出性 | （mm） | ≤4 | |
| 密度 | （g/cm³） | ≤3 | |
| 低温弹性 | －30℃ | 仍保持弹性 | |
| 拉伸粘结强度 | kPa | ≥4.0 | |
| 伸长率 | % | ≥100 | ≥200 |
| 恢复率 | % | ≥80 | ≥70 |
| 硬度 | 邵氏 A 度 | 20～50 | 15～50 |

1. 国产 SGJL-851 系列双组分室温固化聚硫密封胶，是由液态聚硫橡胶配制成的膏状物——基膏、金属氧化物配制成的膏状物——硫化膏组成室温固化密封胶，其性能见表 3-18。

**SGJL 系列耐候胶性能**　　　　表 3-18

| 外　　观 | 膏　　状 |
|---|---|
| 颜色 | 一般为灰色 |
| 黏度 | <2000Pa（25℃时） |
| 下垂度 | 垂直面或顶面不流淌不下垂 |
| 剥离强度 | 与铝粘附剥离强度 5～7Kn/m |
| 固化后力学性能 | |
| 伸长率 | ≥360% |
| 极限抗拉强度 | >1.38MPa |
| 硬度（邵 A） | （常温固化 14d 后）30～40 |
| 指触干时间 | 2～4h |
| 贮存时间 | 常温有效贮存时间六个月 |

2. CT-4 有机硅密封胶

CT-4 有机硅粘合密封胶是上海橡胶制品研究所开发的以室温硫化硅橡胶为主体材料与适量补强填材料及其他助剂配制而成，为室温硫化胶。甲组份为白色流动体；乙组份为浅黄色透明体；丙组份为浅棕色溶液。这种胶流动性能好，易于灌封，室温下固化，对金属不腐蚀，可在 +200℃下长期使用。

CT-4 有机硅密封胶室温下经五昼夜后的性能指标见表 3-19。

**CT-4 密封胶主要性能**　　　　表 3-19

| 项目 | 指标 | 项目 | 指标 |
|---|---|---|---|
| 硬度（邵 A） | 40～50 度 | 伸长率 | ≥130% |
| 脆性温度 | 70℃ | 剥离强度（阳极氧化铝） | 1.2MPa |
| 抗拉强度 | 1.8MPa～2.0MPa | | |

### 3. XM-38 密封胶

XM-38 是北京航空材料研究所开发的聚硫型温硫化密封胶是双组分密封胶。通常配合比为基膏：硫化剂 100＝100：57，将两组分称量混合均匀，即可使用，调好的胶必须在活性期内用完，使用温度范围为－55℃～100℃，在常温下的固化期为 7d。

XM-38 密封胶的主要性能指标见表 3-20。

**XM-38 密封胶主要性能**　　　表 3-20

| 指触干时间 | 2～6d | 伸长率 | ≥150% |
|---|---|---|---|
| 黏度（25℃） | 900Pa～2500Pa | 剥离强度 | ≥0.2MPa |
| 热失重 | 不大于 5% | 低温柔性 | －55℃不断 |
| 抗拉强度 | ≥1MPa | | |

### （二）建筑硅酮密封胶

#### 1. 建筑硅酮密封胶的一般要求

建筑硅酮密封胶有多种颜色，浅色密封胶耐紫外线性能较弱，只适用于室内工程，幕墙嵌缝宜采用深色的。

不得用结构硅酮密封胶代替建筑硅酮密封胶，更不得用过期结构硅酮密封胶降级为建筑密封硅酮胶用。

硅酮建筑密封胶的性能，应符合我国标准的要求（表 3-21）

**耐候硅酮密封胶的性能**　　　表 3-21

| 项　目 | 技术指标 | 项　目 | 技术指标 |
|---|---|---|---|
| 表干时间（h） | 1.5～10 | 极限拉伸强度（N/mm²） | 0.11～0.14 |
| 流淌性（mm） | 无 | 污染 | 无 |
| 凝固时间，25℃.d | 3 | 撕力（N/mm） | 3.8 |
| 全面附着（d） | 7～14 | 凝固 14d 后的变位能力（%） | ≥25 |
| 邵氏硬度 | 26 | 有效期（月） | 9～12 |

注：如需要变位能力大于 50% 的胶，要由厂家专门供货。

#### 2. 通用电气公司 GE 系列密封胶

GE 公司建筑密封胶（2000 系列）产品见表 3-22。

GE2000 系列建筑密封胶产品 表 3-22

| 生产牌号 | 颜 色 | 生产牌号 | 颜 色 |
|---|---|---|---|
| SCS2002 | 白色 | SCS2009 | 铝灰色 |
| SCS2003 | 黑色 | SCS2010 | 深灰色 |
| SCS2004 | 石灰色 | SCS2020 | 灰白色 |
| SCS2005 | 棕褐色 | SCS2040 | 土色 |
| SCS2006 | 古粉红色 | SCS2041 | 砖红色 |
| SCS2008 | 浅灰色 | SCS2097 | 青铜色 |

GE2000 系列建筑密封胶主要性能见表 3-23。

GE 建筑密封胶主要性能 表 3-23

| 硬度（邵 A） | 25 | 可操作时间 | 30min |
|---|---|---|---|
| 抗拉强度 | 2MPa（290Psi） | 贮存时间 | 1 年 |
| 变位承受能力 | ± 50% | 使用温度范围 | − 37℃ ~ 60℃ |
| 指触干时间 | 5 ~ 10h | 耐温 | − 48℃ ~ 93℃ |
| 固 化 时 间 （7.6/20.3cm 宽胶缝 24℃，50%R.H) | 10 ~ 14d | 50% 模量 | $0.25N/mm^2$ |
| | | 密度 （$g/cm^3$） | 1.39 |

### 3. 陶康玲 DowCorning 公司 DC 系列

DC 系列建筑密封胶有多种产品，可根据需要选用，其主要性能见表 3-24。

DC 系列建筑密封胶主要性能 表 3-24

| 供应品：DC790 | |
|---|---|
| 颜色 | 石灰色、灰色、白色 |
| 指触干时间 | 120min 以下 |
| 固化时间（25℃） | 3 ~ 7d |
| 全面附着 | 7 ~ 14d |
| 下垂度 | 无 |
| 可操作时间 | 30 ~ 40min |
| 固化后（25℃，50%R、H 施工 7d 后） | |
| 硬度（邵 A） | 24 |

| 150%定位抗拉强度 | 0.5MPa |
| --- | --- |
| 施工 21d 固化后承受能力 | ±30% |
| 撕裂强度 | 3700N/m |
| 供应品：DC793 | |
| 颜色 | 灰色、黑色、铜色 |
| 指触干时间 | 90 min 以下 |
| 固化时间（25℃） | 3d |
| 全面附着 | 7~14d |
| 下垂度 | 无 |
| 可操作时间 | 15~30min |
| 固化后（25℃，50%R、H 施工 7d 后） | |
| 硬度（邵 A） | 26 |
| 抗拉强度 | 1.4MPa |
| 固化后 14d 的变位承受能力 | ±25% |
| 供应品：DC790 | |
| 颜色 | 白色、黑色、灰色、天然石块色、铜色 |
| 指触干时间 | 1h |
| 固化时间（25℃） | 7~14d |
| 全面附着 | 14~21d |
| 下垂度 | 无 |
| 可操作时间 | 10~20min |
| 固化后（25℃，50%R、H 施工 7d 后） | |
| 硬度（邵 A） | 15 |
| 抗拉强度 | 0.7MPa |
| 伸长率 | 1600% |
| 剥离强度 | 4375N/m |
| 变位承受能力——伸长 | +100% |
| 变位承受能力——压缩 | -50% |
| 耐火 | 2h |
| 供应品：DC718p | |
| 颜色 | 铅、黑、铜、白、透明 |
| 下垂度 | 元 |
| 指触干时间(25℃,50%R、H) | 120min |
| 修整时间 | 10 min |
| 固化后（25℃，50%R、H 施工 7d 后） | |
| 硬度（邵 A） | 25 |
| 抗拉强度 | 1.6MPa |
| 撕裂强度 | 4400N/m |
| 剥离强度 | 3500N/m |

| 变位承受能力 | ±25% |
| --- | --- |
| 供应品：DC791P | |
| 颜色 | 石灰色、灰色、白色、黑色、铜色 |
| 指触干时间 | 3h |
| 固化时间（25℃,50%R、H） | 14~21d |
| 全面附着 | 14~21d |
| 下垂度 | 2.5mm |
| 可操作时间 | 30~40min |
| 固化后（25℃，50%R、H 施工 7d 后） | |
| 硬度（邵 A） | 24 |
| 25%定位抗拉强度 | 40Psi（0.276MPa） |
| 50%定位抗拉强度 | 60Psi（0.414MPa） |
| 极限抗拉强度 | 350Psi（2.4MPa） |
| 剥离强度（铝、玻璃） | 40PPI（7N/mm） |
| 撕裂强度 | 60PPI（10.5N/mm） |
| 变位承受能力(固化 21d 之后) | ±50% |

### 4．创高 Tremco 硅酮 N 建筑密封胶

Tremco 硅酮 N 为单组分中性、中模量耐候胶，其主要物理性能见表 3-25。

**创高 Tremco 密封胶物理性能**　　　　表 3-25

| 性能 | 硅胶 N | 最大延伸率 | 400（破裂时延伸率） |
| --- | --- | --- | --- |
| 动力位移性 | 位移±25% | | |
| 耐温 | 零下 10℃至 40℃ | 下垂度 | 无 |
| 邵氏(A)硬度 | 23 | 拉强度 | 1.4MPa |
| 污染或色变 | 无 | 密度（g/cm³） | 1.05（25℃） |
| 颜色 | 黑、浅灰、白、古铜及透明 | 抗臭氧扩紫外线 | 良好 |
| | | 组分性况 | 单组分 |

### 5．SS601 建筑硅酮密封胶

广州市白云粘胶剂厂开发生产的中性硅酮类密封材料性能见表 3-26。

**主要性能参数**　　　　表 3-26

| 指触干时间（min） | 20～30 | 抗拉强度（MPa） | 1.14 |
|---|---|---|---|
| 挤出速度（ml/min） | 110 | 伸长率（%） | 396 |
| 非流淌性 | 不塌陷 | 储存时间（月） | 6 |

6. 东芝 TOSSEAL 系列

日本东芝 TOSSEAL 系列是由美国 GE 公司与日本东芝公司联合生产，基本上与 GE 系列性能相似，用于幕墙建筑封胶可采用单组分中性胶 TOSSEAL381（表 3-27）。

**单组分中性胶 TOSSEAL381 性能**　　　表 3-27

| 项　　目 | 性　能 | 项　　目 | 性　能 |
|---|---|---|---|
| 外观 | 膏状、有多种颜色 | 密度　　（g/cm³） | 1.03 |
| 不粘手时间　（min） | 10 | 挤压性（a） | 4 |
| 硬度　　（JiS A） | 26 | 流淌 | 无 |
| 抗拉强度　（N/mm²） | 2.05 | 污染性 | 无 |
| 50%抗拉强度　（N/mm²） | 0.46 | 耐候性 | 强 |
| 延伸率　　（%） | 430 | | |

TOSSEAL 耐候胶成型后表面光滑，这是它的特点。TOSSEAL 耐候胶与 Dow Corning 胶、G、E、胶兼容，可以共同使用，例如结构胶用 DC、GE 胶，耐候胶可用 TOSSEAL 胶。

**三、结构密封胶（结构胶）**

（一）概述

结构胶连接玻璃与玻璃、玻璃与铝材，承受风力、地震作用、自重和温度变化，在幕墙中起重要的结构作用，因此对其力学性能有较高的要求。

关于粘接拉伸强度，过去供应商在提供这方面的技术资料很不统一，有时候提供的拉伸强度注明是哑铃型的，有时注明是 H型的。经了解后，这两种拉伸强度有本质的区别。哑铃型拉伸强度只反映结构硅酮密封胶本身的拉伸强度和断裂伸长率，这是对一般密封材料的性能要求之一，但对结构密封胶来说就远远不够了，其本质问题没有反映出来。作为结构粘接密封胶，除具有优良的密封性能外，更重要的具有实际意义的是应与被粘接材料有极优良粘接拉伸性能，由此可见，哑铃型拉伸强度不能反映这两方面的性能，只有 H 型粘接拉伸强度才能同时说明这两方面的性能，才满足结构硅酮密封胶的实际需要。因此，采用这种粘接拉伸强度，作为结构硅酮密封胶重要的技术指标之一。在做这项试验时还须注意以下事项：

1. 在送结构硅酮密封胶样品时，同时还应送与结构硅酮密封胶相容性试验合格的被粘接材料（如铝合金型材和玻璃等）；

2. 粘接拉伸试验的破坏不允许发生在被粘接材料与粘接材料的交界表面上，一组试验应该 100% 符合要求，如一组试件中有一个试件的破坏发生在交界面上，该试验应重新制备试件，重新进行粘接拉伸试验。如仍然粘接拉伸破坏发生在交界面上，在排除试验操作不慎造成失败的因素后，该胶不能用作结构密封胶。

3. 粘接破坏必须 100% 发生在结构硅酮密封胶内部，即规定内聚力破坏率达 100%，此时粘接拉伸强度和粘接伸长率达到技术指标的要求，这样才可认为粘接拉伸试验合格。

结构硅酮密封胶有多种颜色可供选择，但浅色、透明和某些彩色结构硅酮密封胶耐紫外线性能较黑色差，因此，只适用在室内使用。在室外一般都采用黑色结构硅酮密封胶。

结构密封胶有单组分与双组分两种：

单组分结构密封胶是在工厂已配制好，产品形态由一种包装容器构成，本身已处于可直接施用状态的密封胶。单组分密封胶有醋酸基的酸性密封胶和乙醇基的中性密封胶。酸性密封胶在水解反应时会释放醋酸，对镀膜玻璃的镀膜层和中空玻璃的组件有腐蚀作用，不能用于隐框玻璃幕墙。

双组分结构密封胶的固化机理是靠向基胶中加入固化剂并充分搅拌混合以触发密封胶固化，固化时表里同时进行固化反应，基胶中结合了羟基的进行缩合反应，而结合了乙烯基的则进行加聚反应。

加聚反应固化时间短，且固化时不生成水分、醇等副产品，而当它与天然橡胶、氯丁橡胶、蜡或软质聚氯乙烯等物质接触时，固化剂活性会降低，而产生固化不良现象。

双组成分结构密封胶的基胶和固化剂混合比不同，其固化时间也随之变化，下面以 D.C983（图 3-4）为例说明

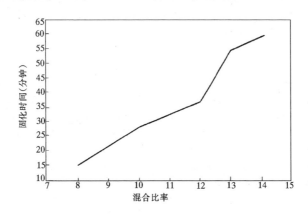

图 3-4　混合比率与固化时间关系

从上图可以看出当配合比 8:1 时，固化时间为 15min；而当配合比为 12:1 时，固化时间为 35 分钟；当配合比为 14:1 时，固化时间为 60min。

配合比变化不仅固化时间随之改变，而且固化后的性能也会有所不同（产品说明书上所列性能指标均注明为某种配合比时的参数，如 D、C983 为 12:1 时的参数）。

例如：法国罗纳公司的 VEC99 双组分结构胶，当其比例不同时，胶的力学性能就不相同（表 3-28）。

因此在决定基胶与固化剂的配合比时，要根据固化时间，固化后的性能全面权衡决定，不能只根据固化时间长短来决定配合比，更不能任意配合。

| 配合比 | 极限抗拉强度 | 伸长率 |
|---|---|---|
| 100/8 | 0.85MPa | 200% |
| 100/10 | 0.85MPa | 200% |
| 100/12 | 0.88MPa | 200% |

在施工中究竟选用单组分结构密封胶，还是选用双组分结构密封胶，要根据施工条件、批量大小等因素综合进行经济、技术比较（表 3-29）后确定。

单组分结构密封胶与双组分结构密封胶综合比较　　表 3-29

| 单组分结构密封胶 | 双组分结构密封胶 |
|---|---|
| 1. 在工厂按严密的配方，严格的工艺条件生产，配比与混合可靠 | 1. 在现场配合、搅拌、配合比掌握不准，充分拌混合不易保证 |
| 2. 施用方便，只要把 310ml 桶后盖装上涂胶枪就能在任何地方使用 | 2. 需专用调胶机在装备完整的专用车间里注胶，设备与厂房投资大 |
| 3. 浪费少，只要对用胶量计算准确，按用量定货，批量使用就不会浪费，在施用过程中，即使间断施工最多浪费不会超过 1 支胶 | 3. 浪费大，出厂时基胶为 35 加伦，催化剂为 4 加伦，适用了大批量连续生产，如果施工中间断时间超过 15 分钟，要用基胶将打胶机中已混合固化剂的胶冲掉，浪费较大 |
| 4. 用手工涂胶枪挤胶，压力较小，胶缝不易密压，易生空缝 | 4. 用高压气流挤胶，胶缝在大的气压下挤掉，但气流与胶同时挤出，排气不充分，易生充分，易生气泡 |
| 5. 靠吸收空气中水分由表及里固化，固化时间长，如果养生环境温湿度无保证，则不能完全固化。 | 5. 在固化剂作用下内外层同时固化，固化时间短，只要混合充分，固化质量有保证 |

（二）结构胶的性能要求

1）玻璃幕墙采用的结构硅酮密封胶，应符合国家标准《建筑用硅酮结构密封胶》GB16776 的要求，并经国家相关部门批准认可方能使用；其性能应符合行业标准《玻璃幕墙工程技术规范》JGJ 102 相应的要求，并在规定的环境条件下施工。

2）结构硅酮密封胶应采用高模数中性胶；结构硅酮密封胶分单组分和双组分，其性能应符合表 3-30 的规定：

结构硅酮密封胶的性能　　　　　　　表 3-30

| 项　　目 | 技　术　指　标 | |
|---|---|---|
| | 中性双组分 | 中性单组分 |
| 有效期 | 9 月 | 9 ~ 12 月 |
| 施工温度 | 10 ~ 30℃ | 5 ~ 48℃ |
| 使用温度 | – 48 ~ 88℃ | |
| 操作时间 | ≤30min | |
| 表干时间 | ≤3h | |
| 初步固化时间（25℃） | 7d | |
| 完全固化时间 | 14 ~ 21d | |
| 邵氏硬度 | 35 ~ 45 度 | |
| 粘结拉伸强度（H 型试件） | ≥0.7N/mm² | |
| 延伸率（亚铃型） | ≥100% | |
| 粘结破坏（H 型试件） | 不允许 | |
| 内聚力（母材）破坏率 | 100% | |
| 剥离强度（与玻璃、铝） | 5.6 ~ 8.7N/mm（单组分） | |
| 撕裂强度（B 模） | 4.7N/mm | |
| 抗臭氧及紫外线拉伸强度 | 不变 | |
| 污染和变色 | 无污染、无变色 | |
| 耐热性 | 150℃ | |
| 热失重 | ≤10% | |
| 流淌性 | ≤2.5mm | |
| 冷变形（蠕变） | 不明显 | |
| 外观 | 无龟裂、无变色 | |
| 固化后的变位承受能力 | 12.5% ≤ δ ≤ 50% | |

注：如果需要大于 25.0% 的硅酮结构胶，需由厂家专门供货。

3）结构硅酮密封胶应在有效期内使用，过期的结构硅酮密封胶不得使用。

（三）GE4000 系列结构胶。

GE4000 系列为硅酮结构密封胶，其中 SSG-4000 为单组分中

性结构胶，主要性能见表 3-31；SSG4400 为双组分中性胶，主要
性能见表 3-32。

**SSG4000 单组分结构胶性能** 表 3-31

| 性能 | SSG-4000 |
|---|---|
| 接缝能动性<br>（每小时连续伸缩 1/8） | ± 50% |
| 操作适用时间（注胶一次时间） | 30min |
| 不粘手时间（粘结时间） | 2.5h |
| 硫化时间（深度达 3/8，27℃和 50%相对湿度时） | 14d |
| 使用温度范围 | − 37 ~ 60℃ |
| 耐温 | − 62 ~ 149℃ |
| 硬度（邵氏 A） | 25 |
| 抗拉强度（设计强度） | 1.45N/mm$^2$ |
| 剥离强度<br>50%模量（1/2 × 3/8 × 2 * 胶条） | 5.4N/mm |
| 密度 | 1.47g/cm$^3$ |
| 贮藏期（< 80℃ – F（27℃）） | 1 年 |
| 耐紫外线光和臭氧 | 耐久 |
| 颜色 | |
| 固化时间 | 5d ~ 7d |
| 完全固化达强度时间 | 14d ~ 21d |
| 允许剪应力（r） | 0.141N/mm$^2$ |

**GE SSG4400 双组分密封胶性能** 表 3-32

| 主剂（未硬化特征） | | 下垂度 | 2.5mm |
|---|---|---|---|
| 颜色 | 白色 | 腐蚀性 | 无腐蚀性 |
| 密度 | 1.4g/cm$^3$ | 固化 21℃，50%R. H7d | |
| 贮存时间 | 6 个月 | 硬度（邵 A） | 45 |
| 固化剂（未硬化特征） | | 抗拉强度 | |
| 颜色 | 黑色 | 伸长率% | |
| 密度 | 1.07 g/cm$^3$ | 撕裂强度 | |
| 贮存时间 | 6 个月 | 剥离强度（铝） | |
| 燃烧性能 | 非燃烧体 | （玻璃） | |
| 重量比 13.5: 1 混合体 | | 粘附强度 | |
| 颜色 | 黑色 | | |
| 密度 | 1.3g/cm$^3$ | 流体密度 | |
| 可操作时间 | 20min | 抗热度 | |

（四）陶康玲 DOW Corning 结构胶

最常用的是 DC993 双组分中性结构胶，其性能见表 3-33。

**DC993 双组分结构密封胶性能**　　　　　　　表 3-33

| 供应口——主剂 | | 下垂度 | 不流泻 |
|---|---|---|---|
| 颜色 | 白 | 在 24 时全面附着 | 36min |
| 密度 | 1.4g/cm³ | 可操作时间 | 3h |
| 贮存时间 | 12 个月 | 固化——室温下 7d | |
| 供应口——固化剂 | | 抗拉强度 | 2.2MPa（320Psi） |
| 颜色 | 黑 | 伸长率 | 240% |
| 密度 | 1.03g/cm³ | 硬度（邵 A） | 45 |
| 能否燃烧 | 不能 | 撕裂强度 | 9.8N/mm（56Psi） |
| 贮存时间 | 12 月 | 剥离强度　玻璃 | 1.4MPa（205Psi） |
| 固化——（主剂与固化剂的混合量根据重量比 12:1 或分量比 8.8:1） | | 剥离强度　铝片 | 1.4MPa（205Psi） |
| 颜色 | 黑 | 粘附强度 | 1MPa（140Psi） |
| 密度 | 1.36g/cm³ | 流体蠕变 | 可忽略 |
| 或操作时间 | 20~25min | 抗热度 | 190℃ |
| 腐蚀性 | 不腐蚀 | 变位承受能力 | ±12.5% |

单组分结构胶 DC795 和 DC995 性能见表 3-34、表 3-35。

**DC795 单组分结构胶能**　　　　　　　表 3-34

| 供应品 | | 150% 定位抗拉强度 | 0.55MPa（80Psi） |
|---|---|---|---|
| 颜色 | 灰、黑、铜、石灰、白 | 抗拉强度 | 1.2MPa（175Psi） |
| 指触干时间 | 3h | 剥离强度（铝、玻璃） | 5.6N/mm |
| 固化时间（25） | 7~14d | | |
| 完全附着 | 14~21d | 污染 | 无 |
| 下垂度 | 2.4mm | 抗臭氧能力 | 良好 |
| 可操作时间 | 20~30min | 变位承受能力（固化 14d 后） | ±40% |
| 贮存时间 | 3 个月 | | |
| 固化后（25, 50%R。H 施工 7d） | | | |
| 硬度（邵 A） | 30 | 撕裂强度 | 4.725N/mm |

**DC995 单组分结构胶性能** 表 3-35

| 供应品 | | 下垂度 | 1.5mm |
|---|---|---|---|
| 颜色 | 黑 | 抗拉强度 | 2 41MPa（350Psi） |
| 可操作时间 | 20～30min | 撕裂强度 | 10.5N/mm(60Psi) |
| 指触干时间 50%R.H | 1 5h | 变位承受能力（固化 14d 后） | ±50% |
| 固化时间（25℃，50%R H） | 7～14d | | |
| 全面附着 | 14～21d | 贮存时间 | 9 个月 |

（五）创高 Tremco PG2 结构胶

创高 Tremco PG2（PROGLAZE Ⅱ）是双组分、高模量结构胶，中性，可用于－54℃～149℃环境下，有较大的变形能力。

主剂：白色，密度 1.32g/cm³，保存期 4 个月，

固化剂：黑色，密度 1.34g/cm³，保存期 9 个月。

其主要性能见表 3-36，表 3-37。

**TremcoPG2 主要性能** 表 3-36

| 性能 | PG2（SSG） | 污染或色变 | 无 |
|---|---|---|---|
| 动力位移性 | 位移±25% | 最大抗拉强度（MPa） | 1.14 |
| 不粘手时间（min） | 45～90 | | |
| 初凝固时间（min） | 30～60 | 颜色 | 黑色 |
| 耐温 | 零下 54 度至 149 度 | 量大延伸率（%） | 250 |
| | | 下垂度 | 无 |
| 邵氏硬度（A） | 45 | 抗拉强度（MPa） | 0.14 |

**不同配比时固化时间表** 表 3-37

| 基剂/固化剂 | 8:1 | 10:1 | 12:1 | 14:1 |
|---|---|---|---|---|
| 初固化时间（min） | 25 | 30 | 50 | 75 |

（六）国产 MF-881 硅酮结构胶

鉴于国内目前幕墙多用于国外进口结构的情况，开发、推广国产结构胶是迫切的需要。郑州中原应用技术研究所的产品 MF-

881 经测定，已达到国外同类型产品的质量标准。

对比试件 GE4400 和 DC993 结构胶，试验结果见表 3-38 ~ 表 3-42。

抗拉粘结强度及伸长率实验结果　　　　表 3-38

|  | MF-881 | DC993 | GE4400 |
|---|---|---|---|
| 标准条件下极限抗粘接强度（MPa） | 0.29 | 1.06 | 1.03 |
| 标准条件下 50％伸长抗结度（MPa） | 0.65 | 0.601 | 0.576 |
| 标准条件下极限抗粘接伸长率（％） | 119 | 125 | 114 |
| 88 下极限抗结度（MPa） | 0.736 | 0.673 | 0.668 |
| −29 下极限抗拉接度（MPa） | 1.45 | 1.30 | 1.39 |
| 浸水七天极限抗拉接强度（MPa） | 0.930 | 0.939 | 0.920 |

注：按 ASTMC1184-91、ASTMC1185H 形试件测试。

撕力性能实验结果（ASTMD624"B"）　　　表 3-39

|  | MF-881 | DC993 | GE4400 |
|---|---|---|---|
| 撕力（N/mm） | 6.22 | 6.81 | 6.42 |

撕力性能实验结果（ASTMD624"B"）　　　表 3-40

|  | MF-881 | DC993 | GE4400 | 备注 |
|---|---|---|---|---|
| 剥离强度（N/mm） | 5.94 | 4.88 | — | 100％内聚破坏 |

剪切强度性能对比性能结果　　　　表 3-41

|  | MF-881 | DC993 | GE4400 |
|---|---|---|---|
| 剪切强度（MPa） | 2.33 | 1.73 | 0.34 |

施工期、表干期及硬度变化测试结果　　　表 3-42

| | 施工期（min） | 表干期（min） | 固化时间及硬度变化（邵 A） | | | | | | |
|---|---|---|---|---|---|---|---|---|---|
| | | | 2h | 3h | 4h | 6h | 8h | 24h | 7 天 |
| MF-881 | 40 | 120 | — | 27 | 34 | 38 | 40 | 46 | 46 |
| DC993 | 20 | 60 | 32 | 34 | 36 | 38 | 40 | 45 | 45 |
| GE4400 | 15 | 45 | 24 | 33 | 34 | 37 | 37 | 42 | 45 |

MF881 与 DC993、GE4400 有良好的相容性，双组分交叉配合

试验对比结果见表 3-43。

**MF-881 与 DC993、GE4400 交叉试验**　　表 3-43

| 配　　合 | 抗拉粘接强度（MPa） | 伸长率（%） |
|---|---|---|
| MF-881 | 1.04 | 125 |
| DC993 | 1.09 | 175 |
| GE4400 | 1.01 | 150 |
| DC 基膏 + MF 固化剂 12∶1 | 1.02 | 142 |
| Mf 基膏 + DC 固化剂 12∶1 | 0.99 | 68 |
| DC、MF 基膏各 50% MF 固化剂 12∶1 | 1.07 | 117 |
| DC、MF 基膏各 50% DC 固化剂 12∶1 | 0.98 | 100 |
| GE 基膏 + MF 固化剂 12∶1 | 1.03 | 92 |
| MF 基膏 + GE 固化剂 12∶1 | 0.92 | 167 |
| GE、MF 基膏各 50% GE 固化剂 12∶1 | 1.07 | 91 |
| GE、MF 基膏各 50% MF 固化剂 12∶1 | 0.98 | 108 |

此外，风压试验也表明：国产 MF-881 结构胶性能与国外产品基本相同，经工程试用后，可逐渐推广使用。

### 四、中空玻璃密封胶

中空玻璃由两块玻璃经密封胶双道密封粘合而成。两道密封中第一道为结构胶，第二道为丁基密封胶。在明框幕墙中，第一道密封允许采用聚硫密封胶；但在隐框和半隐框幕墙中，第一道密封只能采用硅酮结构胶（图 3-5）。

常用的第一道密封硅酮结构胶有：

GE　　　3103　　　单组分

GE　　　3723　　　双组分

DC　　　982　　　双组分

其特性见表 3-44 ~ 表 3-46

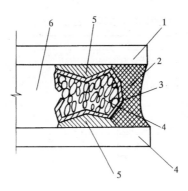

图 3-5 中空玻璃构造示意图

1—玻璃；2—结构硅酮密封胶（第一道密封胶）；3—铝合金隔离框；

4—干燥剂；5—丁基胶（第二道密封胶）；6—干燥空气

**GE IGS3103 的性能** 表 3-44

| 硬度（邵 A） | 35 | 指触干时间 | 2.5h |
|---|---|---|---|
| 极限抗拉强度 | 2.1N/mm²(300Psi) | 固化时间 | 5～7d |
| 剥离强度 | 8.8N/mm（50Psi） | 抗臭气及紫外线性能 | 极良 |
| 变位承受能力 | ±5% | 下垂度 | 0.1′（最大） |

**GB IGS3723 的性能** 表 3-45

| 基胶 | | 12.5:1 混合固化 7d 后 | |
|---|---|---|---|
| 颜色 | 白色 | 颜色 | 黑色 |
| 密度 | 1.4g/cm³ | 密度 | 1.27g/cm³ |
| 储存时间 | 6 个月 | 可操作时间 | 20～50min |
| 固化剂 | | 下垂度 | 1′ |
| 颜色 | 黑色 | 硬度（邵 A） | 40 |
| 密度 | 1.00 | 抗拉强度 | 2MPa（290Psi） |
| 储存时间 | 6 个月 | 伸长率 | 200% |
| | | 剥离强度 | 0.887MPa（130Psi） |
| | | 耐热性 | 150℃ |

| 供应品 | | 供应品——固化剂 | |
|---|---|---|---|
| 颜色 | 白色 | 颜色 | 黑色 |
| 密度 | 1.4g/cm³ | 密度 | 1.03g/cm³ |
| 固化—以 12:1 的重量或 8.8:1 的分量作为主剂与固化剂的比率混合 | | | |
| 颜色 | | 黑色 | |
| 密度 | | 1.36g/cm³ | |
| 可操作时间 | | 20~25min | |
| 腐蚀性 | | 不腐蚀 | |
| 下垂度 | | 不腐蚀 | |
| 全面附着 24℃ | | 36min | |
| 固化后（室温下 7d 后） | | | |
| 抗拉强度 | | 2.2MPa（320Psi） | |
| 伸长率 | | 200% | |
| 硬度（邵 A） | | 45 | |
| 撕裂强度 | | 9.8N/mm（56Psi） | |
| 可操作时间 | | 3h | |
| 贮存时间 | | 12 个月 | |
| 剥离强度—铝片 | | 1.41MPa（205Psi） | |
| 剥离强度—玻璃 | | 1.41MPa（205Psi） | |
| 流体蠕变 | | 可忽略 | |
| 抗热度 | | 190℃ | |

上列三种密封胶仅用于中空玻璃第一道密封,它们与硅酮结构(建筑)密封胶性能相容,可配套使用。即凡是使用硅酮密封胶作中空玻璃结构性装配或作中空玻璃防风雨填缝的,必须使用中空玻璃一道密封胶作第一道密封,使用密封胶必须作相容性试验。

双组分密封胶按其基剂与固化剂比例不同，固化时间不一样，可选择采用。如 GEIGS3723 密封胶固化时间见表 3-47：

不同配比时固化时间　　　表 3-47

| 基剂/固化剂 | 7:1 | 8:1 | 9:1 | 10:1 | 11:1 | 13:1 | 16:1 |
|---|---|---|---|---|---|---|---|
| 固化时间（h） | 50min | 1 | 2 | 2.3 | 2.5 | 3 | 3.5 |

# 第四节　紧　固　件

## 一、螺栓、螺柱

1.六角头螺栓—C 级图 3-6。

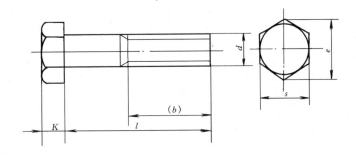

图 3-6

用途：用于表面粗糙、对精度要求不高的连接。常用规格见表 3-48。

常用规格（mm）                    表 3-48

| 螺纹规格 *d* | | M5 | M6 | M8 | M10 | M12 | M16 | M20 | M24 |
|---|---|---|---|---|---|---|---|---|---|
| *b* 参 考 | *l* ≤ 125 | 16 | 18 | 22 | 26 | 30 | 38 | 46 | 54 |
| | 125 < *l* ≤ 200 | — | — | 28 | 32 | 36 | 44 | 52 | 60 |
| | *l* > 200 | — | — | — | — | — | 57 | 65 | 73 |
| *l* 公称 | | 25 ~ 50 | 30 ~ 60 | 35 ~ 80 | 40 ~ 100 | 45 ~ 120 | 55 ~ 160 | 65 ~ 200 | 80 ~ 240 |

注：*l* 系列：25，30，35，40，45，60，65，70，80，90，100，110，120，130，140，150，160，180，200，220，240。

2．六角头螺栓 – 全螺纹 – C 级图 3-7。

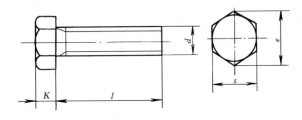

图 3-7

用途：用于表面粗糙、对精度要求不高但要求较长螺纹的连接。常用规格见表 3-49。

**常用规格（mm）**　　　　　　　　表 3-49

| 螺纹规格 d | M5 | M6 | M8 | M10 | M12 | M16 | M20 | M24 |
|---|---|---|---|---|---|---|---|---|
| l 公称 | 10～40 | 12～50 | 16～65 | 20～80 | 25～100 | 35～100 | 40～100 | 50～100 |

注：10，12，16，20，25，30，40，45，50，55，60，65，70，80，90，100。

3．六角头螺栓－A 和 B 级图 3-8。

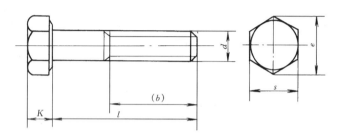

图 3-8

用途：用于表面光洁，对精度要求高的连接。常用规格见表 3-50。

公差产品等级：A 级适用于 $d \leqslant 24$ 和 $l \leqslant 10d$ 或 $\leqslant 150$mm（较小值）

B 级适用于 $d > 24$ 和 $l > 10d$ 或 $> 1500$mm（较小值）

**常用规格（mm）**　　　　　　　　表 3-50

| 螺纹规格 d | | M5 | M6 | M8 | M10 | M12 | M16 | M20 | M24 |
|---|---|---|---|---|---|---|---|---|---|
| b 参考 | l≤125 | 16 | 18 | 22 | 26 | 30 | 38 | 46 | 54 |
| | 125<l≤200 | — | — | 28 | 32 | 36 | 44 | 52 | 60 |
| | l>200 | — | — | — | — | — | 57 | 65 | 73 |
| l 公称 | | 25～50 | 30～60 | 35～80 | 40～100 | 45～120 | 55～160 | 65～200 | 80～240 |

注：l 系列：25，30，35，40，45，60，65，70，80，90，100，110，120，130，140，150，160，180，200，220，240。

4．钢膨胀螺栓图 3-9。

用途：用于构件与水泥基(墙)的连接。常用规格见表 3-51。

108

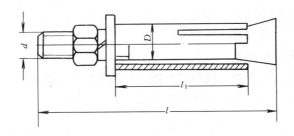

图 3-9　钢膨胀螺栓

**常用规格（mm）**　　　　表 3-51

| 螺纹规格 $d$ | 螺栓总长 $l$ | 胀管 | | 被连接件厚度 $H$ | 钻孔 | | 允许承受拉（剪）力 | | | |
|---|---|---|---|---|---|---|---|---|---|---|
| | | 外径 $D$ | 长度 $l_1$ | | 直径 | 深度 | 静止状态 | | 悬吊状态 | |
| | | | | | | | 拉力 | 剪力 | 拉力 | 剪力 |
| | (mm) | | | | | | (N) | | | |
| M6 | 65，75，85 | 10 | 35 | $L$-55 | 10.5 | 35 | 2354 | 1765 | 1667 | 1226 |
| M8 | 80，90，100 | 12 | 45 | $L$-65 | 12.5 | 45 | 4315 | 3236 | 2354 | 1765 |
| M10 | 95，110，125，130 | 14 | 55 | $L$-75 | 14.5 | 55 | 6865 | 5100 | 4315 | 3236 |
| M12 | 110，130，150，200 | 18 | 65 | $L$-90 | 19 | 65 | 10101 | 7257 | 6865 | 5100 |
| M16 | 150，175，200，220，250，300 | 22 | 90 | $L$-120 | 23 | 90 | 19125 | 1373 | 10101 | 7257 |

注：被连接件厚度 $H$ 计算方法举例：

螺栓规格为 M12×130，其 $H = L - 90 = 130 - 90 = 40$mm。

## 5．螺钉

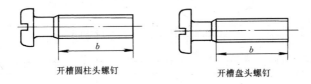

开槽圆柱头螺钉　　　　　开槽盘头螺钉

图 3-10　开槽螺钉

（1）开槽圆柱头螺钉

开槽盘头螺钉

开槽沉头螺钉

用途：用于两个构件的连接，与六角头螺栓的区别是头部用平头改锥拧动。常用规格见表3-52。

常用规格（mm）                                              表 3-52

| 螺纹规格 $d$ | | M2.5 | M3 | M4 | M5 | M6 | M8 | M10 |
|---|---|---|---|---|---|---|---|---|
| $b$ | 圆柱头 | — | — | 38 | 38 | 38 | 38 | 38 |
| | 盘头 | 25 | 25 | 38 | 38 | 38 | 38 | 38 |
| | 沉头 | 25 | 25 | 38 | 38 | 38 | 38 | 38 |
| | 半沉头 | 25 | 25 | 38 | 38 | 38 | 38 | 38 |
| $l$ 公称 | | 4~25 | 5~30 | 6~40 | 8~50 | 8~60 | 10~80 | 12~80 |

注：$l$ 系列：4，5，6，8，10，12，14，16，20，25，30，40，45，50，55，60，65，70，75，80。

（2）十字槽盘头螺钉

十字槽沉头螺钉

十字槽半沉头螺钉

用途：用于两构件联接，与六角头螺栓的区别是头部用十字改锥拧动。常用规格见表3-53。

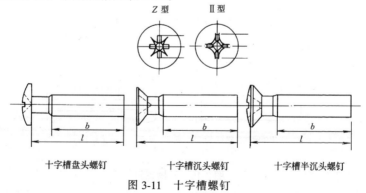

十字槽盘头螺钉　　　　十字槽沉头螺钉　　　　十字槽半沉头螺钉

图 3-11　十字槽螺钉

| 螺纹规格 $d$ | M2.5 | M3 | M4 | M5 | M6 | M8 | M10 |
|---|---|---|---|---|---|---|---|
| $b$（min） | 25 | 25 | 38 | 38 | 38 | 38 | 38 |
| $l$ 公称 | 3～25 | 4～30 | 5～40 | 6～50 | 8～60 | 10～60 | 12～60 |

注：$l$ 系列：3，4，5，6，8，10，12，14，16，20，25，30，40，45，50，55，60。

（3）开槽盘头自攻螺钉

开槽沉头自攻螺钉

开槽半沉头自攻螺钉

六角头自攻螺钉

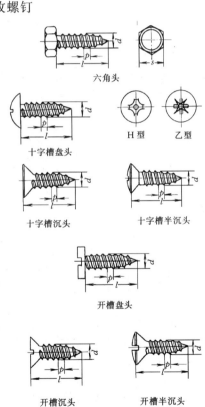

六角头

十字槽盘头

H 型　　乙 型

十字槽沉头　　　　十字槽半沉头

开槽盘头

开槽沉头　　　　开槽半沉头

图 3-12　自攻钉

十字槽盘头自攻螺钉

十字槽沉头自攻螺钉

十字槽半沉头自攻螺钉

用途：用于薄片（金属，塑料等）与金属基体的连接。常用规格见表3-54。

常用规格（mm）

表 3-54

| 螺纹规格 d | 螺纹大径 | | 螺距 p | 对边宽度 s | 十字槽号 | 螺杆长度 l | | | | | |
| --- | --- | --- | --- | --- | --- | --- | --- | --- | --- | --- | --- |
| | | | | | | 十字槽自攻螺钉 | | 开槽自攻螺钉 | | | 六角头自攻螺钉 |
| | 号码 | ≤ | | | | 盘头 | 沉头半沉头 | 盘头 | 沉头 | 半沉头 | |
| ST2.2 | 2 | 2.24 | 0.8 | 3.2 | 0 | 4.5 ~ 16 | 4.5 ~ 16 | 4.5 ~ 16 | 4.5 ~ 16 | 4.5 ~ 16 | 4.5 ~ 16 |
| ST2.9 | 4 | 2.19 | 1.1 | 5 | 1 | 6.5 ~ 19 | 6.5 ~ 19 | 6.5 ~ 19 | 6.5 ~ 19 | 6.5 ~ 19 | 6.5 ~ 19 |
| ST3.5 | 6 | 3.53 | 1.3 | 5.5 | 2 | 9.5 ~ 25 | 9.5 ~ 25 | 6.5 ~ 22 | 9.5 ~ 25 | 9.5 ~ 25 | 6.5 ~ 22 |
| ST4.2 | 8 | 4.22 | 1.4 | 7 | 2 | 9.5 ~ 32 | 9.5 ~ 32 | 9.5 ~ 25 | 9.5 ~ 32 | 9.5 ~ 25 | 9.5 ~ 25 |
| ST4.8 | 10 | 4.8 | 1.6 | 8 | 2 | 9.5 ~ 38 | 9.5 ~ 32 | 9.5 ~ 32 | 9.5 ~ 32 | 9.5 ~ 32 | 9.5 ~ 32 |
| ST5.5 | 12 | 5.46 | 1.8 | 8 | 3 | 13 ~ 38 | 13 ~ 38 | 13 ~ 32 | 13 ~ 38 | 13 ~ 32 | 13 ~ 32 |
| ST6.3 | 14 | 6.25 | 1.8 | 10 | 3 | 13 ~ 38 | 13 ~ 38 | 13 ~ 38 | 13 ~ 38 | 13 ~ 38 | 13 ~ 38 |
| ST8 | 16 | 8 | 2.1 | 13 | 4 | 16 ~ 50 | 16 ~ 50 | 16 ~ 50 | 16 ~ 50 | 16 ~ 50 | 16 ~ 50 |
| ST9.5 | 20 | 9.65 | 2.1 | 16 | 4 | 16 ~ 50 | 16 ~ 50 | 16 ~ 50 | 16 ~ 50 | 16 ~ 50 | 16 ~ 50 |

注：l 系列：4，5，6.5，9.5，13，16，19，22，25，32，38，45，50。

## 二、螺母

1 型六角螺母-C 级

1 型六角螺母-A 和 B 级

2 型六角螺母-A 和 B 级

用途：与螺栓、螺柱、螺钉配合使用，连接紧固构件。

C 级用于表面粗糙、对精度要求不高的连接。

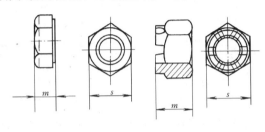

图 3-13　六角开槽螺母

A 级用于螺纹直径 ≤ 16mm；B 级用于螺纹 > 16mm，表面光洁，对精度要求较高的连接。常用规格见表 3-55。

常用规格（mm）　　　　　　　　　　　　　表 3-55

| 螺纹规格 D | 对边宽度 s | 螺母最大厚度 m | | |
|:---:|:---:|:---:|:---:|:---:|
| | | 1 型<br>C 级 | 1 型 | 2 型 |
| | | | A 和 B 级 | |
| M4 | 7 | — | 3.2 | — |
| M5 | 8 | 5.6 | 4.7 | 5.1 |
| M6 | 10 | 6.1 | 5.2 | 5.7 |
| M8 | 13 | 7.9 | 6.8 | 7.5 |
| M10 | 16 | 9.5 | 8.4 | 9.3 |
| M12 | 18 | 12.2 | 10.8 | 12 |
| M16 | 24 | 15.9 | 14.8 | 16.4 |
| M20 | 30 | 18.7 | 18 | 20.3 |

### 三、铆钉

封闭型圆头抽芯铆钉

封闭型沉头抽芯铆钉

开口型扁圆头抽芯铆钉

开口型沉头抽芯铆钉

用途：用于金属结构上的金属件铆接。常用规格见表3-56。

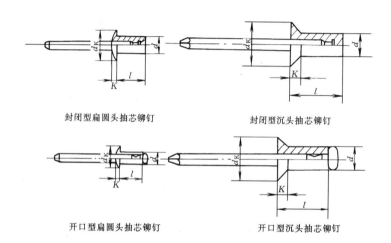

封闭型扁圆头抽芯铆钉     封闭型沉头抽芯铆钉

开口型扁圆头抽芯铆钉     开口型沉头抽芯铆钉

图 3-14　铆钉

**常用规格**（mm）    表 3-56

| $d$ | | 3 | (3.2) | 4 | 5 | 6 |
|---|---|---|---|---|---|---|
| $d_k$ | min | 5.76 | 5.76 | 7.71 | 9.31 | 11.65 |
| $K$ | 扁圆头 | 1.4 | 1.4 | 1.7 | 2.0 | 2.5 |
| | 沉头 | 1.2 | 1.2 | 1.4 | 1.6 | 2.0 |
| $l$（封闭） | | 6~12 | 6~12 | 5~15 | 5~15 | 8~18 |
| $l$（开口） | | 7~19 | | 8~20 | 9~34 | 10~40 |

注：$l$ 系列：6、7、8、9、10、11、12、13、14、15、16、17、18、19、20、22、24、26、28、30、32、34、36、38、40。

# 第四章 幕墙设备及常用的机具

## 第一节 幕墙加工主要设备

### 一、设备选择与工艺平面布置的原则

1）考虑产品品种的要求：在选择设备与设计工艺平面布置时，首先要考虑生产什么产品，产品类型，以及其最大尺寸，根据产品选择相应型号的设备。

2）考虑产品产量的要求：产品产量对设备选择和车间生产面积影响很大，应根据生产量计算生产设备的数量以及生产面积的大小。在成批生产条件下，为了提高生产效率可以采用高效的加工机床，例如以冲切工艺代替划线铣切工艺，配备一定数量的冲床。

3）考虑产品零件加工精度：各种设备的加工精度是不同的，应根据产品要求的精度选择相应等级的设备。铝门窗幕墙产品零件的加工精度都不高，因此在选择设备时不必选择高精度的机床设备，以节省投资。

4）在设计车间工艺布置时要考虑以下因素：

①按产量、按工作制、按工时定额计算所需生产面积。

②考虑必须的辅助面积：材料库、成品库、工具库、办公室等。

③机器和辅助设备在车间内的正确布置应按照加工程序和直线流通的原则，从原材料进车间直至完成产品的装配以及包装运输全过程，尽量不要交叉进行。正确的布置还要考虑到设备之间

的效率，足够的运输设备和通道，以保证整个加工过程有条不紊。只能在生产面积上考虑的宽松一些，最多按两班制安排生产，并考虑在产品更新换代，增加必要的新设备时所需的生产面积，以便在一定时期内可满足生产发展的需要。

## 二、型材切割下料设备

双头斜锥切割机

COMBI－5 AXES 高性能的超级双头复合角斜锥切割机

①电子控制双切割头的倾斜转动；

②水平轴：45°（向内）－22.5°（向外）以及中间任意角度；

③垂直轴：45°（向内）以及中间任意角度。

控制特性

①可同时兼容工业用电脑 MSDOS；

②10.4″TFT 彩色图像显示；

③500MB 的硬盘及 1.44MB3.5″的软盘；

④配有可连接 PC 之接口，可通过软盘，联网或串接控制；

⑤配有工业条形码商标之打印机接口；

⑥可使用单头切割；

⑦可储存 500 种不同的型材尺寸，以自动折算出切割头位于 90 度以外时的切割长度；

⑧可通过键盘储存 500 种切割目录，每种目录可包含 1000 条指令；

⑨最优化型材的切割，以减少废料量。

标准配置

①1（套）×中间角度自动式设定系统；

②2（件）×TCT 锯刀：直径 500mm×120 齿；

③1（套）×LUBRICA 纯油锯刀冷却系统；

④1（套）×垂直型材夹紧系统附配水平型材夹；

⑤1（对）×气动式水平型材夹具；

⑥1（套）×型材支承锟道；

⑦1（对）×气动式切割安全防护罩；

⑧1（套）×光学尺；

⑨1（套）×毫米刻度尺；

⑩1（套）×EXTRA 加工软件，可执行超长切割（6～9m）、加强角片的切割、斜锥切割等功用。

配件

①1（套）×附加的型材夹具（用于型材支承锟道）；

②1（套）×气动可转动式型材中间支承架；

③1（套）×气动型材夹具（用于加强角片的切割）；

④1（套）×MG4 可移动式静音吸屑筒（静音马达自动驱动）；

⑤1（套）×工业条形码打印机＋条形码软件。

### 三、铝型材钻孔设备

多头钻床

独特性能

①此六头多头钻床，结构稳固，床身长 6300mm，可加工长度 6000mm；

BZ－BO－S型多头钻床

（适用于加工铝合金及钢质型材）

②六个钻头可由控制台，控制独立地操作（可选配件）；

③机床的 X 轴方向稳定平直，Y、Z 轴方向操作轨道平阔；

④三个轴向分别由手轮并毫米量度尺控制调节；

⑤加工范围：150mm；

⑥最大型材高度：250mm，可附工具夹具；

⑦最大加工深度：120mm，可附多个钻头；

⑧配有深度定位器及气动式水平型材夹具；

⑨电机功率：1kW，380V，50Hz，主轴转速：3000rpm。

标准配置

①1（套）型材 X 轴方向零位定位器；

②6（套）冷却喷雾装置。

配套配件

①6（套）5 头钻头自动式进给装置；

②6（套）电控无级转速控制装置，可调节范围：1500～5500rpm；

③6（套）电子控制加工行程显示装置，加工精度可达：

+／－0.1mm；

④6（套）气动式垂直型材夹具；

⑤6（套）4轴钻头，轴间距22～122mm，最大加工深度8mm。

百式马500（PRISMA500）角接口切割机

## 四、角接口切割机

①此半自动型接口切割机，性能更优越；

②最大切割范围（宽×高）：185mm×185mm

③接口切割宽度：300mm；

④进给速度：1～4m／min

⑤型材定位角度：30°—90°—45°；

⑥转速：2880r.p.m；

⑦双向锯刀均可作垂直及水平方向的斜锥切割；

⑧水平方向锯刀可倾斜转动：45°—90°—45°；

⑨垂直方向锯刀可倾斜转动：60°—90°—25°（后—中—前）。

优越特性

①型材被定位夹紧后，切割头方可运作；

②配有切割安全防护罩，同时由双手控制操作板；

③此接口切割机同时可用作复合式斜锥切割机，以降低加工成本；

④电机驱动锯刀的进给＋电子显示器。

**标准配置**

①1（套）×气动式垂直、水平夹具；

②2（件）×电机（3.0kW，380V，50Hz）；

③2（件）×TCT锯刀（直径500mm）；

④1（件）×操作控制台。

## 五、加工中心

（一）6轴CNC加工中心（图4-1）

图4-1　QUADRA-6轴加工中心

**全自动装料系统**

①最大长度：7.5m；

②最小长度：3m；

③气动式推进装置（每次推进100mm或200mm）；

④一套输送靠模；

⑤承载能力：20 根（每次推进 100mm），10 根（每次推进 200mm）；

⑥最大承载重量：500kg；

⑦型材输送定位装置；

⑧工作台高度：1125mm。

全自动进料系统

①一件用于连接装料系统的支架；

②可手动装料，最短：650mm；

③气动式短料定位装置；

④配有推进臂和可旋转夹具的推进装置；

⑤配有小型推进电机（1.9kW）；

⑥光电长度设定系统；

⑦垂直、水平型材支撑锟轮；

⑧推进速度：0～60m/min（可调）；

⑨工作台高度：1125mm。

加工中心

①配有 4 个 4.5kW 电机，转速 20000rpm；

②由一个 1.9kW 的交流电机控制 X－Y－Z－A 轴运转；

③A 轴可 360°旋转，转速：22.5°/min；

④X 轴行程：240mm；

⑤Y 轴行程：350mm；

⑥Z 轴行程：350mm；

⑦最大轴移动速度：15m/min；

⑧最大轴工作速度：2m/min；

⑨全范围垂直水平夹紧系统；

⑩可调整喷气系统，用于清理工作区的废屑；

⑪LUBRICA 刀具冷却润滑系统。

单头锯刀上行切割装置

①单头锯刀上行切割；

②液压气动式驱动锯刀进给；

③锯刀直径：550mm；

④气动式控制切割角度：45°～135°以及中间任意角度（更大的切割范围见选购配件）；

⑤功率：3kW 电机，50Hz，2650rpm；

⑥进刀速度：76m/s；

⑦4 种预设定高度；

⑧配有垂直、水平夹具可外接吸尘器。

切割工件输送系统：

①支撑架；

②配有 PVC 锟轮的出料传送支架；

③气动控制装置，用于清理小块工件或废料；

④配有 0.11kW 的电机；

⑤安全控制器用于显示存储装置是否已满。

自动存储装置

①最大工件长度：7.5m；

②一套支撑脚架；

③7 条传送带；

④气动式出料系统；

⑤2 个安全显示用于显示存储装置是否已满。

中心控制系统

①CNC-PC 控制装置：PENTIUM-166MHz-CPU，键盘，16M 内存，10.4"TFT 彩色液晶显示器，RS232 串行接口；

②电气控制柜；

③通风冷却系统；

④配套专用软件：两套 EMMEGI 先进程序软件的复制件（QUADRA-CAM，EDITOR，DRILL，STAMPE）。

气动系统

控制和推进系统以气动为主。

整体防护罩

用于降低噪音，保护操作人员。

防护网

加工中心的后面和两边有安全防护网，并带有门以便于维修保养。

附带配件

①1套自动切割装置（CNC电机控制），切割角度：22.5°~157.5°，刀具直径600mm；

②工业标签打印机；

③MG4可移动式静音吸屑筒（静音马达自动驱动）；

④附加的夹紧系统；

⑤1套刀具夹头：8件ISO25夹头，8件不同直径刀具；

⑥安全防护网；

⑦1套操作维护手册及电路图、气路图。

（二）3轴CNC加工中心（图4-2）

图4-2　KELT-3轴多功能加工中心

整体防护系统

①操纵者的安全保护由安装在机器前方的气动控制安全屏幕保证；

②为便于装卸长度达到 2000mm 的型材，安全保护罩上有两个可滑动的透明玻璃罩，操纵者可通过开启玻璃罩，方便地装卸型材；

③为装卸更长的型材，操纵者可利用机械传动装置开启整个安全保护罩，装卸型材。

（三）软件

EMMEGI 自行开发的专业软件操作方便，以 Windows3.1 或 Windows95 为操作系统，用户操作界面友好，易于编程，避免使用繁琐的 ISO 编程工具。

（四）轴向行程

①X（纵向轴）：6500mm；

②Y（横向轴）：730mm；

③Z（垂直轴）：350mm。

型材定位

KELT 多功能加工中心提供两条平行工件定位导轨（根据需要，两条导轨可合并，以加工更宽的型材）；每条导轨上可放一件或多件工件进行加工（需附加"工件零点定位器"）。

型材可加工面

①每一型材可在 5 个面进行加工；

②顶部；

③前面、后面、左端、右端。

型材加工范围

①加工最大长度：6500mm；

②加工最大宽度：450mm 或 2 件 90mm 宽（当使用两条导轨工作时）；

③加工最大高度：250mm。

定位速度

①X：80m/min；

②Y：60m/min；

③Z：30m/min；

④最大加速度 XYZ：5m/min。

电机特性

①电机功率：9HP（20000rpm）；

②电机转速：从 500rpm～24000rpm；

③工具夹头：ISO30；

④X：80m/min；

⑤Y：60m/min；

⑥Z：30m/min；

⑦最大加速度 XYZ：5m/min。

自动刀具更换

把刀具，刀具库与加工头一起移动，以减少更换刀具的时间。

型材定位

①X 轴夹具手动定位；

②气动夹紧；

③型材承载/卸载：手动。

承载底座

①整体的、电动的并热处理的钢结构底座，保证加工工件时的稳定性和精确性。

②配有两条 120mm 纵向滑轨（中心距 370mm），8 件气动夹具（夹紧范围 0～90mm），每件气动夹具（夹紧范围 90～300mm），可同时放置多件工件并优化加工顺序。

③配有废屑收集箱，以收集废屑。

滑轨

由铝合金制成，高精度的滑度由滚珠轴承保证。

定位器

6（件）×气动式零点定位器。

设备装置

①电动芯轴 9HP 并通过 CNC 控制转速，可从 500rpm 到 24000rpm 变化；

②夹头规格：ISO30；

③刀具可顺时针或逆时针旋转；

④气动式刀具快速更换系统；

⑤清理碎屑在更换刀具时由一套喷气装置完成。

刀具更换

由 CNC 自动控制 6 把刀具的更换(刀具库与加工头一起移动)。

刀具润滑

LUBRICA 纯油润滑系统。

安全保护

在机器前方有气动式安全保护罩，该安全保护罩上有两个可滑动的透明玻璃罩，便于操纵者工作，在机器的两边和后部都有金属保护罩。

控制装置

①CNC-PC 控制装置包括：PENTIUM166CPU，10.4"LCD 彩色监控器（TFT 型），键盘，16 兆字节的内存，1000 兆字节的硬盘，2 个 RS232 串行接口，3.5"软盘驱动器；

②电动控制柜；

③气动控制柜；

④软件：两套 EMMEGI 先进程序软件的复制件（CAM、EDI-TOP、DRILL）。

附带配件

①角度（90°）组件夹头（双向）– ISO30，12000rpm；

②1 套刀具夹头：4 件 ISO30 夹头，4 件不同直径刀具，1 件带 180 毫米刀具的夹头；

③条形码阅读器；

④"SHAPE"软件；

⑤F.P.PRO 与 KELT 的接口驱动程序；

⑥1 套操作维护手册及电路图、气路图。

**六、组框机**

①气动式推动操作；

PE2000 组框机

②可升降式型材背靠支座；

③可上下调整式双夹角头；

④气动式型材夹具；

⑤配有操作安全防护罩；

⑥双头脚踏板气动操作，安全简便。

标准配置

①2（件）×可旋转式型材支撑架；

②3（组）×夹刀：1 组厚 3mm、1 组厚 5mm、1 组厚 7mm；

③2（件）×型材背靠支座；厚度分别为 15mm、30mm；

④2（件）×气动式垂直型材夹。

### 七、注胶机

（一）注胶机的原理

注胶机是使双组分（我们通常称为"白胶"和"黑胶"）硅酮结构胶按所要求的组分（通常是白胶：黑胶 = 12 ～ 14：1 重量比）均匀混合之后注入中空玻璃和玻璃幕墙的沟缝的专用设备。

注胶机的结构如图 4-3 的照片所示，它主要由基体材料（白胶）泵；辅助材料（黑胶）泵；双联转阀系统；双联缸；注胶枪；提升———压胶装置；以及各种控制开关、调节阀门、压力表、管道等所组成。现分述各部件系统的作用：

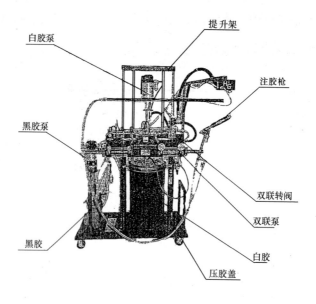

图 4-3 注胶机

### 1. 白胶泵和黑胶泵

泵的作用相当于人体的心脏，是使胶产生压力从而能在系统内流动的动力源。白胶泵与黑胶泵大小不同，但结构基本相同，原理一样。它们的上部都是一个双作用式气缸，以压缩空气为其动力，下部是一个双作用式泵体，因其输送的介质为胶体，故本人称它们为"双作用式气胶泵"（见图 4-4）。

这种泵的一个显著特点，是在它的压胶部分采用活塞结构，且单向阀 2 设置在活塞上（见图 4-5），它是这样工作的：当气缸活塞带动胶压活塞上行时，单向阀 1 开启，胶桶内的胶在压胶装置产生的压力作用下被压入 a 腔；同时，单向阀 2 关闭，b 腔

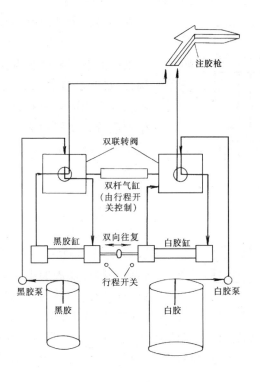

图 4-4　注胶机原理图

内的胶被压出。活塞下行时，单向阀 1 关闭，单向阀 2 开启，胶从 $a$ 腔压往 $b$ 腔，由于活塞的下侧面积大于上侧面积，所以下行时仍有胶从 $b$ 腔内压出，若取活塞下侧面积为上侧面积的二倍 [即 $\pi D^2/4 = 2 \times \pi \times (D^2 - d^2)/4$]，解得当 $D = 2^{0.5} \times d$ 时，则不论活塞上行与下行，胶泵都有相同的胶量流出，从而实现了双作用连续压胶。

2. 双联转阀、双联缸的作用

从黑、白两胶泵中压出的胶体，其流量，压力是在一定范围内变化的，这可以从装在双联缸上的压力表上观察到，当胶泵工作时，压力表指针的指示值是在一定范围内不断变化的（图 4-6），由于黑、白胶泵各自独立，它们的压力、流量的变化不可能

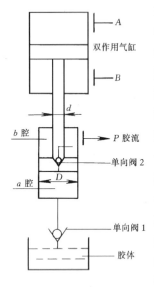

图 4-5 气胶泵示意图

完全一致，为消除这一现象，注胶机上便采用了双联缸装置（Ge 注胶机采用双联压胶泵装置，其目的相同），双联缸直径大的缸体是白胶缸，直径小的是黑胶缸，它们的杆轴相联接，实际构成了一个增——减压缸系统（图 4-7），白胶经过这个系统之后，压力降低——被减压，黑胶经过这个系统之后，压力升高——被增压。并且，增——减压缸系统的胶体的输出压力、流量，其波形已经相同——不是完全相同，但已经符合注胶的工作要求。黑胶缸与白胶缸缸腔的面积比，即为黑胶与白胶的组分比（容积比），由于白胶缸、黑胶缸的缸腔的面积是固定的，所以这种注胶机的黑、白胶比例无法调整（Ge 注胶机因双联泵中黑胶泵的杠杆支点位置可调，即泵的行程可调，故其胶的比例可以在一定范围内调整）。双联转阀的作用是保证黑、白胶缸同步换向。

3. 注胶枪

注胶枪包括单向阀、混合器、开关等部件。单向阀装在混合器的入口处，其作用是使

图 4-6　胶泵压出的胶压变化示意图

黑胶能注入白胶，而白胶不能进入黑胶管，避免白胶倒流入黑胶

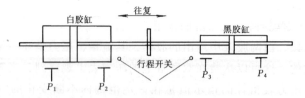

图 4-7　双联缸的增-减压及"滤波"作用

管而使黑胶管被堵塞，因为白胶的流量大，停机之前又要用白胶清洗注胶枪，所以在这里设置了单向阀。

混合器内装有螺旋棒，螺旋棒由多节麻花状的螺旋体组成，每节螺旋体之间正交相接，其作用是使黑、白胶体不断分流，汇合，从而达到均匀混合的目的。

4. 升降——压胶系统

该系统由气缸、升降架、密封盖组成，作用是装胶桶时能使密封盖离开胶桶，方便更换胶桶；工作时使密封盖紧紧的压在胶面上，并随工作过程中胶面的下降而下降，密封盖、胶桶形成一个密封室，使密封室内的胶产生压力，使粘稠的胶体易于进入胶泵。

（二）注胶机操作规程

1. 注胶是幕墙加工生产的关键工序，经培训合格的人员才允许操作注胶机。

2. 开机之前必须检查各开关是否在"停"位置，各仪表指示值在"0"位置，各连接件是否连接紧固，各润滑点是否需加注润滑油。

3. 起动注胶机，观察各仪表示值是否在规定示值范围，各连接件是否有泄漏现象。

4. 采用"蝴蝶试验"检验黑、白胶的混合情况，确认混合正常之后方可正式注胶，工作过程中，注意观察设备运行情况，注胶、混胶情况。

5. 工作完毕，中途休息，因故需停机时间超过 10 分钟者，必须用白胶清洗混胶器，清洗干净后方可停机。

（三）注胶过程中的常见问题

1. 注胶过程往往会出现"白胶"，主要原因是：1）注胶机的工作压力过高，注胶机往往会出"白胶"，2）胶泵的单向阀不能关闭；3）注胶枪的单向阀复位弹簧过紧；4）阀门、活塞磨损过大引起内泄漏过大，5）胶枪堵塞（主要是注胶器的螺旋棒）等等，实际工作中要多加分析、辨别，以便对症下药。

2．注胶过程中有时胶枪中会出现"噼噼啪啪"的爆破声，或胶中出现气泡，这主要是提升——压胶装置的问题，其一可能是压胶盖放入桶中时没有排放完桶内的空气；其二可能是提升缸的活塞，端盖等处的密封元件已经失效，压胶盖无法紧压胶面而使空气漏入，胶泵抽空，从而使输出的胶体中混入空气。

# 第二节　幕墙常用机具

## 一、幕墙常用机具概述

（一）机具在建筑幕墙中的作用

机具在幕墙工程中有以下几个作用：

第一，机具是确保幕墙质量不可缺少的重要手段。

第二，机具是幕墙加工、施工工作效率的重要保证。特别是对于大面积幕墙的构件加工和板块安装，机具的应用提高操作效率更加明显。

第三，大量使用机具，有利于减轻劳动者的工作强度。

总之，机具在幕墙施工中的应用越来越广泛、普遍，不断开发、制造、更新、改进施工机具，是伴随着幕墙行业的发展而永无止境的过程。

（二）机具的应用范围

机具的应用涉及幕墙加工、施工的各个阶段和各个方面。

从幕墙加工、施工的阶段来说，机具多用于幕墙构件的组装和幕墙现场的安装施工阶段。由于幕墙构件的加工基本上是在加工厂房内完成，机具的使用相对较少，但对于幕墙的现场施工，由于是在户外作业相对机具用的较多。

（三）机具的动力源选择

机具要依靠动力来操作，动力源是使用机具首先要解决的问题。机具的动力源一般分为电动和气动两大类。

1．电力驱动源

目前国内使用的主要是电力电网上的电源，电网频率一般为

50Hz，电流电压的大小按机具的规格、型号确定。网上电源通常是通过变压器输出为三相四线 380V 或单线 220V 电压，需要直流电源的机具一般由整流装置提供。

1）电动机具的电源标牌

凡电动机具都在电动机上贴有标牌或在产品说明书上注明用电标牌，标牌上应注明：机具的型号、TYPE；使用的电源电压：V（伏）；电机的功率：W（瓦）或 kW（千瓦）；电机转速：r/min（转/分）；电流：A（安培）；频率：Hz（赫兹）；相应主要参数以及供选择电源和控制元器件及线径大小。一般国内销售的国产或进口的电动机具其电源电压为单相 220V，三相 380V，频率为 50Hz。

2）电源线路和电闸箱的选择

电源电路和电闸箱的选择主要依据所使用机具的数量、单机功率、使用频率等综合计算支路电流来确定。

3）电源使用中的安全注意事项

幕墙常用机具大多以电力作为动力源，即使有些机具采用气压作为动力源，也往往采用电力作为提供气压的一次动力源，所以在幕墙施工中，经常离不开电。而安全用电是顺利完成幕墙工程，确保人身和机具安全的关键。使用电时应重点注意以下事项：

（1）电源输出的电压是否同所使用的机具标牌相同，不同的电压不能使用。

（2）不得超负荷使用。电源线路所能达到的电流是安全使用的最大允许电流，超负荷使用容易造成线路过热而导致火灾。

（3）施工现场不得私拉私设线路、插座，从变压器输出的电源，先进一次配电箱，施工现场必须设置流动箱，施工机具应直接从流动箱内接线，严禁私设线路。

（4）改变线路设置，增设线路或流动箱必须由专业电工进行操作，因为专业电工会综合考虑电量分配的合理与否，电路、电器的接零接地保护，确保用电需要和安全使用，非专业电工不得随意更改或增设电路和流动箱。

(5)电源线在使用现场，不得拖地，确需跨越时，应穿在钢管内，或挂起来走线，电源线穿墙穿板应设套管，以防导线破损漏电。

(6)电动机具应在干燥地方存放、作业，电机受水浸、受潮易发生漏电伤人或烧坏电机等事故。

(7)电动机具使用完以后，应切断电源，拔掉插座，下班时应存入库房，以免丢失或引起事故。

(8)电动机具应经常检测其自身电气系统是否完好，外壳是否带电，室外作业时，配电盘、接线盒应有良好的防雨措施，不得在雨中直接使用电动机具。

(9)电动机具的电器部分出现故障时，不能随意拆卸，应请专业电工进行维修。

2.气压驱动源

气压驱动源的产生是以空气作为能量传递介质，以电机作为原动力，以空气压缩机作为能量转换而产生的一种动力源。

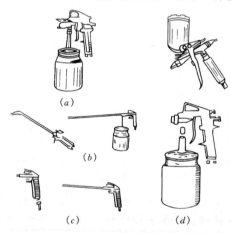

图 4-8　气直喷型类喷枪

(a)油漆喷枪类；(b)清洗枪；(c)吹尘枪；
(d)黏度料加压式喷枪

1）气压驱动机具的种类

（1）喷枪类：利用气压将各种液体或黏状物喷到各种接受面上为气直喷型（见图4-8）。

（2）风动旋转型：利用气压源动力，通过机件（扇叶）转换或机械旋转运动型（见图4-9）。

（3）风动冲击型：利用气压源动力，通过机件（活塞）转变为机械直接冲击或连续冲击的往复运动型。如气动钉枪类（见图4-10）。

2）空气压缩机

（1）空气压缩机的构造和工作原理：空气压缩机主要由气缸、活塞、连杆、曲轴、电机及外壳等部件组成。其工作原理是：电

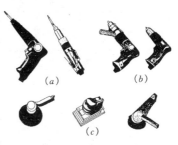

图 4-9　风动旋转型机具
（a）风动改锥；（b）手风钻；
（c）风动磨光机

图 4-10　射钉枪

机转动经皮带传动，使压缩机曲轴作旋转运动，同时带动连杆使活塞作往复直线运动。由于气缸内空气因容积变化而导致其压力变化，配置在气缸端部的吸排气组合阀将自由状态的空气经过消声过滤器进入气缸，压缩成达到设计要求的压缩空气，在风扇的冷却下，经排气管通过单向阀进入储气罐（图4-11）。

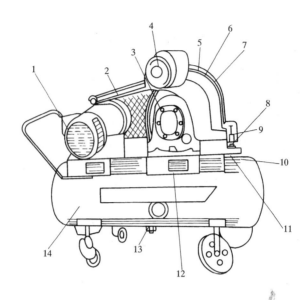

图 4-11　空气压缩机

1—电动机；2—三角胶带；3—压缩机；4—消声器；5—排气管；6—皮带轮；7—防护罩带；8—安全阀；9—气压自动开关；10—放气阀；11—压力表；12—放油孔带；13—放水阀；14—储气罐

（2）空气压缩机的类型及其选择：空气压缩机按体积分有大型、小型和微型。大型一般用于集中供气的泵站，中、小型一般用于现场移动式供气站，小型和微型常用于试验室或用气量很少的操作场地。按气缸个数分，空气压缩机有单缸、双缸和多缸。空气压缩机按其与电机传动连接方式分有皮带传动式和直接传动式。其中皮带传动式对电机过载损坏较小，但其传递功率较小，直接传动式正好相反，对电机输出的功率损耗小，但过载直接影响电机寿命。空气压缩机按每分钟排气量分类，微型的每分钟排气量有几升到几十升，小型、中型和大型的每分钟排气量在几百升到几千升不等，一般情况下选择空气压缩机以每分钟空气的排气量为依据是比较合理的。空气压缩机的选择原则是用气量的大小，用气量应以每台空气压缩机需要带动多少台机具以及每分钟所需排气量的总和而定。每种机具、型号不同，用气量是不同的。一般装饰机具选用的空气压缩机，每分钟排气量要在 200 ~ 900L 为宜，压力在 0.4 ~ 1Pa/cm² 的范围，基本可以满足需要。需要恒压的机具可在空气压缩机排气口安装减压阀（或叫定压阀），以满足其工作需要。

（四）机具的安全操作和维护保养

机具的普遍使用，有利于加快施工速度，提高质量和工效，减轻操作工人的劳动强度。但如果不能正确使用，不能遵守安全操作规程，不能很好地对施工机具进行正确的维修、保养，很容易发生机具损坏，甚至机械事故和安全事故。所以使用机具进行施工，务必严格遵守安全操作规程，及时对施工机具进行有效的良好的维护、维修和保养，避免在使用中发生事故，提高机具的利用率，延长使用寿命，降低成本支出。

1.施工机具的安全操作

不同的施工机具对安全操作有不同的特殊规定和要求，以后在介绍每种机具时，对有些特殊的规定和要求另加叙述，这里只对一些共同需要遵守的操作要求作些说明。

（1）根据施工的具体条件，正确选用施工机具。施工机具的选用必须与施工的具体条件相适应。如动力源情况，施工部位的技术条件等。在潮湿的环境条件下使用电动机具，应选择双绝缘的。又比如需要在混凝土结构上开洞，到底是选用手电钻、电锤好呢？还是选择专用开孔机具或冲击钻好，这就要考虑结构的厚度，混凝土强度等级，具体施工部位，操作的方便与否等。其原则是一要满足开孔的要求准确地在混凝土结构上开出孔，不破坏结构的其他部分；二是要有利于安全操作，保证操作人员顺利地完成开孔任务，而不发生任何机械、人身伤害。

（2）认真阅读机具的产品说明书，审核安全操作规程。尤其是临时借用的机具，要同时借阅产品说明书和安全操作规程。机具出厂时，都附有产品说明书，从产品说明书上要了解该机具的动力源情况，使用电源的机具，必须知道该机具适用的电压、电流等情况，同时核对现场提供的电源是否与施工机具所需的电压、电流相适应。特殊要求的安全操作规程，操作人员必须牢记，违反操作规程很容易发生机具损坏甚至人身事故。

2. 施工机具的维护保养

良好的机具维护保养，即满足施工的客观需要，也是降低生产成本的客观要求，同时也保证安全操作。所有的机具都需要进行日常保养，发现机具有问题，要及时进行检查修理，避免机具带病作业。

(1) 电动机具的电源导线要经常保持完好，避免漏电伤人。一般机具的电源线都是全封闭的，不能自行随意拆换。从插头到机身这段导线要保持良好的绝缘，一旦发现破损，轻微的要用绝缘胶布缠好，严重的要及时更换，或者到机修部进行更换。

(2) 施工机具使用完后要及时收回入库保管。尤其是手持式小型的施工机具不能随意放在作业面上，避免丢失和非操作工人使用。

(3) 随时检查机电各部件的完好情况，发现螺丝松动要及时紧固，润滑部分要及时添加润滑油，保持机具状况良好。

(4) 操作中发生松动、断裂、打滑等不利于正常使用的毛病时，绝不能勉强使用，一定要及时进行维修。对判定确已失去使用功能的机具，又无法维修、更换零配件时，应及时报废。

(五) 机具的成本控制

实际施工中一方面要提高机械机具的利用率，减少机械机具的闲置时间，另一方面要维护、保养好施工机具，延长机具的使用寿命，降低单位成本支出；另外，还要根据工程施工的特点和实际情况，合理选择机械费用的支出方式。

1. 机具费用的核算

机具的费用主要由购置时发生购置费、使用动力燃料费、维修保养费等组成。其中购置费按国家或企业的有关规定以折旧费的名义进行分配。同一时期发生的费用可以按台班或工程量分配到各个成本核算对象。

1）按台班分配

凡机具可以按台班分别计算的，适于按台班分配其费用。其计算公式如下：某成本核算对象应分配的费用 = 某机具每台班实际成本×该成本核算对象实际使用的台班数。

其中：某机具每台班的实际成本 = 某机具本月发生的费用总额/某机具本月实际台班数。

2）按完成的工程量分配

某种机具凡能计算出其完成工程量的，可以按每一单位工程量所占用的机具使用费进行分配。其计算公式为：

某成本核算对象应分配的费用 = 某机具完成每一单位工程量的实际费用×某成本核算对象本月实际完成的工程量。

其中：某机具完成每一单位工程量的实际费用 = 该机具本月发生费用总额/该机具本月实际完成的工程量。

2．降低机具使用成本的措施

（1）根据是经常使用还是临时使用，确定机具的来源。经常使用的机具宜于新购，而临时使用尤其是特殊工艺不常使用的机具应以临时租用为宜。

（2）选用的机具应与工作内容相适应，一般就使机具的能力略大于工作要求，能力过大，易造成浪费，能力过小，易造成损坏。

（3）加强对机具操作人员的培训，所有机具应由专业操作工进行操作，减少不必要的损坏。

（4）对操作工应明确责任，对机具的使用、保管、维修实行一管到底，防止只用不管，只用不养，避免机具损坏丢失。

（5）及时更换易损件。

（6）提高机具的使用率。

**二、钻孔类机具**

钻孔类机具主要是手持式电动工具，其主要优点是重量轻、效率高、操作简单、使用灵活、携带方便、适应能力强、互换性好。尤其是各种新型、新款、多功能的钻孔类机具的产生，以及各种专用钻头、凿头的配用，使很多手工操作实现了机械化作业，从而使工作效率大大提高，其施工质量和速度也有了不断提高。

（一）手电钻

手电钻是最基本的手头工具，它分主通用型、万能型和角向钻，外形、样式多种多样，如图4-12。

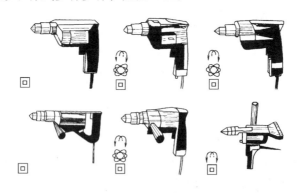

图4-12  手电钻

1. 构造和原理

手电钻由电机及其传动装置、开关、钻头、夹头、壳体、调节套筒及辅助把手组成。其工作原理是通过开关接通电源，带动电机转动，电机带动变速装置使钻头转动，钻头按照一定的方向旋转，在人工轻压下按照人的意愿完成钻孔作业。

2. 用途

手电钻的基本用途是钻孔和扩孔，如果配上不同的钻头还可以进行打磨、抛光和螺钉螺帽的拆装作业。

3. 规格和技术性能

为了满足使用要求，现列出几种手电钻的规格和技术性能指标，供选购时参考（见表4-1）。

4. 机具和钻头的选用

（1）机具的选择

<table>
<tr><td colspan="7" align="center">部分国产手电钻技术性能　　　　　　　表 4-1</td></tr>
</table>

| 型　号 | 最大钻孔直径<br>（mm） | 额定电压<br>（V） | 输入功率<br>（W） | 空载转速<br>（r/min） | 净重<br>（kg） | 型　式 |
|---|---|---|---|---|---|---|
| JIZ-6 | 6 | 220 | 250 | 1300 | | 枪柄 |
| JIZ-13 | 3 | 220 | 480 | 550 | | 环柄 |
| JIZ-ZD2-6A | 6 | 220 | 270 | 1340 | 1.7 | 枪柄 |
| JIZ-ZD2-13A | 13 | 220 | 430 | 550 | 4.5 | 双侧柄 |
| JIZ-ZD-10A | 10 | 220 | 430 | 800 | 2.2 | 枪柄 |
| JIZ-ZD-10C | 10 | 220 | 300 | 1150 | 1.5 | 枪柄 |
| JIZ2-6 | 6 | 220 | 230 | 1200 | 1.5 | 枪柄 |
| JIZ-SF2-6A | 6 | 220 | 245 | 1200 | 1.5 | 枪柄 |
| JIZ-SF3-6A | 6 | 220 | 280 | 1200 | 1.5 | 枪柄 |
| JIZ-SF2-13A | 13 | 220 | 440 | 500 | 4.5 | 双侧柄 |
| JIZ-SF1-10A | 10 | 220 | 400 | 800 | 2 | 环柄 |
| JIZ-SF1-13A | 13 | 220 | 460 | 580 | 2 | 环柄 |
| JIZ-SD 03-6A | 6 | 220 | 230 | 1350 | 1.2 | 枪柄 |
| JIZ-SD 04-6C | 6 | 220 | 220 | 1600 | 1.15 | 枪柄 |
| JIZ-SD 05-6A | 6 | 220 | 240 | 1350 | 1.32 | 枪柄 |
| JIZ2-6K | 6 | 220 | 165 | 1600 | 1 | 枪柄 |
| JIZ-SD 04-10A | 10 | 220 | 320 | 700 | 1.55 | 环柄 |
| JIZ-SD 03-10A | 10 | 220 | 440 | 680 | 1.8 | 下侧柄 |
| JIZ-SD 03-13A | 13 | 220 | 420 | 550 | 3.35 | 双侧柄 |
| JIZ-SD 04-13A | 13 | 220 | 440 | 570 | 2 | 环柄 |
| JIZ-SD 05-13A | 13 | 220 | 420 | 550 | 3.12 | 双侧柄 |
| JIZ-SD 04-19A | 19 | 220 | 740 | 330 | 6.5 | 双侧柄 |
| JIZ-SD 04-23A | 23 | 220 | 1000 | 300 | 6.5 | 双侧柄 |
| J3Z-32 | 32 | 380 | 1100 | 190 | | 双侧柄 |
| J3Z-38 | 38 | 380 | 1100 | 160 | | 双侧柄 |
| J3Z-49 | 49 | 380 | 1300 | 120 | | 双侧柄 |

注：表中产品性能是上海、杭州、青海等厂家电钻性能。

选择手电钻，首先要满足工作内容的要求，一般薄材料10mm以下的孔径选用转速高、手电钻钻头有外排屑式麻花钻头、空心钻头和孔锯钻头。其中用得较普遍的是外排屑式麻花钻头，它又分为：通体合金钢制成及在钻头刃部镶有硬质合金两种。根据钻头的顶角、前角的不同，又可分为通用钻、毛坯钻、青铜飞屑、薄板钻等多种。按钻头紧固的形状不同，又可分为六角和圆杆钻头。经常使用的主要是通用钻和薄板钻。通用钻的特点是顶部尖锐，图 4-13 硬质合金钻头排屑连续，钻孔位置准确，钻入力强，适于加工较硬较厚的各种材料。薄板钻，通常为削刃部复合硬质合金型。顶部除定位导向中心尖点用于定点外，还有两个削刃尖，与中心尖点高度只差一点。工作时中心尖点用于定位，两个削刃先将所加工的孔径划出来，使得钻孔完成前就可以直观地检查孔的大小、位置合适与否。这种钻头用起来工作平稳，钻孔底部平整，边缘光滑，效率高，适于加工较薄和要求不钻透的材料。

（2）钻头的选用

各种钻头常用的规格有：麻花钻头有 0.3~50mm，硬质合金钻头有 4、5、6、8、10、12、13（mm）（见图 4-13），圆孔钻头有 35、40、50、63、68、74、80、105（mm）等（见图 4-14）。

图 4-13　硬质合金钻头

（二）电池钻

1. 构造和原理

电池钻由夹头、钻头、调节套筒、壳体、传动装置和电池组构成。电池组提供电能使电机转动，通过传动装置带动钻头转动。

2. 用途

因电池钻是以电池组作为动力源，所以它有携带方便、不受

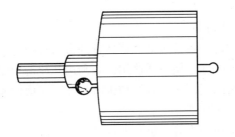

图 4-14　圆孔钻钻头

电网限制、机动灵活、安全性好等优点。这些优点决定了电池钻主要用于野外、狭窄、潮湿的工作环境或工作地点需经常更换、不易接电源、没有电源的地方作业。但因电池组所能提供的动力电源电压低、功率小，所以一般只适用于以上工作环境条件下钻较薄的材料和较小的孔径，一般为 10mm 以下。

3．使用注意事项

1）规格和选用

由于电池钻只宜于较薄较软的材料上钻 10mm 以下的孔，所以根据加工工件的具体情况和工作环境，选用电池钻，一般电池钻的工作电压为 4.8～3V，钻头为 10mm 及以下，在大于 10mm 或有条件的情况下，一般选用其他电动工具。

2）维护与保养

（1）头滚柱等转动部件和电机应定期加注润滑油，防止锈蚀；

（2）用完后要随时拆下的钻头，清除残屑尘土；

（3）经常检查各种部位的坚固情况，确保各连接处无松动；

（4）随时检查电机碳刷，当磨损到5mm 时，要及时更换；

（5）使用中电机发热时，要暂停作业，待电机冷却后再工作；

（6）在潮湿环境中作业，要定期对电钻作干燥处理；

（7）为延长电池组使用寿命，充电应一次充足（一般充电

8h，快充 2h）。

（三）电冲击钻

电冲击钻是一种可调节式旋转带冲击的特种电钻。利用其纯旋转功能，同普通电钻一样使用，若利用其冲击功能，可以装上硬质合金钻头对混凝土、砖结构进行打孔、开槽作业。

（1）构造及原理

冲击钻由单相串激电机、变速系统、冲击结构（齿盘式离合器）、传动轴、齿轮、夹头、钻头、控制开关及把手等组成（见图 4-15）。冲击电钻的工作原理：电机通过齿轮变速带动传动轴，再与齿轮啮合，在此与齿轮配对的是一静齿盘式离合器，而齿轮则是一个动齿盘式离合器。在钻的头部调节环上设有钻头和锤子标志。把调节环指针调到"钻头"方向时，动离合器就被支起来，从而与静离合器分离，这时齿轮就直接带动钻头，做单一旋转运动，这时电冲击钻就同普通电钻一样工作。若把调节环的指针调到"锤"的方向时，动离合器就被放下来，从而与静离合器接触，这样在旋转时通过离合器凹凸不平的接触面，就产生了冲击运动，传递到钻头上就形成了旋转加冲击运动。

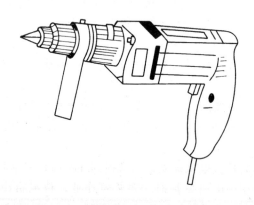

图 4-15　电冲击钻

（2）技术性能

电冲击钻的规格及部分国产、进口产品的技术性能见表 4-2、表 4-3。

部分国产冲击电钻规格         表 4-2

| 型　　号 | 最大钻孔直径（mm） | | 输入功率（W） | 额定转速（r/min） | 冲击次数（$min^{-1}$） | 重（kg） |
|---|---|---|---|---|---|---|
| | 混凝土 | 钢 | | | | |
| 回 ZIJ-12 | 12 | 8 | 430 | 870 | 13600 | 2.9 |
| 回 ZIJ-16 | 16 | 10 | 430 | 870 | 13600 | 3.6 |
| 回 ZIJ-20 | 20 | 13 | 650 | 890 | 16000 | 4.2 |
| 回 ZIJ-22 | 22 | 13 | 650 | 500 | 10000 | 4.2 |
| 回 ZIJ-16 | 16 | 10 | 480 | 700 | 12000 | |
| 回 ZIJ-20 | 20 | 13 | 580 | 550 | 9600 | |
| 回 ZIJ-20/12 | 20 | 16 | 640 | 双速 850/480 | 17000/9600 | 3.2 |
| 回 ZIJS16 | 10/16 | 6/10 | 320 | 双速 1500/700 | 30000/14000 | 2.5 |
| 回 ZIJ-20 | 20 | 13 | 500 | 500 | 7500 | 3 |
| 回 ZIJ-10 | 10 | 6 | 250 | 1200 | 24000 | 2 |
| 回 ZIJ-12 | 12 | 10 | 400 | 800 | 14700 | 2.5 |
| 回 ZIJ-16 | 16 | 10 | 460 | 750 | 11500 | 2.5 |

注：表中产品为中国电动工具联合公司、上海电动工具厂等厂家生产。

博世（BOSCH）冲击电钻性能         表 4-3

| 项　　目 | 交流电源 | | | | 充电式 | |
|---|---|---|---|---|---|---|
| | PSB400-2 | PSB420 | CSB550RE | GSB16RE | GSB9.6 | GSB12 |
| 输入功率（W）<br>空载速率（r/min） | 400<br>2200～2800 | 420<br>0～2600 | 550<br>0～3000 | 550<br>0～1600 | 600～1350 | 750～1700 |

145

| 项　　目 | 交流电源 | | | | 充电式 | |
|---|---|---|---|---|---|---|
| | PSB400-2 | PSB420 | CSB550RE | GSB16RE | GSB9.6 | GSB12 |
| | 44800 | 41600 | 48000 | 0~25600 | 10 | 10 |
| | 10 | 10 | 10 | 10 | 10 | 10 |
| | 10 | 10 | 15 | 16 | 15 | 15 |
| | 20 | 20 | 25 | 25 | 9.6V/h | 12V/h |
| | 1.3 | 1.3 | 1.65 | 1.7 | 1.8 | 1.9 |

（3）冲击钻及钻头的选用

（4）钻具的选用

冲击电钻的选用主要依据其工作内容来确定。一般要求其工作能力要比工作要求稍大些，防止过载损坏。另外，选择电冲击钻还要根据成本情况是选用国产产品还是进口产品，一般来说，进口设备的性能较好，但价格昂贵，国产设备相对便宜。

（5）钻头的选用

根据要完成的工作内容，选择不同的钻头。直柄的硬质合金（碳化钨合金）钻头常用的规格有 3、6、8、10、12、14、16、18、20（mm）；四坑钻头常用的规格有 5、6、8、12、14、16、18、20、22、24、25（mm）等；博世直柄钻石长钻头规格有（直径×总长）6×50、6.5×50、8×250、10×250、12×250、14×250（mm）；直柄钻石短钻头规格有（直径×总长）4×85、5×85、5.5×85、6.0×100、6.5×100、8×120、10×120、12×150（mm）；四坑柄钻石长钻头规格有（直径×总长）8×210、10×260、14×260（mm），四坑柄钻头短钻头规格有（直径×总长）6×160、8×160、10×160、12×160、14×160（mm）。

（四）风镐

风镐是直接到利用压缩空气作介质，通过气动元件和控制开关，冲击气缸活塞，带动钎头（工作部件）实现钎头机械作往复和回转动运动，对工作面进行作业。风镐冲击力大，常用于较坚硬结构如钢筋混凝土、砖结构的拆除、门窗改洞、拆洞作业。利用风镐修凿、开洞，具有一定的破坏性，巨大的冲击力使操作不能实现理想的开洞效果，一般拆除、开洞，先利用风镐作粗作业，而后再进行修补。

1．构造

风镐由气缸、活塞、进排气口，工作装置和壳体等部件组成，外接压缩空气胶管连接空气压缩机。

2．主要技术性能

风镐的主要技术参数包括冲击频率、钻眼直径、锤体、行程、使用气压、耗气量等，部分风镐的技术性能见表4-4。

**风镐技术性能表**　　　　　　表4-4

| 项　目 | 单　位 | GJ-7 | G-7 (03-07) | G-7A | G-11 (03-11) |
|--------|--------|------|-------------|------|--------------|
| 冲击频率 | 次/min | 1300 | 1250~1400 | 1100 | 1000 |
| 钻眼直径 | mm | 40 | 44 | 34 | 38 |
| 锤体行程 | mm | 135 | 80 | 153 | 155 |
| 使用气压 | MPa | 0.4 | 0.5 | 0.5 | 0.4 |
| 耗气量 | m³/min | 1 | 1 | 0.8 | 1 |
| 重 | kg | 6.7 | 7.5 | 7.5 | 10.5 |

3．风镐操作要点与维修保养

1）操作要点

（1）使用前，要检查风镐各种部件的完好情况，螺栓有无松动，卡套和弹簧是否良好等；

（2）风镐需要的压缩空气的气量和气压是否满足使用要求，以保证其动力源足够，充分发挥风镐的工作效率；

（3）操作中，操作人员必须精力集中，风镐要扶正，施压要均匀，发现不正常声响和振动时，应立即停机检查，排除故障后方可继续操作；

（4）操作中右手要压下供气开关，停止作业或移动风镐钻头时，应停止供气；

（5）操作面应平整坚实，便于操作，高空作业必须搭设稳定可靠的操作平台，严禁攀扶架子悬空作业；

（6）夜间施工或在采光较差的环境中操作，应有足够的照明设施；

（7）操作人员应戴好防护眼镜，非操作人员应远离操作点，以免碎块飞溅伤人，高空作业下面应有防护措施，避免碎块飞出、落下伤人。

2）维修保养

风镐不同于其他的钻孔机具，它的冲击力、振动力巨大，钻出的碎块有时是飞出去的，周围环境恶劣，所以风镐本身必须经常保证其完好状态，维修保养就成为经常性的工作。具体参照产品说明书。

（五）电锤钻

电锤钻简称电锤，是幕墙施工中常用的机具。一般适用于混凝土、砖砌体等结构的表面剔凿和开孔打洞作业，作冲击钻使用时，常用于门窗、吊顶和设备安装中的钻孔、埋膨胀螺栓等。目前，电锤还常常配用空心钻头用于较大孔径的开孔，其效率高、效果好、精度大是其他设备无法比的。

1. 主要构造

电锤主要由钻头、夹头、滚柱、调节套筒、传动系统（包括电转气装置、冲击活塞、锤体、机械式过载保护装置和各种变速齿轮）、电机、壳体、控制开关和工作状态控制阀（挡把）等组成。图 4-16 是电锤的构造图。

2. 主要技术性能

电锤的规格、型号很多，国产和进口的电锤在市场上都能随意选购，其技术性能是根据输入功率而变化的，功率大其钻孔、凿破能力就强，自身重量也相应增大。我们在选择电锤时，最好让机具的加工能力比工作要求稍大些，一般情况下让电锤的加工能力超过工作要求 20% 左右，减少机具长期满负荷运转，增加其使用寿命。现列出部分电锤的技术性能参数，供使用者选用时

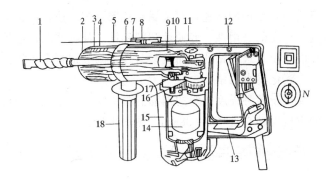

图 4-16 电锤

1—钻头；2—夹头；3—套筒；4—夹头轴；5—深度尺；6—锤
体；7—锤体活塞；8—撞击保证环；9—气垫；10—活塞；11—
连杆；12—推进开关；13—抑制器；14—转子；15—定子；
16—导轮；17—安全离合器；18—辅助把手

参考。见表 4-5。

**部分国产电锤规格** 表 4-5

| 型　号 | 最大钻孔直径（mm） | 额定电压（V） | 额定转速（W） | 额定转速（r/min） | 冲击次数（1/min） | 重量（kg） |
|---|---|---|---|---|---|---|
| 回 ZIC-16 | 16 | 220 | 400 | 680 | 2900 | 3.5 |
| 回 ZIC-18 | 18 | 220 | 470 | 800 | 3680 | 2.5 |
| 回 ZIC-22 | 22 | 220 | 520 | 370 | 2800 | 5.5 |
| 回 ZIC-22 | 22 | 220 | 520 | 330 | 2830 | 6.5 |
| 回 ZIC-26 | 26 | 220 | 560 | 350 | 2900 | 6.5 |
| 回 ZIC-26 | 26 | 220 | 560 | 350 | 3000 | 6.5 |
| 回 ZIC-38 | 38 | 220 | 780 | 330 | 3200 | 6.6 |

注：表内为上海、南方、长春电动工具厂电锤规格。

### 3.钻头与凿头的选用

电锤可以配置多种多样的钻头、凿头、开孔器。以前经常使用的有碳化钨水泥钻头，碳化钨十字钻头，尖凿、平凿、沟凿等，目前最新生产的高速钢双金属开孔器，多用途钻石钻头和开孔器具有更高的通用性、专业性和精确性，甚至使用普通手钻也可以在混凝土上进行钻孔，而且耐久性、耐磨损程度也很强。

（1）碳化钨水泥钻头

主要用于各种强度等级的钢筋混凝土结构的钻孔。用得比较普通的规格为钻孔直径 5 ~ 38mm，见图 4-17。

图 4-17　碳化钨水泥钻头

（2）碳化钨十字钻头

主要用于砖材和强度等级较低的混凝土的钻孔。它的加工孔径较大，所需机具的功率一般也较大，通常使用的规格为钻孔直径 30 ~ 80mm。见图 4-18。

图 4-18　碳化钨十字钻头

（3）博世高速钢双金属开孔器

这是用高速钢变化齿距齿圈以电子束焊接法与高碳钢刀体连接而成，其工作性能优异，套孔速度极快，可用于加工铸钢、可锻铸铁、不锈钢、结构钢、合金及金属铝、青铜、紫铜、聚氯乙烯、丙烯酸塑料等，见图 4-19。根据选用范围，钻孔直径有 16 ~ 32mm，33 ~ 152mm。不同范围的开孔器其技术参数分别见表 4-6 和表 4-7.

（4）博世多用途钻石开孔器

这是采用计算机数字控制机床和真空焊接技术用优质的特种合金钢和特殊焊接材料、抗冲击碳化钨硬质合金刀头材料制作而成的。可以在任意种类的材料上，极其方便、快捷地开孔。开孔直径可达 105mm，开孔深度可达 45mm，其主要规格有 $\phi$25、30、35、40、45、50、63、65、68、71、74、76、80、105（mm），长

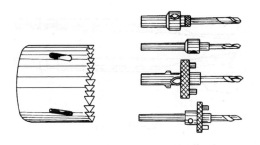

图 4-19　博世高速钢双金属开孔器

度为 72mm，见图 4-20。不同范围的开孔器其技术参数见表 4-8。

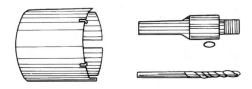

图 4-20　博世多用途钻石开孔器

（5）尖凿、平凿和沟凿

图 4-21　尖凿

尖凿通常用来破碎结构（见图 4-21），平凿主要用于打毛作业（见图 4-22），沟凿主要用于开槽作业（见图 4-23）。

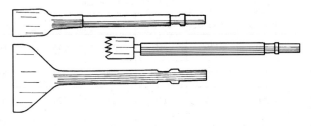

图 4-22　平凿

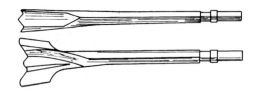

图 4-23　沟凿

### 博世高速钢双金属开孔器（16～32mm）　表 4-6

| 直径<br>（mm） | 建议钻削转速（r/min） | | | | | |
|---|---|---|---|---|---|---|
| | 钢　材 | 不锈钢 | 铸　铁 | 有色金属 | 铝 | 木　材 |
| 16 | 550 | 275 | 265 | 730 | 825 | 1300 |
| 19 | 460 | 230 | 300 | 600 | 690 | 1100 |
| 20 | 445 | 220 | 290 | 580 | 660 | 1050 |
| 21 | 425 | 210 | 280 | 560 | 630 | 1000 |
| 22 | 390 | 195 | 260 | 520 | 585 | 930 |
| 25 | 350 | 175 | 235 | 470 | 525 | 840 |
| 27 | 325 | 160 | 215 | 435 | 480 | 770 |
| 29 | 300 | 150 | 200 | 400 | 450 | 720 |
| 30 | 285 | 145 | 190 | 380 | 425 | 680 |
| 32 | 275 | 140 | 180 | 360 | 410 | 660 |

### 博世高速钢双金属开孔器（33～152mm）　表 4-7

| 直径<br>（mm） | 建议钻削转速（r/min） | | | | | |
|---|---|---|---|---|---|---|
| | 钢　材 | 不锈钢 | 铸　铁 | 有色金属 | 铝 | 木　材 |
| 35 | 250 | 125 | 165 | 330 | 375 | 600 |
| 38 | 230 | 115 | 150 | 300 | 345 | 550 |
| 40 | 220 | 110 | 145 | 290 | 330 | 530 |
| 41 | 210 | 105 | 140 | 280 | 315 | 500 |

| 直径<br>(mm) | 建议钻削转速（r/min） | | | | | |
|---|---|---|---|---|---|---|
| | 钢　材 | 不锈钢 | 铸　铁 | 有色金属 | 铝 | 木　材 |
| 44 | 195 | 95 | 130 | 260 | 295 | 470 |
| 46 | 190 | 95 | 125 | 250 | 285 | 450 |
| 48 | 180 | 90 | 120 | 240 | 270 | 430 |
| 51 | 170 | 85 | 115 | 230 | 255 | 400 |
| 54 | 160 | 80 | 105 | 210 | 240 | 390 |
| 57 | 150 | 75 | 100 | 200 | 225 | 360 |
| 60 | 140 | 70 | 95 | 190 | 220 | 350 |
| 64 | 135 | 65 | 90 | 180 | 205 | 330 |
| 65 | 130 | 65 | 85 | 175 | 200 | 320 |
| 68 | 130 | 65 | 85 | 165 | 190 | 300 |
| 70 | 125 | 60 | 80 | 160 | 185 | 595 |
| 76 | 115 | 55 | 75 | 150 | 170 | 270 |
| 79 | 110 | 55 | 70 | 140 | 165 | 260 |
| 83 | 105 | 50 | 70 | 140 | 155 | 250 |
| 89 | 95 | 45 | 65 | 130 | 145 | 230 |
| 92 | 95 | 45 | 60 | 120 | 140 | 220 |
| 95 | 90 | 45 | 60 | 120 | 135 | 210 |
| 102 | 85 | 40 | 55 | 110 | 130 | 200 |
| 102 | 80 | 40 | 55 | 110 | 120 | 190 |
| 108 | 80 | 40 | 55 | 110 | 120 | 190 |
| 114 | 75 | 35 | 50 | 100 | 105 | 170 |
| 121 | 70 | 35 | 45 | 90 | 95 | 150 |
| 127 | 65 | 30 | 40 | 85 | 90 | 140 |
| 140 | 60 | 30 | 35 | 80 | 85 | 130 |
| 152 | 55 | 25 | 35 | 75 | 85 | 130 |

**博世钻石开孔器**      表 4-8

| 直径<br>（mm） | 总长<br>（mm） | 工作长度<br>（mm） | 刀刃数 | 直径<br>（mm） | 总长<br>（mm） | 工作长度<br>（mm） | 刀刃数 |
|---|---|---|---|---|---|---|---|
| 25 | 72 | 45 | 3 | 65 | 72 | 45 | 5 |
| 30 | 72 | 45 | 3 | 68 | 72 | 45 | 5 |
| 35 | 72 | 45 | 3 | 71 | 72 | 45 | 5 |
| 40 | 72 | 45 | 3 | 74 | 72 | 45 | 5 |
| 45 | 72 | 45 | 3 | 76 | 72 | 45 | 5 |
| 50 | 72 | 45 | 5 | 80 | 72 | 45 | 5 |
| 63 | 72 | 45 | 5 | 105 | 72 | 45 | 5 |

### 4. 锤钻的常见故障及排除方法

电锤钻的常见故障及排除方法（见表 4-9）。

**电锤使用常见故障及排除方法**      表 4-9

| 现象 | 故障原因 | 排除方法 |
|---|---|---|
| 电机负载<br>不能起动或<br>转速低 | 1. 电源电压过低<br>2. 锭子绕组或电枢绕组匝间短路<br>3. 电刷压力不够<br>4. 整流子片间短路<br>5. 过负荷 | 1. 调整电源电压<br>2. 检修或更换锭子电枢<br>3. 调整弹簧压力<br>4. 清除片间碳粉，下刻云母<br>5. 设法减轻负荷 |
| 电动机过<br>热 | 1. 电动机过负荷可工作时间太长<br>2. 电枢铁芯与锭子铁芯相摩擦<br>3. 通风口阻塞，风流受阻<br>4. 绕组受潮 | 1. 减轻负荷，按技术条件规定的工作方式使用<br>2. 拆开检查锭转子之间是否有异物或转轴是否弯曲，校直或更换电枢<br>3. 疏通风口<br>4. 烘干绕组 |

| 现象 | 故障原因 | 排除方法 |
|------|---------|---------|
| 电机空载时不能起动 | 1.电源无电压<br>2.电源断线或插头接触不良<br>3.开关损坏或接触不良<br>4.碳刷与整流子接触不良<br>5.电枢绕组或锭子绕组断线<br>6.锭子绕组短路，换向片之间有导电粉末<br>7.电枢绕组短路，换向片之间有导电粉末<br>8.装配不好或轴承过紧卡住电枢 | 1.检查电源电压<br>2.检查电源线或插头<br>3.检查开关或更换弹簧<br>4.调整弹簧压力或更换弹簧<br>5.修理或更换锭子绕组<br>6.检查修理或更换锭子绕组<br>7.检修或更换电枢，清除片间导电粉末<br>8.调换润滑油或更换轴承 |
| 机壳带电 | 1.接地线与相线接错<br>2.绝缘损坏致绕组接地<br>3.刷握接地 | 1.按说明书规定接线<br>2.排除接地故障或更换零件<br>3.更换刷握 |
| 工作头只旋转不冲击 | 1.用力过大<br>2.零件装配位置不对<br>3.活塞环磨损<br>4.活塞缸有异物 | 1.用力适当<br>2.按结构图重新装配<br>3.更换活塞环<br>4.排除缸内异物 |
| 工作头只冲击不旋转 | 1.刀夹座与刀杆四方孔磨损<br>2.钻头在孔中被卡死<br>3.混凝土内有钢筋 | 1.更换刀夹座或刀杆<br>2.更换钻孔位置<br>3.调换地方避开钢筋 |
| 电锤前端刀夹处过热 | 1.轴承缺油或油质不良<br>2.工具头钻孔时歪斜<br>3.活塞缸运动不灵活<br>4.活塞缸破裂<br>5.轴承磨损过大 | 1.加油或更换新油<br>2.操作时不应歪斜<br>3.拆开检查，清除脏物调整装配<br>4.更换缸体<br>5.更换轴承 |

| 现象 | 故障原因 | 排除方法 |
|------|---------|---------|
| 运转时碳刷火花过大或出现环火 | 1. 整流子片间有碳粉、片间短路<br>2. 电刷接触不良<br>3. 整流子云线突出<br>4. 电枢绕组断路或短路<br>5. 电源电压过高 | 1. 清除换向片间导电粉末，排除短路故障<br>2. 调整弹簧压力或更换碳刷<br>3. 下刻云母<br>4. 检查修理或更换电枢<br>5. 调整电源电压 |

### 三、切割类机具

（一）锯类电动机具

锯类电动工具是利用锯片、锯条对材料进行锯断达到加工要求。主要有电圆锯、转台式斜锯、往复锯和曲线锯等。

1. 电圆锯

电圆锯是对木材、纤维板、塑料和软电缆等进行切割的工具。其中便携式木工电锯（见图 4-24）具有自身轻、效率高、携带、移动方便等优点而最为常用。

1）构造与原理

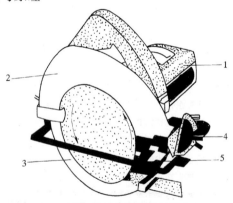

图 4-24　电圆锯

1—电机；2—静锯齿保护罩；3—动锯齿保护罩；

4—调节底板；5—锯片

电圆锯由电机、锯片、锯片高度定位装置、保护装置（罩）、调节底板等构成。切割不同的材料，可以选择不同的锯片。其工作原理是：电机转动通过壳内的齿轮变速使转轴获得动力，带动锯片工作。切割的角度和深度通过调节底板来控制。

2）主要技术性能

电圆锯的规格及部分国内外生产的产品的主要技术性能见表4-10、表4-11、表4-12、表4-13。

电圆锯规格（ZB K64 003-87）　　　　　　　　　表4-10

| 规格（mm） | 额定输出功率（W） | 额定转矩（N·m） | 最大锯割深度（mm） | 最大调节角度 |
|---|---|---|---|---|
| 160×30 | ≥450 | ≥2.00 | ≥50 | ≥45° |
| 200×30 | ≥560 | ≥2.50 | ≥65 | ≥45° |
| 250×30 | ≥710 | ≥3.20 | ≥85 | ≥45° |
| 315×30 | ≥900 | ≥5.00 | ≥105 | ≥45° |

注：表中规格指可使用的最大锯片外径×孔径。

部分国产电圆锯规格　　　　　　　　　表4-11

| 型号 | 锯片尺寸（mm） | 最大锯深（mm） | 额定电压（V） | 输入功率（W） | 空载转速（r/min） | 重量（kg） | 生产厂 |
|---|---|---|---|---|---|---|---|
| 回 M1Y-200 | 200×25×1.2 | 65 | 220 | 1100 | 5000 | 6.8 | 上海中国电动工具联合公司 |
| 回 M1Y-250 | 250×25×1.5 | 85 | 220 | 1250 | 3400 | | |
| 回 M1Y-315 | 315×30×2 | 105 | 220 | 1500 | 3000 | 12 | 石家庄电动工具厂 |
| 回 M1Y-160 | 160×20×1.4 | 55 | 220 | 800 | 4000 | 2.4 | 上海人民工具五厂 |

博士牌电圆锯性能表　　　　　　　　　表4-12

| 型号 | 锯片直径（mm） | 最大锯深（mm） | | 输入功率（W） | 空转速率（r/min） | 重（kg） |
|---|---|---|---|---|---|---|
| | | 90° | 45° | | | |
| PKS54 | 160 | 54 | 35 | 900 | 5000 | 3.6 |
| GKS6 | 165 | 55 | 44 | 1100 | 4800 | 4.1 |
| GKS7 | 184 | 62 | 49 | 1400 | 4800 | 4.1 |
| GKS85S | 230 | 85 | 60 | 1700 | 4000 | 3.6 |

| 型　号 | 锯片直径 (mm) | 最大锯深（mm） | | 空载转速 (r/min) | 额定输入 功率（W） | 全长 (mm) | 净重 (kg) |
|---|---|---|---|---|---|---|---|
| | | 90° | 45° | | | | |
| 5600NB | 160 | 55 | 36 | 4000 | 800 | 250 | 3 |
| 5800NB | 180 | 64 | 43 | 4500 | 900 | 272 | 3.6 |
| 5007B | 185 | 61.5 | 48 | 5800 | 1400 | 295 | 5.2 |
| 5008B | 210 | 74 | 58 | 5200 | 1400 | 310 | 5.3 |
| 5900B | 235 | 84 | 58 | 4100 | 1750 | 370 | 7 |
| 5201N | 260 | 97 | 64 | 3700 | 1750 | 445 | 8.3 |
| SR2600 | 266 | 100 | 73 | 4000 | 1900 | 395 | 8 |
| 5103N | 335 | 128 | 91 | 2900 | 1750 | 505 | 10 |
| 5402 | 415 | 157 | 106 | 2200 | 1750 | 615 | 14 |

3）电圆锯及锯片的选用

电圆锯的选用应根据所锯割的材料的厚度来确定，使用符合最大锯深允许范围内的电圆锯。同时要考虑避免电锯长期在满负荷情况下运转，否则容易烧坏电机。当电锯锯割潮湿材料时，应选择带有撑开刀片的圆锯，以防止反冲、回弹和夹锯。切割较薄型材料如三合板、纤维板时，宜选择较小机型的圆锯；而切割厚度尺寸较大的材料时，应以深度尺放到最大所能锯入深度确定，确保材料能一次锯透。在潮湿环境条件或交叉作业时，最好选用带有"回"标志的双重绝缘的机型，确保人身绝对安全可靠。

锯片要根据已选定好的电圆锯的型号规格以及锯割材料的材质、尺寸和有关要求来选择。下面介绍几种不同的锯片，供选用时参考。

（1）两用锯片（又叫通用锯片）：齿形大小、角度、齿距适中，锯割速度较快，可用于横断或纵向木料，只是切割面较粗糙，见图 4-25（a）。

（2）横断锯片：锯齿角度比两用锯片大，齿形、齿距与两用锯片相近，专用于横断木料，且切面较光滑，见图 4-25（b）。

（3）纵解锯片：锯齿角度与两用锯片相似，齿形、齿距较大，以加大加工木屑和锯缝，从而减少夹锯现象，专用于顺木纹纵向快锯木料，见图4-25（c）。

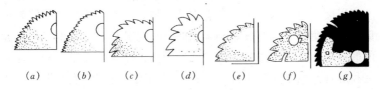

图 4-25　各种锯片

（4）波浪形锯片：齿形较小，平滑呈波浪形，专用于切割薄形材料，尤其适用于塑料、胶合板的切割，其锯口比较平滑，见图4-25（d）。

（5）尖端用锯片：齿形与两用锯片相似，但齿根部及外圆经热处理硬度较高。适用于加工石膏板、水泥板、塑料板等较硬质的材料，见图4-25（e）。

（6）凿齿两用锯片：齿距大，角度与两用锯片相似，齿根部呈圆弧形，便于排木屑，专用于粗、厚材料和圆木的粗加工，见图4-25（f）。

（7）博士牌侧齿圆锯片：多用硬质合金镶齿用焊接方法而制成的，ATB齿形，其优点是切削效果好，工作寿命长，锯切过程平稳，刀齿可以重磨，为用于软硬木料，层压板及镶板的切割加工，见图4-25（g）。

2. 转台式斜断锯

1）构造与原理

转台式斜断锯主要由电机、携带柄、锯片、安全罩、支撑臂、夹紧、固定系统、转动台、导板、调整板、工件托、变角度把手、指针、集尘袋等组成，见图4-26。其工作原理是：电机经过罩壳内的齿轮变速带动锯片的锯割运动。携带柄是起携带作用的，当机具需要转移时，放下开关把柄，按下制动栓，用夹紧把手旋转基座扣紧，钩上防护链，握住携带柄，就可以把机具拿走。刀片盖和安全罩是起保护锯片和操作者安全作用的。放下手柄，安全罩自动回收，锯割完毕后，抬起手柄，安全罩就会恢复

159

原来位置。集尘袋起收集灰尘作用，它连接在通过插入刀片盖上的锯屑喷口里的弯头上。随着锯片的旋转，切割下来的碎屑就被集尘袋收集起来。当收集到丰满时，要打开排灰门，倒尽集尘袋内的碎屑，并轻轻拍打，清除沾在内壁的尘屑。夹紧螺杆，虎钳夹和螺杆是用来夹紧工件的。根据需锯割工件的厚度与形状，调整虎钳的位置，拧紧夹紧螺杆固定虎钳，就把工件固定住了。把手是起调整转台作用的，拧松把手转动台可以在 0～45°的角度内旋转，选定切割所需的角度，在任意位置拧紧把手，转动台就可以固定，工件托是用来支撑工件的。

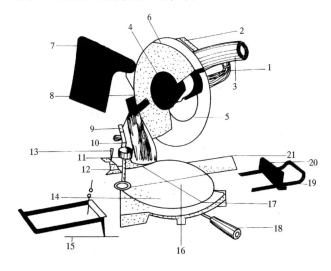

图 4-26　转台式斜断锯

1—电机；2—携带柄；3—板机式开关；4—中央罩盖；5—安全罩；6—刀片盖；7—集尘袋；8—调整螺杆；9—固定螺栓；10—支撑臂；11—夹紧螺杆；12—虎钳夹；13—螺杆；14—转动台；15—螺栓孔；16—切口铺；17—指针；18—把手；19—工件把；20—调整板；21—导板

2）技术性能

转台式斜断锯的规格，是以能装入锯片的直径为依据的。表4-14 列出几种规格斜断锯的主要技术性能，供选用时参考。

160

部分转台式斜断锯的技术性能　　表 4-14

| 锯片直径 | 最大锯深（高×宽） | | 转速 | 输入功率 | 尺寸（长×宽×高） |
|---|---|---|---|---|---|
| （mm） | 90° | 45° | （r/min） | （kW） | （mm） |
| 255 | 70×122 | 70×90 | 4100 | 1.38 | 496×470×475 |
| 255 | 70×126 | 70×89 | 4600 | 1.38 | 470×485×510 |
| 355 | 122×152 | 122×115 | 3200 | 1.38 | 530×596×435 |
| 380 | 122×185 | 122×137 | 3200 | 1.34 | 678×590×720 |

3）维护与保养

（1）每次使用完后，对机具进行擦拭，清除沟槽和零件间隙间的杂物。

（2）用完后的机具应存放在固定的机架上，避免挤压碰撞使零部件变形、损坏。

（3）暂时不用时，将锯片取下后应存放在安全干燥的地方架好，以防变形和断裂。

（4）转动部位应经常加注润滑油，以保持其灵活。

（5）定期检查更换电机的碳刷，一般当其磨损到 5～6mm 时更换。

（6）定期检查机具的绝缘情况，防止漏电，在潮湿环境下作业时，要定期对电机进行干燥处理。

3．往复锯

往复锯是装饰作业中用来切割材料的一种小型机具，木材、金属材料、塑料制品、石棉水泥制品等都可以用往复锯切割，尤其是已安装好的装饰面上，需要锯掉多余部分、开洞（如电盒、风口等）等，因场地狭窄，操作不便，用往复锯就显示出其优越性。但往复锯加工精度较差。

1）构造与原理

往复锯主要由电机、减速箱、截柱凸轮机构、滑杆、可调式插座、锯条、手柄、外壳等组成（见图 4-27）。其工作原理是：电机通过一级减速轮带动截柱凸轮旋转，在凸轮和摆杆的作用下，形成滑杆的往复运动，滑杆带动锯条作来回运动从而达到切割的目的。锯条往复的行程取决于截柱凸轮的直径和凸轮的斜面与其垂直的夹角。往复锯采用的是高速小行程进行的锯割。

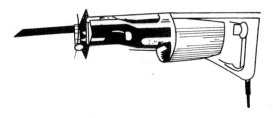

图 4-27　往复锯

2）规格及选用

目前往复锯的品种规格还不多，但锯条有多种可供选择。现可介绍两种产品；一种是日本产牧田牌大型往复锯，其规格为：冲程长度 30mm，额定输入功率 590W，输出功率 300W，冲程速度每分钟高速 2500 次，低速 1900 次，重量 3.8kg。另一种是国产 J1FH 型往复锯，输入功率 430W，锯割速度为每分钟 1400 次，重量 3.6kg，切割能力为管材外径 100mm，板材厚度 10mm。锯片的种类很多，尤以博世品牌居优。现介绍几种锯片供选择参考。

（1）日本牧田牌锯片：21 号，总长 120mm，每英寸齿数 24，适用于锯割厚度 3mm 以下钢管及 50mm 以下的铁管；22 号，总长 160mm，每英寸齿数 18，适用于锯割厚度 3mm 以上的钢板、铝质框格及直径 90mm 以下的铁管；23 号，总长 160mm，每英寸齿数 9，适用于锯割厚度 9mm 以下的成材；24 号，总长 160mm，每英寸齿数 24，适用于锯割厚度 3mm 以下及直径 50mm 以下的铁管。

（2）博世硬质合金锯片：T 型柄，工作长度 54mm，齿距 3.6mm，适用于锯割瓷砖、玻璃、铸铁、砖头等易磨损锯片的材料，还可用于不锈钢的锯割。

（3）博世高碳钢锯片：工作长度 152mm，齿距 4mm，适用于木、塑材料的切割。

（4）博世高速钢锯片：工作长度 152mm，齿距 1.4mm，适用于锯割厚度 5mm 以下的金属板和型材；工作长度 152mm，齿距 2.5mm，适用精切 8～12mm 厚度的金属板、铝板和型材。

（5）博世高合金工具钢锯片：工作长度 305mm，齿距 2.5mm，适用于快速切割厚度小于 3mm 的有色金属、有钉的木材、加气混凝土、绝缘材料等。

（6）博世双金属锯片：工作长度 228mm，齿距 1.8mm，适用于快速切割 3～8mm 厚的金属、有色金属、金属板、管子和型材。

3）操作要点

（1）根据工件厚度、加工空间，调整滑杆的行程。具体用底座两个螺栓进行。

（2）作好电源、开关灵活性、锯条安装等工前检查，确认可靠后方可开机。

（3）开锯时，双手要紧握机具，刀架紧靠在工件上，不得留有空隙。

（4）锯条达到全速时，开始锯割，开始时应慢慢向前推送锯条，用力要均匀。

（5）切割金属材料应使用冷却剂，以免锯条过热。

（6）钝锯条或破损的锯条不宜使用，以免电机过热，所以对不宜使用的锯条应及时更换；更换锯条的方法：切断电源，用内六角扳手拧开螺栓，拆下原锯条，将新锯条刀刃朝上或朝下面插入并使其孔眼对准滑杆上的突出部分，然后拧紧螺栓固定锯条。

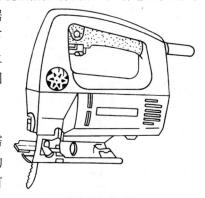

4.曲线锯

因设计、观赏效果的需要，施工中，各种带有弧线的规则或不规则的部位随处可见，在材料或半成品上进行曲

图 4-28　曲线锯

线切割，在施工操作中是不可避免的，为达到理想的切割效果，又提高施工速度，装饰施工中经常使用曲线锯。

1）构造与原理

曲线锯主要由电机、变速箱、曲柄滑块与平衡机构、夹具、锯片、手柄等组成（见图4-28）。其工作原理是：电机经变速带动曲柄滚针轴承在滑块内作前后自由滑动，滑块与一导杆联成一体，导杆的下端装有装夹锯片的导套，锯片的锯齿向上，故向上运动时锯割工件，向下运动时为空运行。平衡机构的作用是减少曲柄、滑块机构产生的振动，其运动方向与曲柄滑块机械的运动方向相反。

2）主要技术性能

部分曲线锯的主要技术性能见表4-15。

曲线锯的规格与技术性能 表 4-15

| 最大锯割厚度（mm） | | 额定电压 | 输入功率 | 锯割次数 | 锯片行程 | 整机重量 |
|---|---|---|---|---|---|---|
| 钢材 | 木材 | （V） | （W） | （r/min） | （mm） | （kg） |
| 3 | 40 | 220 | 250 | 1600 | 25 | 1.7 |
| 6 | 60 | 220 | 280 | 3700 | 16 | 1.8 |
| 6 | 55 | 220 | 390 | 3100 | 26 | 3.6 |
| 6 | 60 | 220 | 350 | 3400 | 20 | 1.9 |

3）锯片的选用

根据所锯割工件的材质、厚度选好机具后再根据工艺要求选择锯片，表4-16～表4-20列出部分锯片的规格型号，供选用时参考。

博世牌普通曲线锯片 表 4-16

| 型号 | 适用范围 | 型号 | 适用范围 |
|---|---|---|---|
| T119BO<br>T101AO<br>T244D | 硬木、软木、胶合板、刨花板 | T119BO<br>T101AO | 聚氯乙烯及一般塑料 |
| T101AO | 层压刨花板胶合木材 | T101AD | 皮革、纸板、橡胶、绝缘材料、地毯等 |
| T244D | 胶合板 | T119BO | 有机玻璃 |
| T21BA | 金属板 | T227D | 石棉水泥、玻璃纤维、增强塑料 |
| T21BA T22TD | 金属、软钢、铝、有色金属 | T130riff | 砖、玻璃、陶瓷 |

| 型号 | 工作长度（mm） | 齿距（mm） | 柄型 | 适用范围 |
|---|---|---|---|---|
| T119 | 50 | 2 | T | 软硬木、胶合板、刨花板、塑料、有机玻璃等 |
| T119BO | 50 | 2 | T | 软硬木、胶合板、刨花板、塑料、有机玻璃等 |
| T111C | 75 | 3 | T | 软硬木、胶合板、刨花板、塑料、有机玻璃等 |
| U111C | 75 | 3 | U | |
| MA111C | 75 | 3 | 双孔 | |
| T144D | 75 | 4 | T | 软硬木、胶合板、刨花板、塑料、有机玻璃等 |
| U144D | 75 | 4 | U | |
| T244CD | 75 | 4 | T | 软硬木、胶合板、刨花板、塑料、有机玻璃等 |
| T144CD | 60 | 3 | T | 快速切割 60mm 木料、塑料 |
| T101AO | 50 | 1.35 | T | 厚度 25mm 以下的硬软木胶合板、塑料、刨花板 |
| T101B | 75 | 2.5 | T | 厚度小于 35mm 的软木硬木胶合板、塑料等 |
| T101D | 75 | 4 | T | 木塑胶板防爆切割 |
| T301DL | 105 | 4 | T | 快速切割厚度小于 85mm 的木材 |

博世高速钢曲线锯片　　表 4-18

| 型号 | 工作长度（mm） | 齿距（mm） | 柄型 | 适用范围 |
|---|---|---|---|---|
| T118G | 50 | 0.7 | T | 小于 2mm 厚有色金属，小于 1mm 厚金属板 |
| T188A | 50 | 1.2 | T | 1.5～4mm 厚软钢、铝、铝合金 |
| T218A | 50 | 1.2 | T | 1.5～4mm 厚软钢、铝、丙烯酸玻璃 |
| T127D | 75 | 3 | T | 30mm 以内的塑料，20mm 以内的铝和锡，3～15mm 厚的铝、有色金属，3～6mm 软钢 |
| T227D | 75 | 3 | T | 30mm 以内塑料，小于 20mm 厚的锡，3～15mm 的铝、铅、有色金属等 |

博世牌双金属曲线锯片 表 4-19

| 型号 | 工作长度（mm） | 齿距（mm） | 柄型 | 适用范围 |
|---|---|---|---|---|
| T118AF | 50 | 1.2 | T | 厚度 1.5～4mm 软钢、有色金属板 |

博世牌硬质合金曲线锯片 表 4-20

| 型号 | 柄型 | 工作长度（mm） | 适用范围 |
|---|---|---|---|
| T130riff | T | 54 | 易磨损锯片的材料如瓷砖、玻璃、铸铁、砖 |
| T123x | T | 75 | 一般金属、不锈钢、塑料、木材 |
| T345Xf | T | 100 | 适于所有一般材料 |

（二）切割类电动机具

切割类电动机具主要用于金属材料、有色金属材料，尤其是成品型材及瓷、石材的横断切割，下面介绍施工中最常用的型材切割机和云石机。

1. 型材切割机

型材切割机通常又叫无齿锯：主要用于钢管、角钢、槽钢、扁钢、合金、铜材、不锈钢等金属的横断切割，是施工作业的必备工具。

1）构造与原理

型材切割机是由电机、底座、可转夹钳、切割动力头、安全防护罩、操作手柄等组成（见图 4-29）。其工作原理是：电机转动经齿轮变速直接带动切割片高速转动，利用切割砂轮磨削原理，在砂轮与工件接触处高速旋转实现切割。

2）技术性能

部分国产型材切割机的主要技术性能见表 4-21。

2. 云石机

图 4-29 型材切割机

表 4-21

## 型材切割机的技术性能

| 型号 | 砂轮片规格 (mm) | 合金锯片规格 (mm) | 额定电压 (V) | 输入功率 (W) | 空载转速 (r/min) | 钳口可调角度 (°) | 最大切割直径 (mm) | 净重 (kg) |
|---|---|---|---|---|---|---|---|---|
| J1G-SDG-250A | φ250×3.2×φ25 | | 220 | 1250 | ≤5700 | 0~45 | | 14 |
| J1G-SDG-300A | φ300×3.2×φ25 | | 220 | 1250 | ≤4700 | 0~45 | | 15 |
| J1G-SDG-350A | φ350×3.2×φ25 | | 220 | 1500 | ≤4100 | 0~45 | | 16 |
| J1G-SDG-300 | φ300×3.2×φ25 | | 115(60Hz) | 1250 | ≤5090 | 0~45 | | 15 |
| J1G-SDG-350 | φ350×3.2×φ25 | | 115(60Hz) | 1250 | ≤4300 | 0~45 | | 16 |
| J1G-400(半固定式) | φ400×3×φ32 | | 220 | 3000 | ≤3820 | | | 97 |
| J1G-SS-400C(半固定式) | φ400×3×φ32 | | 380 | 2700 | ≤3850 | | | 77 |
| J1GD-SDG-250 | φ200×2.5×φs32 | φ250×3.2×φ30 | 220 | 1250 | ≤4100 | 0~45 | | 36 |
| J1GD-SDG-355 | φ300×2.5×φ32 | φ355×3.6×φ30 | 220 | 1250 | ≤4100 | 0~45 | | 46 |
| J1G-355 | | | 220 | 1310 | 3600 | | 管材φ100 棒材φ25 | |
| J1G-CN01-350 | φ350×3.2×φ32 | | 220 | 1600 | 3700 | 0~45 | 45圆钢φ35 | |
| J1G-250×30 | φ250×3.2×φ30 | | 220 | 1100 | 4200 | 0~45 | | |
| J1G-355×30 | φ355×3.2×φ30 | | 220 | 1600 | 3700 | 0~45 | | |

注：表中产品规格为石家庄、青海等电动工具石切割机性能。

云石机又叫手提式切割机，是专门用于石材切割的机具。各种石料、瓷砖的切割一般用云石机来完成。云石机具有重量轻、移动灵活方便、占用场地小等优点。

1）构造与原理

云石机由电机、调节平台板、锁杆、安全防护罩、把手、开关旋塞水阀、切割片等组成（见图4-30），其工作原理是由电机转动经齿轮变速直接带动切割片转动而对工件进行切割。云石机对工件的切割也是利用磨削的原理完成切割的，其中锁杆和调节平台板用以调节切割深度，旋塞水阀用来调节冷水水量。

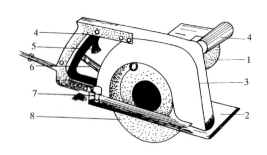

图 4-30　云石机

1—电机；2—调节平台板；3—安全罩；4—把手；

5—把手开关；6—锁杆；7—旋塞水阀；8—切割片

2）主要技术性能

市场上常用的型号有 110mm 和 180mm，其主要技术性能见表4-22。

云石机的规格与技术性能　　　　　表 4-22

| 切片直径长度（mm） | 整机重量（kg） | 最大锯深（mm） | 回转数（r/min） | 额定输入功率（W） |
|---|---|---|---|---|
| 105～110 |  | 34 | 11000 | 860 |
| 218 | 2.7 |  |  |  |
| 125 |  | 40 | 7500 | 1050 |
| 230 | 3.2 |  |  |  |
| 180 |  | 60 | 5000 | 1400 |
| 345 | 6.8 |  |  |  |

3）切割片的选用

切割片又叫云石片，它分为干式片和湿式片，其中干式片可以不带水切割，湿式片应带水作业，进行冷却，表 4-23 是博世云石片，供选择时参考。

博 世 牌 云 石 片 表 4-23

| 名称 | 直径（cm） | 内径（cm） | 备注 | 名称 | 直径（cm） | 内径（cm） | 备注 |
|---|---|---|---|---|---|---|---|
| 连续转缘云石片 | 100 | 16 | 可分别用于干式或湿式切割 | 不连续转云石片 | 180 | 22.2 | 可分别用于干式或湿式切割 |
| 连续转缘云石片 | 110 | 20 | | 不连续转云石片 | 230 | 22.2 | |
| 不连续转缘云石片 | 100 | 16 | | 蜗线波形刀云石片 | 100 | 16 | |
| 不连续转缘云石片 | 110 | 20 | | 蜗线波形刀云石片 | 110 | 20 | |
| 不连续转缘云石片 | 115 | 22.2 | | 蜗线波形刀云石片 | 100 | 16 | |
| 不连续转缘云石片 | 125 | 22.2 | | 蜗线波形刀云石片 | 110 | 20 | |

（三）剪断类电动机具

剪断类电动机具是利用刀片或冲模剪断材料，以达到加工要求。主要用电剪刀和电冲剪两种。下面分别予以介绍。

1．电剪刀

电剪刀是剪切薄形金属板材的剪切机具，它具有小巧、灵活、携带使用方便、可进行直线、曲线任意裁剪等优点。

1）构造与原理

电剪刀是由电机、齿轮变速机构、偏心连杆、上下刀片、刀架、刀片夹等组成，下刀片用内六角螺丝固定在刀架上（图 4-31）。其工作原理是：电机转动齿轮变速，偏心轴带动连杆及上

图 4-31　电剪刀

刀片，对固定在刀架上的下刀片作往复剪切运动。

2）主要技术性能

电剪刀的选用是以所剪切材料的厚度来选择规格型号的，部分国产和进口产品的主要技术性能见表4-24。

电剪刀的规格与技术性能

表 4-24

|  | 最大剪切厚度<br>（mm） | 额定电压<br>（V） | 输入功率<br>（W） | 刀轴往复次数<br>（r/min） | 重量<br>（kg） |
|---|---|---|---|---|---|
| 国内<br>产品 | 3.0 | 220 | 230/250 | 1200～1500 | 2.0/2.3 |
|  | 2.5 | 220 | 340 | 1800 | 2.5 |
|  | 3.0 | 220 | 430 | 700 | 4.0 |
| 进口<br>产品 | 1.6 | 220 | 240 | 1900 | 2.8 |
|  | 2.0 | 220 | 240 | 2200 | 4.7 |
|  | 2.9 | 220 | 335 | 1200 | 6.0 |
|  | 2.5 | 220 | 660 | 1600 | 5.0 |
|  | 1.2 | 220 | 300 | 4000 | 2.4 |

博世牌冲电式电剪刀有如下性能：最大剪切厚度1.2mm，空载冲击率4500次/分，电池电压9.6V，电池充电时间1h，电剪刀总重1.5kg。

2．电冲剪

电冲剪不仅能像电剪刀一样能剪切较薄的金属板材，而且能剪较厚的金属板，同时还能在窄条或离边较近的材料上开各种形状的孔，冲剪过程中，材料不会发生变形。波形钢板，塑料板也可使用电冲剪裁切或冲孔。

1）构造与原理

电冲剪是由电机、变速箱、偏心轴、导向杆、连杆、上下模用导向杆定位。连杆和冲膜座套在同一导向杆上，导向杆的上端用定位螺钉与罩壳连接，冲模座用定位螺母锁紧在导向杆的另一端。上下冲模之间的间隙是固定不变的（见图4-32）。电冲剪的工作原理是：电机转动经过二级齿轮变速，由偏心轴带动连杆及上冲膜，使上冲模对固定在模座上的下冲模作往复高速的冲剪运动，以实现冲剪功能。

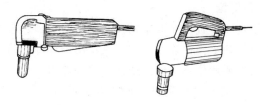

图 4-32　电冲剪

2）主要技术性能

电冲剪跟电剪刀一样，需要以所冲剪材料的厚离来选择产品的规格型号。表 4-25 列出部分国内和进口产品的主要技术性能，供选用时参考。

电冲剪的规格与技术性能　　　　表 4-25

| | 最大剪切厚度<br>（mm） | 额定电压<br>（V） | 输入功率<br>（W） | 剪切次数<br>（r/min） | 整机重量<br>（kg） |
|---|---|---|---|---|---|
| 国内<br>产品 | 1.3 | 220 | 230 | 1260 | 2.2 |
| | 2.0 | 220 | 480 | 900 | |
| | 2.5 | 220 | 430 | 700 | 4.0 |
| | 3.2 | 220 | 650 | 900 | 5.5 |
| 进口<br>产品 | 1.2 | 220 | 240 | 1000 | 2.4 |
| | 2.3 | 220 | 335 | 950 | 3.5 |
| | 3.2 | 220 | 670 | 900 | 5.8 |
| | 4.5 | 220 | 1000 | 850 | 7.3 |
| | 6.0 | 220 | 1200 | 720 | 8.3 |

**四、钉铆类机具**

钉、铆是连接、固定构件与构件最普遍的操作工艺。过去操作者主要使用锤子钉钉子、上螺钉进行手工操作，这样既浪费时间，又不能确保质量。使用钉、铆焊接机具操作可大大减轻劳动

强度，提高工效，还能确保施工质量。在施工中，钉、铆类施工机具极其普遍，主要有射钉枪、打钉枪、拉铆枪和电焊机

（一）射钉枪

射钉枪是一种直接完成紧固技术操作的工具，它利用射钉枪击发射钉弹使两个构件连成一体。主要用于焊铆、钻孔上螺栓等工艺不宜操作或操作不方便的条件下的构件固定。如在混凝土结构或钢材上固定木材或钢材，水暖电气设备安装，电线管呼扣环、模型、托架的固定、铁件、龙骨、门窗、保温板、标牌等的固定。这种固定技术的优越性和特点是：自带能源，携带方便，操作简单，快速有效，省时省力，减轻劳动强度等。射钉枪的外形如图 4-33。

图 4-33 中：（a）为 MS05 普及型射钉枪，用钉：通用 No.3 号钉，码钉 105-108 型 4～8mm，用于装饰和标签；（b）为 MS10 通用型射钉枪，用钉：通用 No.2、No.3 号，码钉为 6～15mm，用于固定隔离板，装饰工程；（c）为 MS 室内装饰用射钉枪，用钉：通用 No.3 号码钉（105～108 型）6～12mm，No.7 直径 6.5mm，U 型钉（88 型）12～14mm，用于固定隔离板、装饰、固定电线、电话线；（d）为 MS30V 三功能射钉枪，用钉：通用 No.3 号，码钉（105～108 型）6～12mm，可调节射钉力度，用于室内装饰、固定隔离板，连接条；（e）MS40V 四功能射钉枪，（f）为 MS50V 专业型射钉枪；（g）为 MS60 专业型 U 型射钉枪；（h）ES230 电动直钉、码钉两用枪。

1. 构造与原理

射钉枪主要由活塞、弹膛组件、击针、击针弹簧、钉管、机头外壳、护罩、制动环、枪尾体外套和扳机等组成（见图 4-34）。轻型射钉枪有半自动供弹机构。其工作原理是：扣动扳机，使枪机击发射钉弹的火药燃烧释放出较大的能量，将射钉射出将被固定的材料穿透并固定在基层上。

2. 钉枪、射钉弹、射钉的类型、规格及其选用（见表 4-26）。

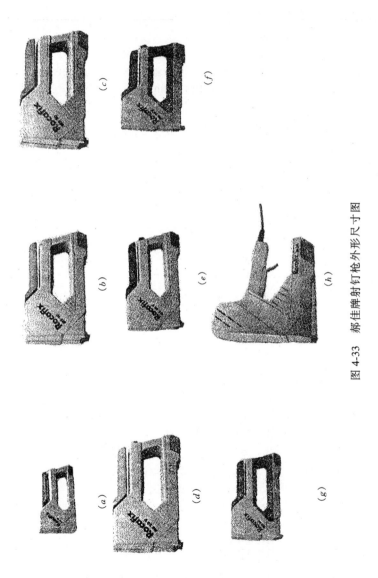

图 4-33 郝佳牌射钉枪外形尺寸图

173

| 品名 | 代号 | 尺寸规格（mm） | 说明 | 生产单位 |
|------|------|----------------|------|----------|
| 射钉 | | M8：直径为 8<br>M10：直径为 10<br>M12：直长径为 12<br>异型：直径根据需要加工 | 1. 每箱 1000 个<br>2. 目前主要生产 M8 和 M10 两种 | 沈阳市建筑机械厂 |
| 弹筒 | | 半自动步枪，7.62 弹壳 | 由生产单位配套供应 | 国营四川南山机器厂（四川南溪） |
| 火药 | | 各种 | 须用供枪单位火药 | |
| 射钉枪 | | 枪身长：412<br>枪把高：138 | | |
| 射钉 | YD（3.7）<br>DD（45）<br>M<br>HYD（3.7）<br>HDD（4.5）<br>HM<br>KD<br>HTD（4.5） | 13、19、22、27、32、42、47、52、57、62<br>27、32、37、42、47、52、57、62、72、82、87、97、117<br>钉杆直径 3.5：22、27、32、42、52<br>钉杆直径 3.7：22、27、32、42、52<br>钉杆直径 4.5：27、32、42、52、35<br>钉杆直径 5.2：27、34、47<br>13、16、19、22、27、32、37、42、47、52、57、62<br>19、22、27、32、37、42、47、52、57、62<br>钉杆直径 3.7：12<br>钉杆直径 4.5：14<br>钉杆直径 5.2：15<br>钉杆直径 4.5：32<br>钉杆直径 5.2：32、21 | | 国营四川南山机器厂（四川南溪） |

| 品名 | 代号 | 尺寸规格（mm） | 说明 | 生产单位 |
|---|---|---|---|---|
| 射钉 | YA（3.7）<br>YA（4.5）<br>YM<br>HA（3.7）<br>HA（4.5）<br>HM<br>YK<br>HT（4.5） | 13、19、22、27、32、42、47、52、57、62<br>27、32、37、42、47、52、57、62、72、82、87、97、117<br>钉杆直径 3.5：22、27、32、42、52<br>钉杆直径 3.7：22、27、32、42、52<br>钉杆直径 4.5：27、32、42、52、35<br>钉杆直径 5.2：27、34、47<br>13、16、19、22、27、32、37、42、47、52、57、62<br>19、22、27、32、37、42、47、52、57、62<br>钉杆直径 3.7：12<br>钉杆直径 4.5：14<br>钉杆直径 5.2：15<br>钉杆直径 4.5：32<br>钉杆直径 5.2：32<br>21 | | 国营四川长庆机器厂（四川南溪） |
| 射钉 | G82<br>G83<br>H82<br>H83<br>H84<br>H85<br>Z82<br>Z83<br>Z84<br>Z85<br>HN<br>HP<br>G62<br>G63<br>H62<br>H63<br>H64<br>H65<br>Z62<br>Z63<br>Z64<br>Z65 | M8 20×20<br>M8 30×20<br>M8 30×30<br>M8 40×30<br>M8 40×30<br>M8 50×30<br>M8 20×40<br>M8 30×40<br>M8 30×40<br>M8 40×40<br>M8 10×30<br>M8 5×30<br>M6<br>M6<br>M6 20×30<br>M6 30×30<br>M6 40×30<br>M6 50×30<br>M6 20×36<br>M6 30×36<br>M6 40×36<br>M6 50×36 | 用于钢板基体<br>用于钢板基体<br>用于混凝土基体<br>用于混凝土基体<br>用于混凝土基体<br>用于混凝土基体<br>用于砖砌基体<br>用于砖砌基体<br>用于砖砌基体<br>用于砖砌基体<br>用于砖砌基体<br>用于砖砌基体<br>用于钢板基体<br>用于钢板基体<br>用于混凝土基体<br>用于混凝土基体<br>用于混凝土基体<br>用于混凝土基体<br>用于砖砌基体<br>用于砖砌基体<br>用于砖砌基体<br>用于砖砌基体 | 江苏扬州工具厂 |

| 品名 | 代号 | 尺寸规格（mm） | 说明 | 生产单位 |
|------|------|----------------|------|----------|
| 射钉弹 | S1 | 6.8×11<br>（口径×长度） | 用 SDT-A301 发射 SDQ603 | 国营南山机器厂 |
| | S3 | 6.8×18 | 用 SDT-A301、SDQ603 发射 | 国营长庆机器厂 |
| 射钉弹 | | 长度：8.8～9.5<br>底缘：7.25～7.50<br>导向：6.27～6.42 | 用 SDT-77 发射 | 江苏扬州工具厂 |
| 射钉枪 | SDT-A301 | 枪长度：340<br>质量：4.0kg | 活塞式，10 发塑料弹类、自动脱壳 | 国营南山机器厂 |
| | SDT-A302 | 枪长：360<br>质量：4.0kg | 活塞式、单粒装弹，自动脱壳 | |
| 射钉枪 | SDQ-77 | 枪管口径：8<br>枪长：305<br>质量：3.0kg | 单粒装弹 | 江苏扬州工具厂 |

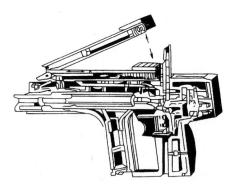

图 4-34　射钉枪

3. 施工操作要点

用射钉枪固定时：应根据不同的基层选择不同的射钉枪和射钉。

1）在混凝土基体上固定射钉

（1）最佳射入深度：22～32mm，一般取 27～32mm。深度小于 22mm，承载力不够，深度大于 32mm，对基体破坏的可能性较大，效果同样较差。

（2）射钉固定的主要尺寸关系：基体的厚度 $t$ 应大于等于射入深度的 2 倍，基体太薄时，宜选用较短的射钉；射钉距离基体边缘的尺寸 $a$ 应大于 50mm，射钉与射钉之间的距离 $b$ 应大于 2 倍射入基体的深度（见图 4-35）。

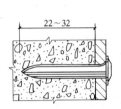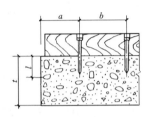

图 4-35　射钉与射钉的距离

（3）对混凝土强度和酸碱度的要求：混凝土的抗压强度为 10～60MPa 均可适用。低于 10MPa 时，固定不可靠，大于 60MPa 时，射钉不易射进。混凝土酸碱度以 pH 值为 7～9 最好，对射钉无腐蚀作用，可用射钉做永久性固定。

（4）射钉在钢筋混凝土基体中固定时，不要把射钉钉在钢筋上，更不得钉在预应力筋上。

2）在钢质基体上固定射钉

（1）钢质基体的强度宜为 100～750MPa。

（2）钢质基体的最小厚度为 4～6mm，太薄容易射穿固定不牢，其中钢质其体的厚度为 8～12mm 时，可获得最佳射入深度。

（3）射钉固定的主要尺寸关系：射钉距离基体边缘不小于射钉直径的 2.5 倍，射钉与射钉之间的距离不小于射钉直径的 6 倍。

（4）不得在硬质钢体（如：高碳钢、淬火钢）上固定射钉。

3）在砖石砌体、岩石、耐火材料上固定射钉这些材料往往因其强度的不确定性，不能事先确定，所以在砖石等材质的基体上固定射钉应先试射，获得最佳最可靠的射入深度后再大面积施工，其中砖砌体的射入深度一般为 30～50mm。

4.维修保养

（1）每天使用完射钉枪后，必须将枪机用煤油浸泡擦净，然后涂油存放在盒内。

（2）击满 1000 发射弹后，应进行全面清洗。

（3）使用中活塞筒动作不灵活时，应清除活塞筒外面及套筒里面的火药残渣。

（4）各紧固调节螺栓、蝶形螺母及转动轴要定期上油，以防锈蚀，保持灵活。

（二）打钉枪

打钉枪是一种用电或气动打射排子 U 形钉、直型钉来紧固装饰工程中木制装饰面、木结构件一种比较先进的工具。它具有速度快、省力，装饰面不露钉头痕迹、轻巧、携带方便、使用经济、操作简单等优点。目前最常用的是气钉枪，现予以介绍。

1.构造与原理

气钉枪主要由气钉枪，气泵，连接管线组成。它是利用有压气体（空气）作为介质，通过气动元件控制机械和冲击气缸，实现机械冲击往复运动，推动连接在活塞杆上的击针，迅速冲击装在钉壳内的气钉，达到连接各种木质构件的目的。它的结构特点是：采用气动冲击缸，往复推动活塞杆，实现机械冲击。

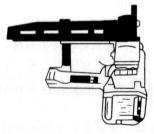

图 4-36　气动码钉枪

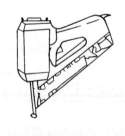

图 4-37　气动圆头射钉枪

2．规格与选用

（1）气动码钉枪

其形状见图 4-36，主要参数见表 4-27。

（2）气动圆头钉射钉枪

其形状见图 4-37，主要参数见表 4-28。

气动码钉枪技术性能　表 4-27

| 空气压力<br>（MPa） | 每秒射<br>钉枚数<br>（枚/s） | 盛钉容量<br>（枚） | 重量<br>（kg） |
|---|---|---|---|
| 0.40～0.70 | 6 | 110 | 2 |
| 0.45～0.85 | 5 | 165 | 2.8 |

气动圆头钉枪技术性能　表 4-28

| 空气压力<br>（MPa） | 每秒射<br>钉枚数<br>（枚/s） | 盛钉容量<br>（枚） | 重量<br>（kg） |
|---|---|---|---|
| 0.45～0.70 | 3 | 64/70 | 5.5 |
| 0.40～0.70 | 3 | 64/70 | 3.5 |

（3）气动 T 形射钉枪

其形状见图 4-38，主要参数见表 4-29。

图 4-38　气动 T 形射枪

气动 T 形射
钉枪技术性能　表 4-29

| 空气压力<br>（MPa） | 每秒射<br>钉枚数<br>（枚/s） | 盛钉容量<br>（枚） | 重量<br>（kg） |
|---|---|---|---|
| 0.40～0.70 | 4 | 120/104 | 3.2 |

3．操作要点

（1）右手抓住机身，左手拇指水平按下卡钮，并用中指打开钉夹一侧的盖。

（2）将钉推入钉夹内，钉头必须向下，必须在钉夹底端。

（3）然后将盖合上，接通气泵即可使用。

4．安全操作规程与维护保养

1）安全操作规程

（1）工作前检查机具各部件是否完好有效。

（2）操作时，应戴上防护镜。

（3）不得将枪口对准人。

（4）正在使用的气钉枪，其气压应小于 0.8MPa。

（5）钉枪使用完后或钉枪需要调整、修理、装钉时，必须取下气体连接器，取出所有的钉。

（6）不得用于除木质以外的其他材质的连接固定。

（7）不得使用电等其他能源，必须使用干燥的气体。

2）维护保养

（1）应保持机具清洁，每次使用完后，应对整个机具进行擦洗上油。

（2）各紧固调节螺栓、蝶形螺母及转动轴要定期上油，以防锈蚀，保持灵活。

（3）各紧固件应常放松，以防螺栓疲劳变形。

（4）机具使用完毕后，要存放在固定的机架上，不得乱扔、乱放，以免受到挤压、磕碰而使零件变形损坏。

（5）要及时更换易损件，擦洗灰尘，用带尖的小工具取出卡住的钉。

（三）拉铆枪

拉铆枪是最常用的机具之一。广泛应用于铆接作业中。拉铆枪按其提供的动力不同可以分为手动式拉铆枪、电动式拉铆枪和风动式拉铆枪三种，其中风动式又分为风动拉铆枪和风动增压式拉铆枪。

1.手动式拉铆枪

1）构造原理

手动式拉铆枪由手柄、倒齿爪子、拉铆头组成（见图 4-39），它是采用杠杆原理，作业时手柄张开与合拢使拉铆杆移动，倒齿的爪子在拉铆杆移动中能自动夹紧与松开，从而达到铆接目的。手动式拉铆枪具有结构简单、体积小便于携带等优点，特别适合于狭小场地的使用。

2）主要技术数据

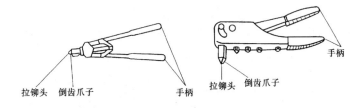

拉铆头　倒齿爪子　　　　　　　　手柄　　　　　　拉铆头　倒齿爪子　　　　　手柄

图 4-39　手动式拉铆枪

（1）拉铆头孔径：2、2.5、3、3.5（mm）。

（2）拉铆范围：3～5 抽芯铝铆钉。

2．电动拉铆枪

1）构造与原理

电动拉铆枪由电动机、传动装置、离合器、手柄、开关、外壳及拉铆头等组成（见图 4-40）。其原理是：电动机转动，经传动装置形成旋转，减速并作直线运动将铆钉送出达到铆接目的。其特点是铆接速度快，有良好的气密性和水密性。

2）主要技术数据

（1）额定电压：220V。（2）额定电流：1.6A。（3）铆头孔径：2、2.5、3.2（mm）。（4）拉铆范围：3～5 抽芯铝铆钉。（5）往复频率：60 次/min。（6）额定拉力：8000N。（7）重量：2.5kg。

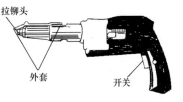

拉铆头

外套　　　　　开关

图 4-40　电动拉铆枪

（四）风动拉铆枪及风动增压式拉铆枪

1．构造与原理

这两种拉铆枪都是以压缩空气为动力的设备，它们是由手柄多级活塞、风马达、外壳、拉铆头等组成。增压式拉铆枪还设有增压器，并通过增压器来增加拉铆能力（见图 4-41）。其原理是压缩空气通过进气管进入多级活塞马达，产生风压拉力，风动拉铆枪产生 3000～7200N 的拉力，增压式将产生 5000～10000N 的拉力，带动拉铆头，将拉铆钉铆接在工件的孔内，它们的特点是重量轻、操作简便、噪声低、生产效率高，增压式拉铆枪还具有功率大的特点。它们都有四种规格的拉铆头。

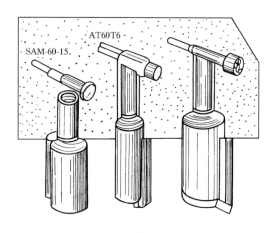

图 4-41 风动式拉铆枪

2．主要技术数据

（1）工作气压：0.3 ～ 0.6MPa．（2）工作拉力：风动式为 3000 ～ 7200N，增压式为 5000 ～ 10000N。 （3）铆接直径：3 ～ 5.5mm。（4）风管直径：10mm。 （5）增压式工作油压：8.7 ～ 17MPa。（6）增压式活塞行程：127mm。（7）增压式铆枪头拉伸行程：21mm。

**五、电焊机**

电焊是金属结构构件十分普遍的连接方式。由于幕墙立柱与建筑主体的连接要使用电焊，因此幕墙工程离不开电焊机。电焊机分为电阻焊机和电弧焊机两大类。电阻焊机触式焊机如点焊机、对焊机等，电弧焊机又分直流和交流两种，其中交流弧焊机因结构简单、价格便宜、使用和维护方便，在装饰施工中的焊接作业都是用交流弧焊机来完成的。

1．电焊机的构造与原理

电焊机一般是由电阻线圈、铁芯绝缘层、外罩机械柄、接线柱等组成，其工作原理是：被焊接的构件接通零线，火线连接焊条，在互相接触面形成瞬时短路，使其产生强热量，抬起焊条，使焊条与被焊件之间的气体电离，产生电弧形成高温熔液，使焊件熔化到焊接的目的。

2．交流电焊机的主要技术性能

表4-30列出型号分别为 BX1-135，BX1-130，BX6-120 三种交流弧焊机的主要技术性能，供选择时参考。

3．配套用具的选择

（1）电焊钳

根据焊条的大小选择电焊钳，常用的有 300A 和 500A 两种：300A 焊钳夹持 2～5mm 的焊条，500A 焊钳夹持 4～8 的焊条。

**部分交流弧焊机的技术性能**　　　　表 4-30

| 型号 | | BX$_1$-135 | | BX1-330 | | | BX$_1$-120 | | | |
|---|---|---|---|---|---|---|---|---|---|---|
| 结构形式（A） | | 动铁芯式 | | 手提抽头式 | | | 手提抽头式 | | | |
| 额定初级电压（V） | | 135 | | 330 | | | 120 | | | |
| 额定初级电压（V） | | 220/380220/380 | | 220/380 | | | 220/380 | | | |
| 电流调节范围（A） | 接法Ⅰ | 25～85 | | 50～180 | | | | | | |
| | 接法Ⅱ | 50～150 | | 160～450 | | | 45～160 | | | |
| 次级空载电压（V） | 接法Ⅰ | 70 | | 70 | | | | | | |
| | 接法Ⅱ | 60 | | 60 | | | 50 | | | |
| 工作电压（V） | | 30 | | 30 | | | 25 | | | |
| 额定暂载率（%） | | 65 | | 65 | | | 10 | | | |
| 频率（Hz） | | 50 | | 50 | | | 50 | | | |
| 各暂载率时输入容量 | % | 100 | 65 | 50 | 100 | 65 | 35 | 72 | 10 | 5.5 |
| | kVA | | 8.7 | | 17 | 21 | 28 | | | |
| 焊条直径（mm） | | 1.5～4 | | 2～7 | | | 2～3 | | | |
| 重量（kg） | | 100 | | 185 | | | 20 | | | |
| 外形尺寸长×宽×高（mm） | | 680×480×580 | | 882×577×786 | | | 445×240×190 | | | |

（2）电焊软线

连接电焊机与焊钳之间的导线。按表4-31进行选择。

**电焊机软线选用表**　　　表4-31

| 弧焊机型号 | BX$_1$-135 | BX$_1$-330 | BX$_1$-500 | BX$_1$-120 |
|---|---|---|---|---|
| 软线截面（mm²） | 25 | 50 | 70 | 25 |
| 软线最大允许电流（A） | 140 | 225 | 280 | 140 |

（3）电焊面罩

电焊面罩有持式和头戴式两种。面罩中部镶有 50mm×70mm 的电焊玻璃，通过它人眼将过滤焊弧产生的强紫外线，保护眼睛。根据玻璃颜色深浅的不同可分为三个牌号：9号为较浅色，供电流小于100A的使用，10号为中等色，供电流为 100~350A 时使用，11号为最深色，供电流大于350A时使用。在电焊玻璃的外侧还必须加一层普通玻璃。

（4）电焊手套和脚盖

一般为帆布或皮革制品，可以到商店单独购置。

（5）电焊条

电焊条有多种型号和规格。表4-32、表4-33分别列出焊条的选择要求，供选择时参考。

**部分电焊条的适用范围**　　　表4-32

| 牌号 | 名称 | 抗拉强度（MPa） | 焊接电流 | 主要用途 |
|---|---|---|---|---|
| 结421 | 钛型低碳钢电焊条 | 420 | 交流电 | 焊接一般低碳钢结构，尤适用于薄板小件 |
| E4303 | 钛钙型低碳钢电焊条 | 420 | 交流电 | 焊接较重要的低碳钢结构和强度等级低的普低钢 |
| E4316 | 低轻型低碳钢电焊条 | 420 | 交流电 | 焊接重要的低碳钢和某些低合金钢结构 |
| E5003 | 钛钙型普低钢电焊条 | 500 | 交流电 | 用于16锰等低钢结构的焊接 |

| 牌号 | 名称 | 抗拉强度（MPa） | 焊接电流 | 主要用途 |
|---|---|---|---|---|
| 结503 | 钛铁矿型普低钢电焊条 | 500 | 交流电 | 用于16锰等普低钢一般结构的焊接 |
| E5016 | 低轻型普低钢电焊条 | 500 | 交流电 | 用于重要低碳、中碳及某些普低钢如16锰等的焊接 |
| 结553 | 钛铁矿型普低钢电焊条 | 550 | 交流电 | 用于相应强度的普低高强度钢一般结构如15锰钒、15锰钛等 |
| 结556 | 低氢型普低钢电焊条 | 550 | 交流电 | 焊接中碳钢和15锰、15锰钛等普低钢结构 |
| E6016-D1 | 低合金高强度钢电焊条 | 600 | 交流电 | 焊接中碳钢和15锰钒、15猛钛等普低钢结构 |

**焊条直径和焊接电流的选择**　　　　表4-33

| 搭 接 焊，帮 条 焊 | | | | | |
|---|---|---|---|---|---|
| 钢筋直径（mm） | | 10～12 | 14～22 | 25～32 | 36～40 |
| 焊条直径 | 平焊 | 3.2 | 4 | 5 | 5 |
| | 立焊 | 3.2 | 4 | 4 | 5 |
| 焊接电流 | 平焊 | 90～130 | 130～180 | 180～320 | 190～240 |
| | 立焊 | 80～110 | 110～150 | 120～170 | 170～220 |
| 坡 口 焊 | | | | | |
| 钢筋直径（mm） | | 16～20 | 22～25 | 28～32 | 36～40 |
| 焊条直径 | 平焊 | 3.2 | 4 | 4 | 5 |
| | 立焊 | 3.2 | 4 | 4 | 5 |
| 焊接电流 | 平焊 | 140～170 | 170～190 | 190～220 | 200～230 |
| | 立焊 | 120～150 | 150～180 | 180～200 | 190～210 |

4.电焊机使用维护及安全操作规程

（1）电焊工属于特殊工种，必须经过培训考试合格，领取权威机关颁发的操作证书，并持证上岗。

（2）电焊机的放置：防雨防潮防晒，上面有防雨防砸棚，下面应垫起离地 20cm 以上。

（3）电焊机存放处应有消防器材，四周 10m 范围内不得有氧气、已炔气、木材等易燃易爆物品，作业地点也应准备灭火器材，并开具用火证，派看火人员。

（4）电焊机焊接时必须双线到位，零线不得用其他金属材料代替，为确保电压降在 4V 以内，软线较长时，应加大二次线的截面。

（5）电焊软线应与电焊机接线柱用铜鼻子螺栓拧紧连接，防止接触不良烧坏接线柱。

（6）电焊机应设置专用闸刀开关，不使用时应及时切断电源的，电焊机外壳应有良好的接地。

（7）操作焊工应经常检查一次线、二次线、软线与焊机接线柱及焊钳接头是否有漏电现象，如有应及时修理、更换。

（8）操作焊工必须戴绝缘手套和防护面罩操作，严禁不戴面罩肉眼操作，防止强紫外线伤眼睛。

（9）操作者施焊前必须看好周围的环境，有易燃物品必须清理走。

**六、磨削类机具**

研磨、刨削是为达到构件或装饰表面的平整、光滑效果而采用的操作工艺。装饰施工中，磨削是一道必不可少的工序。使用机具操作为磨削施工提供了极大方便和质量保证。一般来说，刨削和研磨机具有结构轻巧、携带方便、安全可靠、使用灵活和工效高等优点，就工效来说，采用机具操作是人工操作的几十倍甚至上百倍。

（一）角向磨光机

电动角向磨光机又称电动砂轮机或圆盘砂轮机，主要应用于位置受到限置而不便于用普通磨光机操作的场合。金属表面的焊口切口的飞刺、毛边、焊渣的去除，混凝土表面打平，石材、红砖、玻璃、树脂等表面处理都可应用。配用不同的工作头如粗磨砂轮、细磨砂轮、抛光轮、橡片轮、切割砂轮片、钢丝轮子等，可用于表面的粗磨、精磨、抛光、切割、除锈等操作。由于其砂轮轴线与电机轴线成直角所以使用不受位置的限制，具有结构紧凑、体积小、携带方便的特点，在装饰施工中使用极其普通。

1．构造与原理

电动角向磨光机主要由电机、机壳、传动装置、砂轮、手柄、砂轮护罩等组成（见图4-42）。其工作原理是：电机转动通过传动装置带动角向齿轮旋转，并传递到砂轮、砂盘等工作头高速旋转达到磨光、切断等目的。

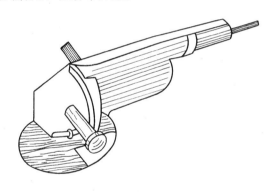

图 4-42　电动角向磨光机

2．主要技术性能

目前，国产角向磨光机种类、规格繁多，为便于选用，表4-34列出部分国产产品的主要技术性能，表4-35为轴承、电刷、开关的规格。

3．工作头的选用

根据需要选择好了磨光机以后，还要根据工作内容选择不同的工作头，且工作头必须根据磨光机的规格型号配套选用，最好选用同一生产厂家的磨光机的工作头。选择工作头的关键有两条：一是工作内容，是磨、切断还是除锈等，二是该工作完成后要达到什么目的或标准，是粗磨还是细磨等，表 4-36 为部分博世牌磨光机工作头供选择时参考。

部分国产角向磨光机技术性能 表 4-34

| 产品规格 | SIMJ-100 | SIMJ-125 | SIMJ-180 | SIMJ-230 |
|---|---|---|---|---|
| 砂轮最大直径（mm） | $\phi100$ | $\phi125$ | $\phi180$ | $\phi230$ |
| 砂轮孔径（mm） | $\phi16$ | $\phi22$ | $\phi22$ | $\phi22$ |
| 主轴螺纹 | M10 | M14 | M14 | M14 |
| 额定电压（V） | 220 | 220 | 220 | 220 |
| 额定电流（A） | 1.75 | 2.71 | 7.8 | 7.8 |
| 额定频率（Hz） | 50～60 | 50～60 | 50～60 | 50～60 |
| 额定输入功率（W） | 370 | 580 | 1700 | 1700 |
| 工作头空载转速（r/min） | 10000 | 10000 | 8000 | 5800 |
| 净重（kg） | 2.1 | 3.5 | 6.8 | 7.2 |

轴承、电刷、开关的规格 表 4-35

| 产品规格 | SIMJ-100 | SIMJ-125 | SIMJ-180 | SIMJ-230 |
|---|---|---|---|---|
| 轴承 | 80201，941/8，80029，60027 | 60202，60201，60027，18 | 60201，60029，203 | 60201，60029，230 |
| 电刷 | D374L 4×6×13 | D374L 5×8×19 | D374L 5.5×16×20 | D374L 5.5×16×20 |
| 开关 | DKP₁-2 | DKP₁-5 | KDP₁-10 | DKP₁-10 |

博世牌角向磨光机工作头 表 4-36

| 超合金杯碟 | | | 千叶砂磨轮 | | |
|---|---|---|---|---|---|
| 形式 | 外径（mm） | 内径（mm） | 外径（mm） | 内径（mm） | 适用范围 |
| 粗粒—直面 | 100 | 16 | 100 | 16 | 适于切削深度为 1.2～3mm 的金属切割 |
| 中粒—直面 | 100 | 16 | 125 | 22.2 | |
| 细粒—直面 | 100 | 16 | 150 | 22.2 | |
| 粗粒—斜面 | 100 | 16 | 180 | 22.2 | |
| 中粒—斜面 | 100 | 16 | 230 | 22.2 | |
| 细粒—斜面 | 100 | 16 | 305 | 25.4 | |
| 适用范围 | 混凝土、石材 | 皮革、木塑 | 355 | 25.4 | |

4．操作要点

（1）操作前应先试运行，检查电机运转情况，砂轮是否存在破损、裂痕。

（2）操作时应紧握手柄，然后启动，再等转速稳定后将砂轮移至工件上。

（3）磨削时，不要用整个砂轮片接触工件，一般使砂片倾斜15°～30°，只利用它外边表面（图4-43）。

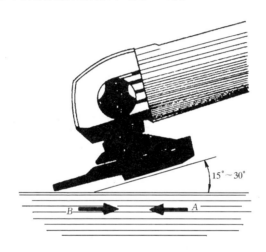

图 4-43　磨光机操作方式

（4）如图4-43，用新砂轮，磨光机向前推进时（A方向），可能偶尔地切进所磨削的材料，这时应立即向后拉（B方向）。

（5）正确选用工作头。

5．安全操作规程和维护保养

1）安全操作规格

（1）电源插座的电压必须与磨光机标示的电压相同，避免发生严重事故，损毁机具。

（2）工前检查：磨光机护罩是否损坏，电源开关是否处于关闭状态（插电源前，开关必须处于关闭状态，否则会出其不意突然起动），机具一定要有接地。

（3）操作时应站稳，双手握稳机具，手不要接近旋转部分，不要有意识地施加压力。

（4）操作者应避开火花溅出的方向，主轴转动时，不要按下锁定销。

（5）机具处于转动状态时不得随意放在楼地面上且在无人的情况下离开操作现场。

（6）作业完后不能立即用手去摸工件和工作头，以免发生烫伤，更换部件时，必须在断电停机的状态下进行，避免发生意外事故。

（7）粉尘多时应戴防护眼镜。

2）维护保养

（1）保持机具清洁，每次工作完后应擦拭干净，定期对手柄进行清洁、干燥。

（2）活动部分及轴定期加注润滑油。

（3）及时更换破损失效的零部件，及时检查、紧固螺钉，检查、更换破损的导线。

（4）碳刷磨损 6mm 以下时，应及时更换。

（二）电动磨光、抛光两用机

电动磨光、抛光两用机主要运用于木材、石材、钢材、塑料等表面的修整抛光、砂光、擦扫等，尤其适用于空间位置受到限

图 4-44　电动磨光抛光两用机

制操作不方便的部位，其特点就是操作简便灵活。

1. 构造与原理

电动磨光抛光两用机主要由电机、传动装置、机壳、工作头（抛光盘、抛光刷等）、手柄等组成（见图4-44）。其原理是利用电机带动传动装置，使工作头高速旋转进行打磨和抛光。

2. 主要技术性能

表4-37列出部分产品的主要技术性能，供选用时参考。

电动磨光抛光两用机规格产品的技术性能 表 4-37

| 型号 | 最大能力（直径）（mm） | 回转数（r/min） | 额定输入功率（W） | 长度（mm） | 主轴螺纹 | 净重（kg） |
|------|------|------|------|------|------|------|
| GV5000 | 磨料圆盘125 | 4500 | 405 | 180 | — | 1.2 |
| GV6000 | 磨料圆盘150 | 450 | 405 | 180 | — | 1.2 |
| 9218SB | 磨料圆盘180 | 4000 | 570 | 225 | M16×2 | 2.7 |
| 9207B | 磨料圆盘180 | 400 | 1100 | 155 | M16×2 | 3.9 |
| 9207 SPB | 磨料圆盘180 半绒抛光刷180 | 低速2000 高速3800 | 700 | 455 | M16×2 | 3.4 |
| 9207 SPC | 磨料圆盘180 羊绒抛光刷180 | 1500~2800 | 810 | 470 | M16×2 | 3.5 |
| 9218PB | 羊绒抛光刷180 | 2000 | 570 | 235 | M16×2 | 2.9 |

3. 工作头的选择

根据工作内容选择好机具以后，还要根据具体工艺要求选择好工作头。电动磨光抛光两用机的工作头有磨料圆盘、橡胶垫加感应砂纸、杯形钢丝刷、羊绒抛光刷等。选择工作头，先根据磨光抛光两用机的型号确定工作头的直径，然后结合加工工件的材质及打磨抛光光洁度的要求选定工作头的型号。如磨料圆盘的选用，当光洁度要求低时，选用大粒度的，当光洁度要求高时，应选用小粒度的。

4. 维护保养

（1）机具使用完毕后应及时清理干净，并按说明书的要求及时加注润滑油，更换失效的零部件。

（2）保持机具手柄清洁、干净，避免油脂等的污染。

（3）若发现螺栓松动，应及时拧紧，否则容易导致严重事故。

（4）机具不使用时，应存放在干净干燥处。

（5）定期检查和更换碳刷。

（三）砂带磨光机

砂带磨光机主要用于磨砂和磨光木制品，金属表面的除锈，去除油渍，金属、石材、水泥及相似物质的表面磨光，是代替人工对部件表面进行打砂纸的工作，从而加快进度，减轻劳动强度，且能提高质量。

图 4-45　砂带磨光机

1．构造与原理

砂带磨光机主要由电机、机壳、传动装置、工作头（鞋形底板、砂带、驱动和从动轮）等组成（见图 4-45）。其原理是利用电机带动传动装置，使驱动轮带动砂带旋转达到打磨的目的。

2．主要技术性能

根据工作内容选择机具，表4-38列出部分规格型号的砂带磨光机的主要技术性能。

砂带磨光机的主要技术性能　　表 4-38

| 型号 | 砂带尺寸<br>（mm） | 砂带速度<br>（m/min） | 额定输入功率<br>（W） | 长度<br>（mm） | 净重<br>（kg） |
|---|---|---|---|---|---|
| 9900B | 76 × 533 | 360 | 850 | 316 | 4.6 |
| 9901 | 76 × 533 | 380 | 740 | 328 | 3.5 |
| 9924B | 76 × 610 ~ 76 × 620 | 400 | 850 | 355 | 4.6 |
| 9924DB | 76 × 610 ~ 76 × 620 | 400 | 850 | 355 | 4.8 |

| 型号 | 砂带尺寸<br>（mm） | 砂带速度<br>（m/min） | 额定输入功率<br>（W） | 长度<br>（mm） | 净重<br>（kg） |
|---|---|---|---|---|---|
| 9401 | 100×610 | 350 | 940 | 374 | 7.3 |
| 9402 | 100×610 | 高速 350<br>低速 300 | 1010 | 374 | 7.3 |

3．砂带的选用

当选定好砂带磨光机以后，据以确定砂带尺寸，然后根据所打磨的材质结合砂带的粒度选定砂带的型号。一般材质为木材、铁、钢材时选择 AA 型，若为石材、塑料时选择 CC 型，粗磨时粒度一般为 40，60。细磨时为 150，180，240。中度打磨为 80，100，120 等。

4．操作要点

（1）调节砂带的位置。按下开关键，把砂带调到检测位置（如图 4-46），向左或向右旋转调节螺丝，固定好砂带的位置，使砂带边缘与驱动轮边缘有 2~3mm 空隙。如果砂带固定太靠里，操作时会产生磨损甚至损坏，如砂带在使用中有位移，可进行调节。

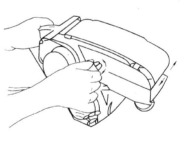

图 4-46　砂带位置的调节

（2）用一只手抓住手柄，另一只手调节速度旋钮，启动机具。保证机具与工件表面轻轻接触，机具本身的重量足以高效地磨光工件，操作中不要再施加压力，否则马达会超载，缩短砂带使用寿命，降低研磨效率。

（3）要以恒定的速度和平衡度来回移动机具。

（4）选择合适的磨光砂带。

（5）边角磨光时应配用特殊的附件。

5．安全操作规格和维护保养

1) 安全操作规程

(1) 工前检查：供电电压必须相符，机具的开关必须先处于关闭位置，检查机壳，各零部件有无破损，固定的部分是否固定牢，可移动的部分是否处在正确位置。

(2) 接电源前检查机具的开关操作是否灵活有效，扣上扳机再放松，扳机是否能够弹回原位。

(3) 开启机具并到转速稳定后，再将机具慢慢移至工作表面，否则易损坏工件和机具工作头，造成伤人。

(4) 不允许脱手使用工具，必须用手拿稳机具方可操作使用。

(5) 禁止过载操作使用。

(6) 使用中不得用手触摸转动的部分。

(7) 机具不用时必须拔下电源插头，必须在停机断电的状况下更换零部件和砂带。

2) 维护保养

(1) 经常保持机具清洁，每次使用完成应擦试干净。

(2) 按使用说明书的要求给轴及其他活动部分加注润滑油，砂带和零部件受损时必须及时更换。

(3) 不用的机具必须放在干燥处保存，防止电机线圈损坏或受潮，受油浸泡。

(4) 定期检查导线有无破损，如有应及时修理，更换。

(5) 定期检查和替换碳刷。当磨损达到 6mm 以下时，应予以更换。

**七、激光仪**

（一）FX-I 激光扫平仪

如图 4-47。

(1) 性能特点

FX-I 型激光扫平仪是针对建筑装饰装修业施工而设计的专用工具，它由激光二极管发出激光光束，射程可达 100m 在照射物体上产生一个光点；增加附件以后，可产生夹角为 50°的激光

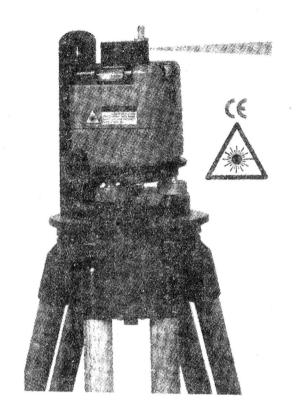

图 4-47　FX-Ⅰ型激光扫平仪外形图

扇面（有效射程为 25m），在照射物体上产生一条宽约 2mm 的平直亮线。激光镜头可作 400r/min 的旋转，产生激光水平面或垂直面，可实现多人同时交叉作业。FX-I 型激光扫平仪即能打点又能出线，是一项我国独有的专利技术，优于国外同类产品。

　　FX-I 激光扫平仪结构精巧，体积小，重量轻，架设方便、快捷，通过调节水平，即可得到精度较高的基准，减少辅助作业时间。本仪器使用可靠。激光管使用寿命大于 1 万 h，以 6 节普通 5 号电池做电源，可连续使用 12h；无论白天、黑夜、雨雾、尘埃，在 – 10 ~ 40℃气温条件下可全天候工作，尤其在光线黯淡的情况下，更显示出优越的特性。

FX－I 激光扫平仪是寻找，确定基准点、线、面（水平面或垂直面）和定向、定标、定位的理想工具，在建筑，施工装饰、设备安装、隧道掘进、管道安装、吊垂线，质检等工作中有着广泛的用途，较之人工弹线等传统手段可提高工效 10 多倍。

（2）结构特点

1）光亮可见激光束；

2）水平（垂直）扫描；

3）结构小巧，操作简便；

4）备有特种附件，可直接得到一平直亮线；

5）无级变速；

6）恒功率线路。

（3）基本参数

1）水平精度：±1'；

2）工作半径：50m；

3）输出功率：＜1mW；

4）光源：激光二极管；

5）波长：635nm；

6）水准器灵敏度

a．水平长水准器 3'/2mm；

b．垂直长准器 30'/2mm；

7）亮线附件：

a．水平精度 ±1'

b．工作半径 25m

c．发散角 50°

8）转速 0～400r/min

9）工作时间 12h

10）电源 6 节 5 号电池

11）工作电压 4.5V

12）工作温度 －10～＋40℃

13）仪器重量 0.8kg

14）中心螺纹 5/8″或 M16

15）外形尺寸 75mm×80mm×95mm

16）附件升降式三脚架

(二) 自动激光准直仪

（1）构造

它是一个全封闭的防尘、防潮系统。包括非调焦的，同轴双方激光准直器、万向支架、阻尼器、配重、电源、壳体、双光楔镜误差矫正器、自校环、安平基座。

同时向上、向下投射激光束的同轴双向激光准直器被万向支架悬挂，可做二个自由度的摆动。通过配重的仔细调节，使被悬挂的激光准直器的重力线与激光束重合。出射的激光束成为向上投射的铅直激光束及向下投射的铅直激光束，通常下光束用于强制对中。

壳体顶部的出门窗口同轴安装了一个由双光楔镜组成的激光束铅直误差矫正器。二光楔间相对旋转及矫正器的整体放置可以将激光束的铅直误差进一步矫正，使基准精度进一步提高。

利用磁阻尼器使受扰动的激光准直器迅速静止。全封闭的壳体外有电池仓，可方便地更换 5 号干电池。

全封闭壳体中下部有一个自校环，它与安平基座成为一体，而壳体在自校环中可绕竖轴旋转，实现铅直激光束的自校与系统误差的修正。

（2）基本特点

1）自动保持基准精度，抗振动干扰。

2）系统误差可即时检查、校正，提高使用精度，许多用户达到免检。

3）构造简单，结构牢固，耐冲击，寿命长。

4）防尘、防雨，全天候作业，加快施工进度。

5）不调焦、不瞄准，操作简单，不用值守，俗称"傻瓜仪器"。节约劳力，降低劳动强度。

6）只需 100mm×100mm 通视通道，适于楼群中作业。

7）组合式结构，可选择提供六种自动保持的检测基准，满足各类工程、多种距离测控要求，设备利用率高。

8）能实现自动检测及作业机具的自动控制。

# 第五章　幕墙构件的加工与现场施工

## 第一节　幕墙构件的加工

### 一、基本加工作业

（一）下料切割作业

1．准备

认真阅读图纸及工艺卡片，熟悉掌握其要求。如有疑问，应及时向负责人提出。

2．检查设备

1）检查油路及润滑状况，按规定进行润滑。

2）检查气路及电气线路，气路无泄漏，电气元件灵敏可靠。

3）检查冷却液，冷却液量足够，喷嘴不堵塞且喷液量适中。

4）调整锯片进给量，应与材料切割要求相符。

5）检查安全防护装置，应灵敏可靠。

设备检查完毕应如实填写"设备点检表"。如设备存在问题，不属工作者维修范围的，应尽快填写"设备故障修理单"交维修班，通知维修人员进行维修。

3．下料操作工艺

1）检查材料，其形状及尺寸应与图纸相符，表面缺陷不超过标准要求。

2）放置材料并调整夹具，要求夹具位置适当，夹紧力度适中。材料不能有翻动，放置方向及位置符合要求。

3）当天切割第一根料时应预留 10～20mm 的余量，检查切割质量及尺寸精度，调整机器达到要求后才能进行批量生产。

4）产品自检。每次移动刀头后进行切割时，工作者须对首件产品进行检测，产品须符合以下质量要求：

* 擦伤、划伤深度不大于氧化膜厚度的 2 倍；擦伤总面积不大于 $500\text{mm}^2$；划伤总长度不大于 150mm；擦伤和划伤处数不超过 4 处。
* 长度尺寸允许偏差：立柱：±1.0mm；横梁：±0.5mm。
* 端头斜度允许偏差：$-15'\sim0$。
* 截料端不应有明显加工变形，毛刺不大于 0.2mm。

5）如产品自检不合格时，应进行分析，如系机器或操作方面的问题，应及时调整或向设备工艺室反映。对不合格品应进行返修，不能返修时应向班长汇报。

6）首件检测合格后，则可进行批量生产。

4．工作后

1）工作完毕，及时填写"设备运行记录"，并对设备进行清扫，在导轨等部位涂上防锈油。

2）关机。关闭机器上的电源开关，拉下电源开关，关闭气阀。

3）及时填写有关记录。

（二）铝板下料作业

1．按规定穿戴整齐劳动保护用品（工作服、鞋及手套）。

2．认真阅读图纸，理解图纸，核对材料尺寸。如有疑问，应立即向负责人提出。

3．按操作规程认真检查铝板机各紧固件是否紧固，各限位、定位挡块是否可靠。空车运行两三次，确认设备无异常情况。否则，应及时向负责人反映。

4．将待加工铝板放置于料台之上，并确保铝板放置平整，根据工件的加工工艺要求，调整好各限位、定位挡块的位置。

5．进行初加工，留出 3~5mm 的加工余量，调整设备使加工的位置、尺寸符合图纸要求后再进行批量加工。

6．加工好的产品应按以下标准和要求进行自检：

①长宽尺寸允许偏差：

长边≤2m时：3.0mm；

长边＞2m时：3.5mm。

②对角线偏差要求：

长边≤2m时：3.0mm；

长边＞2m时：3.5mm。

③铝板表面应平整、光滑，无肉眼可见的变形、波纹和凹凸不平；

④单层铝板平面度：

长边≤1.5m时：≤3.0mm；

长边＞1.5m时：≤3.5mm。

⑤复合铝板平面度：

长边≤1.5m时：≤2.0mm；

长边＞1.5m时：≤3.0mm。

⑥蜂窝铝板平面度：

长边≤1.5m时：≤1.0mm；

长边＞1.5m时：≤2.5mm。

⑦检查频率：批量生产前5件产品全检，批量生产中按5%的比例抽检。

7. 下好的料应分门别类地贴上标签，并分别堆放好。

8. 工作结束后，应立即切断电源，并清扫设备及工作场地，做好设备的保养工作。

（三）冲切作业

1. 准备

操作者作业前，认真阅读图纸及工艺卡片，熟悉掌握其要求。如有疑问，应及时向负责人提出。

2. 检查设备

1）检查冷却液及润滑状况，润滑状况良好，冷却液满足要求。

2）检查电气开关及其他元件，开关、控制按钮及行程开关等电气元件的动作应灵敏可靠。

3）检查冲模和冲头安装，应能准确定位且无松动。

4）检查定位装置，应无松动。

5）开机试运转，检查刀具转向是否正确，机器运转是否正常。

3. 加工操作工艺

1）选择符合加工要求的冲模和冲头，安装到机器上，并调整好位置，同时调整冷却液喷嘴的方向。

注意：刀具定位装置要锁紧，以免刀具走位造成加工误差。

2）检查材料。材料形状尺寸应与图纸相符，并检查上道工序的加工质量，包括尺寸精度及表面缺陷等应符合质量要求。

3）装夹材料。材料的放置应符合加工要求。

4）加工。初加工时先用废料加工，然后根据需要调整刀具位置直至符合要求，才能进行批量生产。

5）每批料或当天首次开机加工的首件产品工作者须自行检测，产品须符合以下质量要求：

• 擦伤、划伤深度不大于氧化膜厚度的 2 倍；擦伤总面积不大于 $500mm^2$；划伤总长度不大于 150mm；擦伤和划伤处数不大于 4 处。

• 毛刺不大于 0.2mm。

• 榫长及槽宽允许偏差为 – 0.5～0mm，定位偏差允许 ± 0.5mm。

6）如产品自检不合格时，应进行分析，如系机器或操作方面的问题，应及时调整或向设备工艺室反映。对不合格品应进行返修，不能返修时应向负责人汇报。

7）产品自检合格后，方可进行批量生产。

4. 工作后

1）工作完毕，对设备进行清扫，在导轨等部位涂上防锈油。

2）关机。关闭机器上的电源开关，拉下电源开关，关闭气阀。

3）及时填写有关记录。

（四）钻孔作业

1. 准备

操作者作业前，认真阅读图纸及工艺卡片，熟悉掌握其要求。如有疑问，应及时向负责人提出。

2. 检查设备

1）检查气路及电气线路。气路应无泄漏，气压为 6～8Pa，电气开关等元件灵敏可靠。

2）检查润滑状况及冷却液量。

3）检查电机运转情况。

4）开机试运转，应无异常现象。

3. 加工操作工艺

1）检查材料。材料形状尺寸应与图纸相符，并检查上道工序的加工质量，包括尺寸及表面缺陷等。

2）放置材料并调整夹具。夹具位置适当，夹紧力度适中；材料不能有翻动，放置位置符合加工要求。

3）调整钻头位置、转速、下降速度以及冷却液的喷射量等。

4）加工。初加工时下降速度要慢，待加工无误后方能进行批量生产。

5）每批料或当天首次开机加工的首件产品工作者须自行检测，产品须符合以下质量要求：

• 擦伤、划伤深度不大于氧化膜厚度的 2 倍；擦伤总面积不大于 $500mm^2$；划伤总长度不大于 150mm；擦伤和划伤处数不大于 4 处。

• 毛刺不大于 0.2mm。

• 孔位允许偏差为 ±0.5mm，孔距允许偏差为 ±0.5mm，累计偏差不大于 ±1.0mm。

6）如产品自检不合格时，应进行分析，如系机器或操作方面的问题，应及时调整或向设备工艺室反映。对不合格品应进行返修，不能返修时应向负责人汇报。

7）产品自检合格后，方可进行批量生产。

4．工作后

1）工作完毕，对设备进行清扫，在导轨等部位涂上防锈油。

2）关机。关闭机器上的电源开关，拉下电源开关，关闭气阀。

3）及时填写有关记录。

（五）锣榫加工作业

1．准备

操作者作业前，认真阅读图纸及工艺卡片，熟悉掌握其要求。如有疑问，应及时向负责人提出。

2．检查设备

1）检查冷却液及润滑状况，润滑状况良好，冷却液满足要求。

2）检查电气开关及其他元件，开关、控制按钮及行程开关等电气元件的动作应灵敏可靠。

3）检查铣刀安装装置，应能准确定位且无松动。

4）检查定位装置，应无松动。

5）开机试运转，检查刀具转向是否正确，机器运转是否正常。

3．加工操作工艺

1）选择符合加工要求的铣刀，安装到机器上，并调整好位置，同时调整冷却液喷嘴的方向。

注意：刀具定位装置要锁紧，以免刀具走位造成加工误差。

2）检查材料。材料形状尺寸应与图纸相符，并检查上道工序的加工质量，包括尺寸精度及表面缺陷等应符合质量要求。

3）装夹材料。材料的放置应符合加工要求。

4）加工。初加工时应有 2～3mm 的加工余量，或先用废料加工，然后根据需要调整刀具位置直至符合要求，才能进行批量生产。

5）每批料或当天首次开机加工的首件产品工作者须自行检

测，产品须符合以下质量要求：

- 擦伤、划伤深度不大于氧化膜厚度的 2 倍；擦伤总面积不大于 $500mm^2$；划伤总长度不大于 150mm；擦伤和划伤处数不大于 4 处。
- 毛刺不大于 0.2mm。
- 榫长及槽宽允许偏差为 -0.5~0mm，定位偏差允许 ±0.5mm。

6）如产品自检不合格时，应进行分析，如系机器或操作方面的问题，应及时调整或向设备工艺室反映。对不合格品应进行返修，不能返修时应向负责人汇报。

7）产品自检合格后，方可进行批量生产。

4．工作后

1）工作完毕，对设备进行清扫，在导轨等部位涂上防锈油。

2）关机。关闭机器上的电源开关，拉下电源开关，关闭气阀。

3）及时填写有关记录。

（六）铣加工作业

1．准备

操作者作业前，认真阅读图纸及工艺卡片，熟悉掌握其要求。如有疑问，应及时向负责人提出。

2．检查设备

1）检查设备润滑状况，应符合要求。

2）检查电气开关及其他元件，动作应灵敏可靠。

3）冷却液量应足够。

4）检查设备上的紧固件应无松动。

5）开机试运转，设备应无异常。

3．加工操作工艺

1）按加工要求选择模板和刀具，安装到设备上。

2）检查材料。材料形状尺寸应与图纸相符，并检查上道工序的加工质量，包括尺寸精度及表面缺陷等应符合质量要求。

3）调整铣刀行程及喷嘴位置。

4）加工。初加工时应先用废料加工或留有 1~3mm 的加工余量，然后根据需要进行调整，直至加工质量符合要求，才能进行批量生产。

5）每批料或当天首次开机加工的首件产品工作者须自行检测，产品须符合以下质量要求：

• 擦伤、划伤深度不大于氧化膜厚度的 2 倍；擦伤总面积不大于 $500mm^2$；划伤总长度不大于 150mm；擦伤和划伤处数不大于 4 处。

• 毛刺不大于 0.2mm。

• 孔位允许偏差为 ±0.5mm，孔距允许偏差为 ±0.5mm，累计偏差不大于 ±1.0mm。

• 槽及豁的长、宽尺寸允许偏差为：0~+0.5mm，定位偏差允许 ±0.5mm。

6）如产品自检不合格时，应进行分析，如系机器或操作方面的问题，应及时调整或向设备工艺室反映。对不合格品应进行返修，不能返修时应向负责人汇报。

7）产品自检合格后，方可进行批量生产。

4．工作后

1）工作完毕，对设备进行清扫，在导轨等部位涂上防锈油。

2）关机。关闭机器上的电源开关，拉下电源开关，关闭气阀。

3）及时填写有关记录。

（七）铝板组件制作

1．认真阅读图纸，理解图纸，核对铝板组件尺寸。

2．检查风钻、风批及风动拉铆枪是否能够正常使用。

3．检查组件（包括铝板、槽铝、角铝等加工件）尺寸、方向是否正确、表面是否有缺陷等。

4．将铝板折弯，达到图纸尺寸要求。

5．在槽铝上贴上双面胶条，然后按图纸要求粘贴在铝板的相应位置并压紧。

6. 用风钻配制铝板与槽铝拉铆钉孔。

7. 用风动拉铆枪将铝板和槽铝用拉铆钉拉铆连接牢固。

8. 将角铝（角码）按图纸尺寸与相应件配制并拉铆连接牢固。

9. 工作者须按以下标准对产品进行自检。

（1）复合板刨槽位置尺寸允差 ±1.5mm；刨槽深度以中间层的塑料填充料余留 0.2～0.4mm 为宜；单层板折边的折弯高度差允许 ±1mm。

（2）长宽尺寸偏差要求：

长边≤2m：3.0mm；

长边＞2m：3.5mm。

（3）对角线偏差要求：

长边≤2m：3.0mm；

长边＞2m：3.5mm。

（4）角码位置允许偏差 1.5mm，且铆接牢固；组角缝隙≤2.0mm。

（5）铝板表面应平整、光滑，无肉眼可见的变形、波纹和凹凸不平，铝板无严重表观缺陷和色差。

（6）单层铝板平面度：

当长边≤2m 时：≤3.0mm

当长边＞2m 时：≤5.0mm；

（7）复合铝板平面度：

当长边≤2m 时：≤2.0mm；

当长边＞2m 时：≤3.0mm；

（8）蜂窝铝板平面度：

当长边≤2m 时：≤1.0mm；

当长边＞2m 时：≤2.0mm。

10. 出现以下问题时，工作者应及时处理，处理不了时立即向负责人反映。

①长宽尺寸超差：返修或报废。

②对角线尺寸超差：调整、返修或报废。

③表面变形过大或平整度超差：调整、返修或报废。

④铝板与槽铝或角铝铆接不实：钻掉重铆，铆接时应压紧。

⑤组角间隙过大：挫修、压实后铆紧。

11．工作完毕，应清理设备及清扫工作场地，做好工具的保养工作。

（八）组角作业

1．认真阅读图纸，理解图纸，核对框（扇）料尺寸。如有疑问，应立即向负责人提出。

2．检查组角机气源三元件，并按规定排水、加润滑油和调整压力至工作压力范围内。具体检查项目为：

a）气路无异常，气压足够

b）无漏气、漏油现象

c）在润滑点上加油，进行润滑

d）液压油量符合要求

e）开关及各部件动作灵敏

f）开机试运转无异常

3．选择合适的组角刀具，并牢固安装在设备上。

4．调整机器，特别是调整组角刀的位置和角度。挤压位置一般距角 50mm，若不符，则调整到正确位置。

5．空运行 1～3 次，如有异常，应立即停机检查，排除故障。

6．检查各待加工件是否合格，是否已清除毛刺，是否有划伤、色差等缺陷，所穿胶条是否合适。

7．组角（图纸如有要求，组角前在各连接处涂少量窗角胶，并在撞角前再在角内垫上防护板），并检测间隙。

8．组角后应进行产品自检。每次调整刀具后所组的首件产品工作者须自行检测，产品须符合以下质量要求：

①对角线尺寸偏差：

长边≤2m：≤2.5mm；

长边＞2m：≤3.0mm。

②接缝高低差：≤0.5mm。

③装配间隙：≤0.5mm。

④对于较长的框（扇）料，其弯曲度应小于公司的规定，表面平整，无肉眼可见的变形、波纹和凹凸不平。

⑤组装后框架无划伤，各加工件之间无明显色差，各连接处牢固，无松动现象。

⑥整体组装后保持清洁，无明显污物。

产品质量不合格，应返修。如系设备问题，并向设备工艺室反馈。

9. 工作结束后，切断电（气）源，并擦洗设备及清扫工作场地，做好设备的保养工作。

10. 及时填写有关记录。

(九）门窗组装作业

1. 认真阅读图纸，理解图纸，核对下料尺寸。如有疑问，应及时向负责人提出。

2. 准备风批、风钻等工具，按点检要求检查组角机。发现问题应及时向负责人反映。

3. 清点所用各类组件（包括标准件、多点锁等），并根据具体情况放置在相应的工作地点。

4. 检查各类加工件是否合格，是否已清除毛刺，是否有划伤、色差等缺陷。

5. 对照组装图，先对部分组件穿胶条。

6. 配制相应的框料或角码。

7. 按先后顺序由里至外进行组装。

8. 组角（组角前在各连接处涂少量窗角胶，并在撞角前再在窗角内垫上防护板）。

9. 焊胶条。

10. 装执手、铰链等配件。

11．装多点锁。

12．在接合部、工艺孔和螺丝孔等防水部位涂上耐候胶以防水渗漏。

13．产品自检。工作者应对组装好的产品进行全数检查。组装好的产品应符合以下标准：

①对角线控制：

长边≤2m：≤2.5mm；

长边>2m：≤3.0mm。

②接缝高低差：≤0.5mm。

③装配间隙：≤0.5mm。

④组装后的框架无划伤。

⑤各加工件之间无明显色差。

⑥多点锁及各五金件活动自如，无卡住等现象。

⑦各连接处牢固，无松动现象。

⑧各组件均无毛刺、批锋等。

⑨密封胶条连接处焊接严实，无漏气现象。

⑩对于较长的框（扇）料，其弯曲度应小于规定，表面平整，无肉眼可见的变形、波纹和凹凸不平。

⑪整体组装后保持清洁，无明显污物。

14．对首件组装好的窗扇（或门扇）须进行防水检验。方法为：用纸张检查扇与框的压紧程度，或直接用水喷射，检查是否漏水。

15．组装好的产品应分类堆放整齐，并进行产品标识。

16．工作结束后，立即切断电（气）源，并擦拭设备及清扫工作场地，做好设备的保养工作。

17．出现以下问题时应及时处理

①加工件毛刺未清、有划伤或色差较大：返修或重新下料制作。

②对角线尺寸超差：调整或返修。

③组角不牢固：调整组角机或反馈至设备工艺室进行处理后

再进行组角。

④锁点过紧：调整多点锁紧定螺丝或锉修滑动槽。

⑤连接处间隙过大：返修或在缝隙处打同颜色的结构胶。

⑥漏水。进行调整，直到合格为止，然后按已经确认合格的产品的组装工艺进行组装。

18.工作完毕，及时填写有关记录并清扫周围环境卫生。

（十）清洁及粘框作业

1.认真阅读、理解图纸，核对玻璃、框料及双面胶条的尺寸是否与图纸相符。如有疑问，应立即向负责人提出。

2.所用的清洁剂须经检验部门检查确认。同时，可将清洁剂倒置进行观察，应无混浊等异常现象。

3.按以下标准检查上道工序的产品质量：

①对角线控制：

长边≤2m：≤2.5mm；

长边＞2m：≤3.0mm。

②接缝高低差控制：

≤0.5mm。

③装配间隙控制：

≤0.5mm。

检查过程中如发现问题，应及时处理，解决不了时，应立即向负责人反映。

4.撕除框料上影响打胶的保护胶纸。

5.用"干湿布法"（或称"二块布法"）清洁框料和玻璃：将合格的清洁剂到入干净而不脱毛的白布后，先用沾有清洁剂的白布清洁粘贴部位，接着在溶剂未干之前用另一块干净的白布将表面残留的溶剂、松散物、尘埃、油渍和其他脏物清除干净。禁止用抹布重复沾入溶剂内，已带有污渍的抹布不允许再用。

6.在框料的已清洁处粘贴双面胶条。

7.将玻璃与框对正，然后粘贴牢固。

8．玻璃与铝框偏差≤1mm。

9．玻璃与框组装好后，应分类摆放整齐。

10．粘好胶条及玻璃后因设备等原因未能在 60 分钟内注胶，应取下玻璃及胶条，重新清洁后粘胶条和玻璃，然后才能注胶。

11．工作完毕清扫场地。

（十一）注胶作业

1．注胶房内应保持清洁，温度在 5～30℃之间，湿度在 45%～75%之间。

2．按注胶机操作规程及点检项目要求检查设备。点检项目为：

　　a）检查气源气路，气压应足够，且无泄漏现象；

　　b）检查润滑装置应作用良好；

　　c）各开关动作灵活；

　　d）各仪表状态良好；

　　e）检查空气过滤器；

　　f）出胶管路及接头无泄漏或堵塞；

　　g）胶枪使用正常；

　　h）开机试运转，出胶、混胶均正常，无其他异常现象。

3．检查上道工序质量。玻璃与铝框位置偏差应为≤1mm，双面粘胶不走位，框料及玻璃的注胶部位无污物。

4．清洁粘框后须在 60 分钟内注胶，否则应重新清洁粘框。

5．确认结构胶和清洁剂的有效使用日期。

6．配胶成分应准确，白胶与黑胶的重量比例应为 12:1（或按结构胶的要求确定比例），同时进行"蝴蝶试验"及拉断试验，符合要求后方可注胶。

7．注胶过程中应时刻观察胶的变化，应无白胶或气泡。

8．注胶后应及时刮胶，刮胶后胶面应平整饱满，特别注意转角处要有棱角。

9．出现以下问题时，应及时进行处理：

①出现白胶：应立即停止注胶，进行调整。

②出现气泡：应立即停止注胶，检查设备运行状况和黑、白胶的状态，排除故障后方可继续进行。

10．工作完毕或中途停机15分钟以上，必须用白胶清洗混胶器。

11．及时填写"注胶记录"。

12．清洁环境卫生。

（十二）多点锁安装

1．认真阅读图纸，理解图纸，核对窗（或门）框料尺寸及多点锁型号及锁点数量。

2．准备风钻、风批等工具。

3．清点所用组件，并放置于相应的工作地点备用。

4．先将锁点铆接到相应的连动杆上。

5．清除钻孔等产生的毛刺。

6．安装多点锁。按先内后外，先中心后两边的顺序组装各配件。先装入主连动杆，并将其与锁体相连接。

7．装入转角器及其他连动杆，并将固定螺丝拧紧。固定大转角器时，应将锁调到平开位置（大转角器的伸缩片上有两个凸起的点，旁边有一方框，将那两个点调到方框的中间位置）。

8．锁的所有配件上的螺丝，其头部须拧紧至与配件的表面平齐。

9．定铰链位置时，需保证安装在它端头的活页与窗扇（或门扇）的边缘相距1mm左右（活页上的螺丝孔须与铰链上的螺丝孔对齐）；活页尽可能只装一次，如反复拆装将会对其上的螺纹造成损坏。

10．安装把手，检查多点锁的安装效果。要求组装后其松紧程度适中，无卡涩现象。如出现以下问题，应及时处理：

A．锁开启过紧：修整连接杆及槽内的毛刺，调整固定螺丝的松紧程度。

B. 锁点位置不对：对照图纸进行检查修正。

11. 为保证产品在运输途中不被碰伤，窗锁及合页等高出扇料表面的配件暂不安装，把手在检查多点锁安装效果后应拆除，到工地后再安装。

12. 产品自检

1）每件产品均须检查多点锁的安装效果；

2）首件产品须装到框上，检查多点锁的安装效果和扇与框的配合效果，并检查扇与框组装后的防水性能。如不符合要求，应调整直至合格，然后按此合格品的组装工艺进行批量组装。

3）批量组装时按 5％的比例抽查扇与框的配合效果。

13. 工作完毕，打扫周围环境卫生。

## 二、幕墙构件（元件）加工要点

（一）玻璃幕墙构件加工制作

1. 一般规定

1）玻璃幕墙构件的加工制作应严格按设计施工图进行，必要时应对建筑物主体进行复测，及时调整幕墙的设计并及时修改设计施工图，合理安排组织幕墙构件的加工组装。

2）玻璃幕墙使用的所有材料和附件，都必须有产品合格证和说明书以及执行标准的编号；特别是主要部件，同安全有关的材料和附件，更要严格检查其质量，检查出厂时间、存放有效期，严格使用不合格和过期材料及附件。

3）加工幕墙构件的设备、机具应能达到幕墙构件加工精度的要求，且定期进行检查和计量认证，如设备的加工精度、光洁度、角度、胶体混合比、色调和均匀度等应及时进行检查维护；对量具应按计量管理部门的规定，定期进行计量检定，以保证加工产品质量和精确度。

4）幕墙构件加工环境要求清洁、干燥、通风良好，温度也应满足加工的需要，如北方冬季应有暖气，南方夏季应有降温措施，对于结构硅酮密封胶的施工环境要求更为严格，除要求清洁无尘土外，室内温度应控制在 5～30℃之间，相对湿度应控制在

35%～75%之间。

5）隐框玻璃幕墙的结构装配组合件应在生产车间制作，不得在现场进行。结构硅酮密封胶应打注饱满。

6）不得使用过期的结构硅酮密封胶和耐候硅酮密封。

2．铝型材的加工制作

1）铝型材下料

（1）玻璃幕墙结构杆件下料前应进行校直调整；

（2）玻璃幕墙横梁的允许偏差为±0.5mm，立柱的允许偏差为±1.0mm，端头斜度的允许偏差为-15′；截料端头不应有加工变形，毛刺不应大于0.2mm；

（3）应严格按零件图下料，下料前必须认真看懂、理解零件图中的各项技术指标、尺寸的含义，认真核对型材代号及断面形状，有疑问时，及时向有关部门反映；

（4）当第一件零件下出后必须复查长度、角度等尺寸是否与图纸及偏差要求相符，下料过程中也要按比例（一般为10%）进行抽查；

（5）操作过程中注意保护型材，防止表面擦伤、碰伤；下料后的半成品要合理堆放，注明所用工程名称、零件图号、长度、数量等。

2）机加工

（1）玻璃幕墙结构杆件的孔位允许偏差为±0.5mm，孔距允许偏差为±0.5mm，累计偏差不应大于±1.0mm；

（2）铆钉的通孔尺寸偏差应符合现行国家标准《铆钉用通孔》GB 152.1 的规定；

（3）沉头螺钉的沉孔尺寸偏差应符合现行国家标准《沉头螺钉用沉孔》GB 152.2 的规定；

（4）圆柱头、螺栓的沉孔尺寸偏差应符合现行国家标准《圆柱头、螺栓用沉孔》GB 152.3 的规定；

（5）玻璃幕墙构件中槽、豁、榫的加工应符合行业标准《玻璃幕墙工程技术规范》JGJ 102—96 的规定；

（6）应严格按零件图尺寸加工，开机前必须认真看懂、理解零件图中的各项技术指标、尺寸的含义，认真核对零件代号、断面形状、零件长度、数量，有疑问时，及时向有关部门反映；

（7）根据加工零件的各项技术指标、加工精度，合理选用刀具、模具及设备，确保零件加工精度；

（8）根据加工要求准确划线定位，加工出的第一件零件应复查各项技术指标是否与图纸一致，加工过程中也要反复抽查；

（9）加工过程中注意保护，防止损伤；加工后的零件要合理堆放，做好标记；对于直接入库的零件，必须进行包装，注明所用工程名称、零件图号、长度、数量等。

3）铝框装配

（1）玻璃幕墙构件装配尺寸允许偏差应符合表5-1的规定：

**构件装配尺寸允许偏差（mm）** 表 5-1

| 项　　目 | 构件长度 | 允许偏差 |
| --- | --- | --- |
| 槽口尺寸 | ≤2000 | ±2.0 |
| | >2000 | ±2.5 |
| 构件对边尺寸差 | ≤2000 | ≤2.0 |
| | >2000 | ≤3.0 |
| 构件对角线尺寸差 | ≤2000 | ≤3.0 |
| | >2000 | ≤3.5 |

（2）各相邻构件装配间隙及同一平面度的允许偏差应符合表5-2的规定：

**相邻构件装配间隙及同一平面度的允许偏差（mm）** 表 5-2

| 项目 | 允许偏差 | 项目 | 允许偏差 |
| --- | --- | --- | --- |
| 装配间隙 | ≤0.5 | 同一平面度 | ≤0.5 |

（3）根据图纸核实型材的品种、规格、断面及数量与图纸是否相符，并应分类放置各相关尺寸的型材，防止混淆；

（4）构件组框应在专用的工作台上进行，工作台表面应平整，并有防止铝型材表面损伤的保护装置；

（5）构件按图纸要求装配好配件，进行组装，构件的连接应牢固，且满足偏差要求；连接螺钉以上紧牢固为适，防止滑扣；

（6）各构件连接处的缝隙应进行密封处理；组角时，要求角内腔面应填注少量的硅胶；

（7）在大批量装配同一规格的幕墙构件时，可以在工作台上设置夹具或胎具，保证铝框的精确度和互换性；

（8）装配过程中注意保护铝框，防止损伤；装配后的铝框要合理堆放，防止变形，并做好标记，注明所用工程名称、零件图号、数量等。

3．玻璃与铝框的装配（明框）

1）在水平力（风和地震）作用下，玻璃幕墙会随主体结构产生侧移，铝框会由矩形变为菱形或平行四边形，如果玻璃与铝框之间没有空隙或空隙留得过小，则铝框会挤压玻璃而使玻璃破碎；此外，考虑到玻璃和铝型材的热胀冷缩现象，玻璃与铝框之间也要有一定的空隙；

2）单层玻璃及中空玻璃与铝框玻璃槽口的装配间隙应符合行业标准《玻璃幕墙工程技术规范》JGJ 102 的规定；

3）玻璃与铝框装配时，在每块玻璃的下边缘应设置两个或两个以上的垫块支承玻璃，玻璃不得直接与铝框接触；垫块应由橡胶制成，必须耐老化，能保持弹性；

4）玻璃与铝框之间的装配间隙必须用建筑密封材料予以密封，并要求注胶均匀、密实、无泡；注胶后应立即刮去多余的密封胶，并使密封胶胶缝表面平滑；

5）当玻璃与铝框之间的间隙太深时，应先用聚乙烯发泡条填塞后，再注密封胶。

4．玻璃的加工

1）钢化、半钢化和夹丝玻璃都不允许在现场切割，而应按设计尺寸在工厂进行，钢化、半钢化玻璃钢的热处理必须在玻璃切割、钻孔、挖槽等加工完毕后进行；

2）玻璃切割后，边缘不应有尽有明显的缺陷，其质量要求应符合表5-3的规定：

玻璃切割边缘的质量要求

表 5-3

| 缺　　陷 | 允许程度 | 说　　　　　明 |
|---|---|---|
| 明显缺陷 | 不允许 | 明显缺陷指：麻边、崩边 > 5mm、崩角 > 5mm |
| 崩　　块 | $b \leqslant 10mm$，$b \leqslant t$<br>$b_1 \leqslant 10mm$，$b_1 \leqslant t$<br>$d \leqslant 2mm$ | 崩块范围：长——$b$<br>　　　　　宽——$b_1$<br>　　　　　深——$d$<br>玻璃厚为 $t$ |
| 切　　斜 | 斜度 $\leqslant 14°$ | |
| 缺　　角 | $\leqslant 5mm$ | |

3）经切割后的玻璃，应进行边缘处理（倒棱、倒角、磨边），以防止应力集中而发生破裂；

4）中空玻璃、圆弧玻璃等特殊玻璃应由专业的厂家进行加工；

5）玻璃加工应在专用的工作台上进行，工作台表面应平整，并有防止玻璃保护装置；在加工过程中注意保护，防止玻璃损伤和割伤操作者；加工后的玻璃要合理堆放，并做好标记，注明所用工程名称、尺寸、数量等。

5．注胶（隐框）

1）一般要求

（1）应设置专门的注胶间，要求清洁无尘、无火种、通风，并备置必要的设备，使室内温度控制在 5～30℃，相对湿度控制在 45%～75% 之间；

（2）注胶操作者必须接受专门的业务培训，并经实际操作考核合格，方可持证上岗操作；

（3）严禁使用过期的结构硅酮密封胶；严禁使用未经做相容性试验、蝴蝶试验等相关检验，且全部检验参数合格的结构硅酮密封胶；

（4）对注胶处的铝型材表面氧化膜和玻璃镀膜的牢固程度，

必须进行一定的检验，如型材氧化镀膜粘接力测试等；

（5）严格按标准规范、设计图纸及工艺规程的要求，选购采用清洁剂、清洁用布、保护带等辅助材料。

2）注胶处基材的清洁

（1）清洁是保证隐框玻璃幕墙玻璃与铝型材粘结力的关键工序，也是隐框玻璃幕墙安全性、可靠性的主要技术措施之一；所有与注胶处有关的施工表面都必须清洗，保持清洁、无灰、无污、无油、干燥；

（2）注胶处基材的清洁，对于非油性污染物，通常采用异丙醇50％与水50％的混合溶剂；对于油性污染物，通常采用二甲苯溶剂；

（3）清洁用布应采用干净、柔软、不脱毛的白色或原色棉布；清洁时，必须将清洁剂倒在清洁布上，不得将布蘸入盛放清洁剂的容器中，以免造成整个溶剂污染；

（4）清洁时，采用"两次擦"工艺进行清洁，即用带溶剂的布顺一方向擦拭后，用另一块干净的干布在溶剂挥发前擦去未挥发的溶剂、松散物、尘埃、油渍和其他脏物，第二块布脏后应立即更换；

（5）清洁后，已清洁的部分绝不允许再与手或其他污染源接触，否则要重新清洁，特别是在搬运、移动和粘贴双面胶条时一定注意；同时，清洁后的基材要求必须在15～30分钟内进行注胶，否则要进行第二次清洁。

3）双面胶条的粘贴

（1）双面胶条的粘贴的施工环境应保持清洁、无灰、无污，粘贴前应按设计要求核对双面胶条的规格、厚度，双面胶条厚度一般比注胶胶缝厚度大1mm，这是因为玻璃放上后，双面胶条要被压缩10％；

（2）按设计图纸确认铝框的尺寸形状无误后，按图纸要求在铝框上正确位置粘贴双面胶条，粘贴时，铝框的位置最好用专用夹具固定；

（3）粘贴双面胶条时，应使胶条保持直线，用力下按使胶条紧贴铝框，但手不可触及铝型材的粘胶面；在放上玻璃之前，不要撕掉胶条的隔离纸，以防止胶条另一粘胶面被污染；

（4）按设计图纸确认铝框的尺寸形状与玻璃的尺寸无误后，将玻璃放到胶条上一次成功定位，不得来回移动玻璃，否则胶条上的不干胶粘在玻璃上，将难以保证注胶后结构硅酮密封胶的粘结牢固性，如果万一不干胶粘到已清洁的玻璃面上，应重新清洁；

（5）玻璃与铝框的定位误差应小于±1.0mm，放玻璃时，注意玻璃镀膜面的位置是否按设计要求正确放置；

（6）玻璃固定好后，及时将铝框—玻璃组件移至注胶间，并对其形状尺寸进行最后的校正；摆放时应保证玻璃面的平整，不得有玻璃弯曲现象。

4）混胶与检验

（1）常用结构硅酮密封胶有单组份和双组份两种类型；单组份在出厂时已配制完毕，灌装在塑料筒内，可直接使用，多用于小批量幕墙生产或工地临时补胶，但由于从出厂到使用中间环节多，有效期相对较短，局限性较大；一般最常用的是双组份，双组份由基剂和固化剂构成，分装在铁桶中，使用时再混合；

（2）双组份结构胶在玻璃幕墙制作工厂注胶间内进行混胶，固化剂和基剂的比例必须按有关规定，通常设定为12∶1，注意区分是体积比还是重量比；

（3）双组份硅酮密封胶应采用专用的双组份硅酮打胶机进行混胶，混胶时，应先按照打胶机的说明清洗打胶机，调整好注胶嘴，然后按规定的混合比装上双组份密封剂进行充分地混合；

（4）为控制好密封胶的混合情况，在每次混胶过程中应留出蝴蝶试样和胶杯拉断试样，及时检查密封胶的混合情况，并做好当班记录；

（5）蝴蝶试验是将混合好的胶挤在一张白纸上，胶堆约

20mm 直径，15mm 厚，将纸折叠，折叠线通过胶堆中心，然后挤压胶堆至 3mm ~ 4mm 厚，摊开白纸，可见胶堆形成 8 字形蝴蝶状；如果打开纸后发现胶块有白色斑点、白色条纹，则说明结构胶还没有充分混合，不能注胶，一直到颜色均匀、充分混合才能注胶；在混胶全过程中都要将蝴蝶试样编号记录；

（6）胶杯试验是用来检查双组份密封胶基剂与固化剂的混合比的；在一小杯中装入 3/4 深度混合后的胶，插入一根小棒或一根压舌板，每 5 分钟抽一次棒，记录每一次拔棒时间，一直到胶被扯断为止，此时间为扯断时间；正常的扯断时间为 20 ~ 45 分钟，混胶中应调整基剂和固化剂的比例，使扯断时间在上述范围内。

5）注胶

（1）注胶前应认真检查、核对密封胶是否过期，所用密封胶牌号是否与设计图纸要求相符，玻璃、铝框是否与设计图纸一致，铝料、玻璃、双面粘胶条等是否通过相容性试验，注胶施工环境是否符合规定；

（2）隐框玻璃幕墙的结构胶必须用机械注胶，注胶要按顺序进行，以排走注胶空隙内的空气；注胶枪枪嘴应插入适当深度，使密封胶连续、均匀、饱满地注入到注胶空隙内，不允许出现气泡；在接合处应调整压力保证该处有足够的密封胶；

（3）在注胶过程中要注意观察密封胶的颜色变化，以判断密封胶的混合比的变化，一但密封胶的混合比发生变化，应立即停机检修，并应将变化部位的胶体割去，补上合格的密封胶；

（4）注胶后要用刮刀压平、刮去多余的密封胶，并修整其外露表面，使表面平整光滑，缝内无气泡；压平和修整的工作必须在所允许的施工时间内进行，一般约 10 ~ 20 分钟内；

（5）对注胶和刮胶过程中可能导致玻璃或铝框污染的部位，应贴纸基粘胶带进行保护；刮胶完成后应立即将纸基粘胶带除去；

（6）对于需要补填密封胶的部位，应清洁干净并在允许的施工时间内及时补填，补填后仍要刮平、修整；

（7）进行注胶时应及时做好注胶记录，记录应包括如下内容：

①注胶日期

②结构胶的型号、大小桶的批号、桶号

③双面胶带规格

④清洗剂规格、产地、领用时间

⑤注胶班组负责人、注胶人、清洗人姓名

⑥工程名称、组件图号、规格、数量。

6）静置与养护

（1）注完胶的玻璃组件应及时移至静置场静置养护，静置养护场地要求：温度为 $23 \pm 5$℃、相对湿度为 $70\% \pm 5\%$、无油污、无大量灰尘，否则会影响结构密封胶的固化效果；

（2）双组份结构密封胶静置 $3 \sim 5$ 天后、单组份结构密封胶静置 7 天后才能运输，所以要准备足够面积的静置场地；

（3）玻璃组件的静置可采用架子或地面叠放，当大批量制作时以叠放为多，叠放时一般应符合下述要求：

玻璃面积 $\leqslant 2m^2$　　每垛堆放不得超过 12 块

玻璃面积 $\geqslant 2m^2$　　每垛堆放不得超过 6 块

如为中空玻璃则数量减半，特殊情况须另行处理；

（4）叠放时每块之间必须均匀放置四个等边立方体垫块，垫块可采用泡沫塑料或其他弹性材料，其尺寸偏差不得大于 1mm，以免使玻璃不平而压碎；

（5）未完全固化的玻璃组件不能搬运，以免粘结力下降；完全固化后，玻璃组件可装箱运至安装现场，但还需要在安装现场继续放置 10 天左右，使总的养护期达到 $14 \sim 21$ 天，达到结构密封胶的粘结强度后方可安装施工；

（6）注胶后的成品玻璃组件应抽样做切胶检验，以进行检验粘接牢固性的剥离试验和判断固化程度的切开试验；切胶检验应在养护 4 天后至耐候密封胶打胶前进行，抽样方法如下：

①100 樘以内抽 2 件

②超过 100 樘加抽 1 件

③每组胶抽查不少于 3 件

按以上抽样方法抽检，如剥离试验和切开试验有一件不合格，则加倍抽检，如仍有一件不合格，则此批产品视为不合格品，不得出厂安装使用；

（7）注胶后的成品玻璃组件可采用剥离试验检验结构密封胶的粘接牢固性；试验时先将玻璃和双面胶条从铝框上拆除，拆除时最好使玻璃和铝框上各粘接一段密封胶，检验时分别用刀在密封胶中间层切开 50mm，再用手拉住切口的胶条向后撕扯，如果沿胶体中撕开则为合格，反之，如果在玻璃或铝材表面剥离，而胶体未破坏则说明结构密封胶粘结力不足或玻璃、铝材镀膜层不合格，成品玻璃组件不合格；

切开试验可与剥离试验同时进行，切开密封胶的同时注意观察切口胶体表面，表面如果闪闪发光，非常平滑，说明尚未固化，反之，表面平整、颜色发暗，则说明已完全固化，可以搬运安装施工。

（二）成品和半成品的保护

1. 所有的成品和半成品都要轻拿、平拿、轻放、平放，不允许斜拉、斜堆，以免损坏铝型材、铝板表面的氧化膜，划分玻璃表面及划伤镀膜玻璃的镀膜层。

2. 钢化、半钢化、夹丝、夹网玻璃均不允许在现场进行加工处理（切割、钻孔、挖槽等）。

3. 注胶后的隐框玻璃幕墙在静置期内不许搬动，静置期完后运往工地的玻璃板块要用木箱装置（远途）或用毛毯等软材料垫隔（短途），并用绳索拉紧固定，下垫木方或木板。运往工地的组框板块应继续放置待结构胶完全达到其粘结强度后方可安装，放置时间一般为 10～17 天，具体参照使用该品牌结构胶的技术参数。

4. 无论是金属板块，玻璃板块和石材板块到工地后都应斜立放置，其倾斜角度不小于 82°并对称地放置在 A 字架的两侧，底部用木方或木块垫底，无论是堆放或拿用都应两侧同时进行。

5. 铝板的保护膜在安装完毕之前都不应该撕去，以免污染铝板表面。

6. 石材板块要注意防止油性的液体粘污表面。

7. 玻璃幕墙在交工前往往要进行清洗，所用的清洁剂必须是对构件无腐蚀作用的中性溶剂，清洗后一定要用清水冲洗干净。

### 三、加工工艺的编制

1. 工艺技术工作的重要性

产品的设计工作完成了设计图样，它规定了该产品的结构、尺寸、零件组成、装配关系、材料选择、表面处理及最终的技术要求等。但这些零件是如何加工出来的，用什么设备加工，加工过程分为几步，先加工什么，后加工什么，怎样装配等等，都是工艺技术工作要解决的问题。在解决这个问题的时候，要考虑在一定的生产环境条件和生产规模下，保证加工工艺过程耗费最少的情况下，可靠的实现设计图样的全部要求。这里要着重强调工艺过程的经济性和保证质量稳定。

在通常情况下，零件的加工都可以用几个不同而同样能满足产品要求的方法来完成。如何来评定哪种工艺方法更好，应当掌握两个原则，其一是要求这种工艺方法稳定可靠，即加工或装配的结果，尽可能不是决定于工人的技巧，而是决定于设备和用具的完善程度，偶然性和废品的出现愈少愈好；其二是从经济上衡量是可行的。

由以上的讨论分析可以看出工艺工作是产品由图样变为产品之间的一个重要环节，它是解决加工过程的技术问题、保证产品质量和降低制造成本的重要工作。

2. 工艺规程（工艺卡）的编制

1）工艺规程（工艺卡）编制的依据

①零件的制造图及产品标准、技术条件；

②毛坯（型材）的详细资料；

③设备的资料，机床说明书；

④成品的有关资料说明书；

⑤订货合同；

⑥工艺可行性。

2）工艺规程（工艺卡）的编写内容：

①注明产品图号、名称、产品型号、数量；

②产品所用材料的名称、牌号、规格、状态、毛料尺寸；

③工序简图；

④工序技术要求；

⑤操作要点；

⑥工装定位基准；

⑦产品加工工序的先后顺序及每个工序的加工内容和方法；

⑧选择每个工序所用的机床、工装、工具、量具编号；

⑨检验项目，检测方法、测量工具。

工艺规程（工艺卡）可以针对产品生产过程的不同及工作类别编制各自的工艺规程（工艺卡）。如装配工艺规程（工艺卡）、机械加工工艺规程（工艺卡）、冲压工艺规程（工艺卡）、注胶工艺规程（工艺卡）等。

工艺规程（工艺卡）的繁简程度根据生产类型不同而不同，如单件生产时可编制的简单些，只需要制定加工工序的先后顺序，即所谓"工艺路线"，而成批生产时则要求编制的更为详尽，将工序内容具体编订出来，重要关键工序应有工序草图。

工序规程应一个图号编一份工艺文件，同一种装配编一份装配工艺规程（工艺卡），每类零件编一份加工工艺规程（工艺卡）。

工艺规程（工艺卡）文件的格式各个企业都不相同，可以按照自己企业的特点和惯用格式予以规定。

下面举出几个例子，供编制工艺规程（工艺卡）时参考。见附表1、附表2、附表3。

| 车间 | 工艺规程 | 技术文件 | | 排工号 | | |
|---|---|---|---|---|---|---|
| | | | | 共 1 页　第 1 页 | | |

| 产品型号 | 产品图号 | 页次 | 组合件号 | 零件号 | 名称 | 材料牌号 | 热处理 | 表面处理 |
|---|---|---|---|---|---|---|---|---|
| 70-c 推拉窗 | M121b-0004 | | | | 立柱 | G7365 | | |

| 工区号 | 工种 | 工序内容 | 设备、工艺装备 | 草图 | 数量 | 定额工时 准备 | 定额工时 单件 | 工人 | 检验 |
|---|---|---|---|---|---|---|---|---|---|
| 1 | 下料 | 1. 对型材型号、表面进行外观检查 | | | | | | | |
| | | 2. 按零件配套表中零件尺寸下料，去除杂屑，即表面脏物 | 双头或单头切割锯 | | | | | | |
| | | 3. 检验 | | | | | | | |
| 2 | 冲切 | 见冲切工艺规程 | 冲床 | | | | | | |
| | | | 组合式冲模 | | | | | | |
| | | | 4A-500/M-01 93 | | | | | | |
| 3 | 检 | 按图纸检验全部尺寸 | 卷尺、卡尺 | | | | | | |

| 工艺说明 | a.全部工序均需检验 | 更改标记 | 更改依据 | | | |
|---|---|---|---|---|---|---|
| | | 定额员 | 工艺员 | 校对 | 工艺室主任 | 技术主任 |

226

| 车间 | 工艺规程 | 技术文件 | | | | 排工号 | | | | |
|---|---|---|---|---|---|---|---|---|---|---|
| | | | | | | 共 1 页　第 1 页 | | | | |

| 产品型号 | 产品图号 | 页次 | 组合件号 | 零件号 | 名称 | 材料牌号 | 热处理 | 表面处理 |
|---|---|---|---|---|---|---|---|---|
| 70-c 推拉窗 | | | | | 左(右)边挺 | G7365 | | |

| 工区号 | 工种 | 工序内容 | 设备、工艺装备 | 草图 | 数量 | 定额工时 准备 | 定额工时 单件 | 工人 | 检验 |
|---|---|---|---|---|---|---|---|---|---|
| 1 | 冲切 | 上端冲切：完成工位②④⑤⑦ | | | | | | | |
| | | ②工位 | | | | | | | |
| | | 1. 按工位示意图将型材插入下模，并使之靠紧 | 冲床 | | | | | | |
| | | 上模定位挡板 | 组合式冲模 | | | | | | |
| | | 2. 冲切，冲切长度 46 | 4A-500/M-0193 | | | | | | |
| | | ④工位 | | | | | | | |
| | | 1. 按工位示意图将型材插入上模，并注意放正靠紧 | 同上 | | | | | | |
| | | 2. 冲切，冲切长度 46 及倒角 2.5×45° | | | | | | | |
| | | ⑤工位 | | | | | | | |
| | | 1. 按工位示意图将型材插入⑤工位，并以断面靠紧 | 同上 | | | | | | |
| | | 2. 连续冲切，推进数次，冲出长度尺寸 46 | | | | | | | |

| 工艺说明 | a.全部工序均需检验 | | | | | | |
|---|---|---|---|---|---|---|---|
| | | 更改标记 | 更改依据 | | | | |
| | | 定额员 | | 工艺员 | 校对 | 工艺室主任 | 技术主任 |

| 工区号 | 工种 | 工序内容 | 设备、工艺装备 | 草图 | 数量 | 定额工时 准备 | 定额工时 单件 | 工人 | 检验 |
|---|---|---|---|---|---|---|---|---|---|
| | | ⑦工位 | | | | | | | |
| | | 1. 按工位示意图将型材插入⑦工位,并以其端面定位 | 冲床 | | | | | | |
| | | | 组合式冲模 | | | | | | |
| | | 2. 一次冲出,槽口及孔 $\phi 4.5$ | 4A-500/M-0193 | | | | | | |
| | | | | | | | | | |
| 2 | 冲切 | 下段冲切,完成工位①③⑥⑧⑩ | | | | | | | |
| | | ①工位 | | | | | | | |
| | | 1. 按工位示意图将型材插入下模,并使之靠紧 | 同上 | | | | | | |
| | | 上模定位挡板 | | | | | | | |
| | | 2. 冲切一次,冲切长度46 | | | | | | | |
| | | 3. 待废料落下后,推进型材直到靠紧为止 | | | | | | | |
| | | 4. 冲切长度共67.5 | | | | | | | |
| | | ③工位 | | | | | | | |
| | | 1. 按工位示意图将型材插入上模,并注意放正靠紧 | 同上 | | | | | | |
| | | 2. 冲切,冲切长度65及倒角 $2.5 \times 45°$ | | | | | | | |
| | | ⑥工位(省略) | | | | | | | |
| | | ⑧工位(省略) | | | | | | | |
| | | ⑩工位 | | | | | | | |
| | | 1. 按工位示意图将型材插入⑩工位,并注意放正靠紧 | 同上 | | | | | | |
| | | 2. 冲切,冲切长度9 | | | | | | | |

| 车间 | 工艺规程 | 技术文件 | | 排工号 | | | | |
|---|---|---|---|---|---|---|---|---|
| | | | | 共 1 页　第 1 页 | | | | |

| 产品型号 | 产品图号 | 页次 | 组合件号 | 零件号 | 名称 | 材料牌号 | 热处理 | 表面处理 |
|---|---|---|---|---|---|---|---|---|
| | M2676-0000 | | | −0001 | 竖扣条 | SUS304 8K | θ 0.8 | |

| 工区号 | 工种 | 工序内容 | 草图 | 数量 | 定额工时 | | 工人 | 检验 |
|---|---|---|---|---|---|---|---|---|
| | | | | | 准备 | 单件 | | |
| 1 | 下料 | 按尺寸 1150 ± 0.5×47 下料 | | 4件 | | | | |
| 2 | 钳 | 划缺口线，按线剪缺口并锉修。见右图 | | | | | | |
| 3 | 折弯 | 按图弯至要求 | 5 | | | | | |
| 4 | 钳 | 划线钻孔 3 − φ4.5，去除毛刺 | | | | | | |
| 5 | 检 | 按图检验，入库 | 50 | | | | | |

| 工艺说明 | a. 全部工序均需检验 | 更改标记 | 更改依据 | | | | | |
|---|---|---|---|---|---|---|---|---|
| | | 定额员 | | 工艺员 | 校对 | 工艺室主任 | 技术主任 | |

| 图号<br>M1252-0000/ | 名称 固定铝合金窗 | 用户 | 颜色 | 共 1 页 | 第 1 页 |
|---|---|---|---|---|---|
| 零部件图号 | 名称 | 数量 | 流程图线、部装状态 | | 安装 |

| 零部件图号 | 名称 | 数量 | 流程图线、部装状态 | 安装 |
|---|---|---|---|---|
| －5 | 竖扣条 | 2 | 下料 | |
| 004$\frac{1}{2}$ | 横扣条 | 2右1左1 | 下料 划线 铣切 | |
| | | | | |
| －3 | 中挺 | 1 | 下料 | |
| | 中挺 | 1 | 下料 划线 铣切 制孔 | |
| 0001$\frac{1}{2}$ | 边框 | 2右1左1 | 下料 划线 制孔 | |
| －0002 | 下框 | 1 | 组装 | |
| | | | | |
| －0003 | 上框 | 1 | | |
| | | | | |
| 4AML4048 | 胶垫 | 2 | | |
| 5010 | 胶垫 | 2 | | |
| 5008 | 座板 | 4 | | |
| 5009 | 垫片 | 1 | | |
| 4AML4016 | 自攻螺钉 | 12 | | |
| | | | | |
| 4AML4046 | 胶条 | 1 | | |
| 4038 | 玻璃垫 | 4 | | |
| 4053/ | 连接件 | | | |
| 4025 | 连接片 | | | |
| 4043 | 连接片 | | | |
| 4064/ | 连接件 | | | |
| 4AML4024 | 连接片 | | | |
| YD3758 | 射钉 | | | |
| | | | | |
| | 玻璃 | 见图 | | |
| | | | | |
| | | | | |
| | | | | |

| 编制 | 校对 | 备注 |
|---|---|---|
| | | |

3）工艺装备选择原则

工艺装备是生产制造过程中除机床和通用工具外，为某型产品专门设计和制造的模具、夹具和专用工具等生产设备的总称。用以保证产品质量、提高生产效率、降低产品成本和减轻工人劳动强度。

①在单件生产时，例如新产品试制阶段，工艺装备原则上不选。除非不采用工装此种零件就加工不出合格的产品时才选用。由于产品尚未定型，某些设计还要修改，此时若选用较多的工装，一旦图纸修改，工艺装备会造成报废。

②成批生产时，为了提高生产效率，降低生产成本，要选择适量的工艺装备。例如以冲切代替划线铣切，要选择一定数量的冲压工具；为了提高钻孔精度达到互换，可选择一定数量的钻模。

3. 工艺流程图的编制

工艺流程图是一个综合性的工艺文件，在图中主要说明某项构件有几个装配件组成，每个装配件含有多少零件，其中哪些是外购件，哪些是专门制造的零件，这些零件的制造工艺路线，以及它们之间的装配关系。表明了零件的周转路线。

工艺流程图是工厂生产管理的基本依据。依据这个工艺流程图可以统计出零件的种类、数量；材料的种类、规格、用量；标准件、外购成品、玻璃的数量规格。根据这些数据可以编制生产计划，提前采购物资，做好物资供应工作，使生产有条不紊。附表4是工艺流程图的一个实例，供参考。

4. 工艺规程（工艺卡）典型化

幕墙产品有一个重要的特点，即零配件的典型化程度高，因而其零配件加工方法是相同的，仅仅在于尺寸不同。这样就提供了一个可能性：即把同类零件编制典型工艺规程（工艺卡），以适应生产的需要。事实上这种典型工艺规程（工艺卡）已在生产中广泛采用。

推行使用典型工艺规程（工艺卡）可以提高效率，缩短生产准备周期，对生产管理是很有利的。

## 第二节 幕墙的现场施工

### 一、玻璃幕墙的安装施工

（一）一般规定

1）安装幕墙的钢结构、钢筋混凝土结构及砖混结构的主体工程，应符合有关建筑结构施工及验收规范的要求；特别是主体结构的垂直度和外表面平整度及结构的尺寸偏差，必须达到要求，否则，应采取适当措施后方可进行幕墙的安装施工。

2）幕墙构件及零附件的材料品种、规格、色泽和性能，应符合设计和质量要求。玻璃幕墙安装时应对进场的构件、附件、玻璃、密封材料和胶垫等，按质量要求进行检查和验收，不合格和过期的材料不能使用。

3）合理安排幕墙的安装施工顺序，制定具体的施工组织设计和进度计划，并采取可靠的安全保护措施。对幕墙施工环境和分项工程施工顺序应进行认真研究，对幕墙安装会造成严重干扰或污染的分项工程应安排在幕墙安装前施工，否则，应采取可靠的保护措施，才能进行幕墙安装施工。

4）玻璃幕墙的安装施工应单独编制施工组织设计方案。玻璃幕墙的安装施工质量，将直接影响玻璃幕墙安装后，能否满足玻璃幕墙的建筑物理及其他性能要求的关键之一，同时玻璃幕墙安装施工是以多工种的联合施工，与其他分项工程施工难免会有交叉和衔接的工序，因此，为了保证玻璃幕墙安装施工质量，要求安装施工承包单位单独编制玻璃幕墙施工组织设计方案。

（二）安装施工准备

1）对现场管理和安装人员进行全面的技术和质量交底以及安全规范教育，备齐防火和安全器材与设施。

2）构件进场搬运、吊装时需加强保护不得碰撞和损坏；构件应放在通风、干燥、不与酸碱类物质接触的地方，并要严防雨水渗入。

3）构件应按品种、规格、种类和编号堆放在专用架子或垫木上；

玻璃构件应稍稍倾斜直立摆放,在室外堆放时,应采取防护措施。

4）构件安装前均应进行检验与校正；构件应符合设计图纸及相关质量标准的要求，不得有变形、损伤和污染，不合格构件不得上墙安装。玻璃幕墙构件在运输、堆放、吊装过程中有可能会人为地使构件产生变形、损坏等，在安装之前一定要提前对构件进行检验，发现不合格的应及时更换，同时，幕墙安装施工承包商应根据具体情况和以往施工经验，对易损坏和丢失的构件、配件、玻璃、密封材料、胶垫等，应有一定的更换贮备数量；一般构件、配件等在 1%～5%，玻璃在安装过程中的自爆损坏率为总块数的 3%～5%。

5）构件在现场的辅助加工如：钻孔、攻丝、构件偏差的现场修改等，其加工位置、精度、尺寸应符合设计要求。

6）玻璃幕墙与主体结构连接的预埋件，应在主体结构施工时按设计要求埋设。在放置预埋件之前，应按幕墙安装基线校核预埋件的准确位置；预埋件应牢固固定在预定位置上，并将锚固钢筋与主体构件主钢筋用铁丝绑扎牢固或点焊固定，防止预埋件在浇筑混凝土时位置变动；施工时预埋件锚固钢筋周围的混凝土必须密实振捣；混凝土拆模后，应及时将预埋件钢板表面上的砂浆清除干净。

（三）测量放线

1）根据幕墙分格大样图和土建单位给出的标高点、进出位线及轴线位置，采用重锤、钢丝线、测量器具及水平仪等工具在主体上定出幕墙平面、立柱、分格及转角等基准线；并用经纬仪进行调校、复测。

2）幕墙的分格放线应与主体结构测量相配合，水平标高要逐层从地面往上引，以免误差累积，误差大于规定的允许偏差时，包括垂直偏差值，应经得监理、设计人员的同意后，适当调整幕墙的轴线，使其符合幕墙的构造需要。

3）对高层建筑的测量应在风力不大于四级情况下进行，测量应在每天定时进行。

4）质量检验人员应及时对测量放线情况进行检查，并将查验情况填入记录表。

5）在测量放线的同时，应对预埋件的偏差进行检验，其上、下、左、右偏差值不应超过±45mm，超差的预埋件必须进行适当的处理后方可进行安装施工，并把处理意见报监理、业主和公司相关部门。

6）质量检验人员应对预埋件的偏差情况进行抽样检验，抽检量应为幕墙预埋件总数量的5%以上且不少于5件，所检测点不合格数不超过10%，可判为合格。

（四）预埋件的偏差处理

1）预埋件尺寸偏差处理

（1）预埋件偏差超过45mm时，应及时把信息反馈回有关部门及设计负责人，并书面通知业主、监理及有关方面。

（2）预埋件偏差在45～150mm时，允许加接与预埋件等厚度、同材料的钢板，一端与预埋件焊接，焊缝高度≥7mm，焊缝为连续角边焊，焊接质量符合现行国家标准《钢结构工程施工质量验收规范》；另一端采用2支M12×110的胀锚螺栓或其他可靠的方式固定，胀锚螺栓施工后需作抽样力学测试，测试结果应符合设计要求。

（3）预埋件偏差超过300mm或由于其他原因无法现场处理时，应经设计部门、业主、监理等有关方面共同协商提出可行性处理方案并签审后，施工部门按方案施工。

（4）预埋件表面沿垂直方向倾斜误差较大时，应采用厚度合适的钢板垫平后焊牢，严禁用钢筋头等不规则金属件作垫焊或搭接焊。

（5）预埋件表面沿水平方向倾斜误差较大，影响正常安装时，可采用上述（2）的方法修正，钢板的尺寸及胀锚螺栓的数量、位置可根据现场实际情况由设计确定。

2）预埋件防腐措施必须按国家标准要求执行，必须经手工打磨，外露金属光泽后，方可涂防锈漆；如有特殊要求，须按要求处理。

3）因楼层向内偏移引起支座长度不够，无法正常安装时，可采用加长支座的办法解决，也可以采用在预埋件上焊接钢板或槽钢加垫的方法解决。

采用加长支座时：

①当加长幅度＜100mm时，可采用角钢制作支座，令其端部与预埋件表面焊接，焊缝高度≥7mm，焊缝为连续周边焊，焊接质量符合现行国家标准《钢结构工程施工质量验收规范》；

②当加长幅度≥100mm时，在采用的角钢做支座的同时，应在支座下部加焊三角支撑；支撑的材料可采用≥50mm×50mm×5mm的角钢，一端与支座焊接，焊缝长度≥80mm，焊缝高度≥5mm；另一端与主体结构采用胀锚螺栓连接，加强支撑的位置以牢固和不妨碍正常安装为原则。

（五）立柱的安装

1. 立柱一般为竖向构件，立柱安装的准确性和质量，将影响整个玻璃幕墙的安装质量，是幕墙安装施工的关键之一。立柱一般根据施工及运输条件，可以是一层楼高为一整根，长度可达到7.5m，接头应有一定空隙，采用套筒连接，这样可适应和消除建筑挠度变形和温度变形的影响；连接件与预埋件的连接，可采用间隔的铰接和刚接构造，铰接仅抗水平力，而刚接除抗水平力外，还应承担垂直力并传给主体结构。

2. 立柱安装前，预埋件的复查和处理已经完毕，合格放线已经完成，并吊有垂直钢丝，至少每间隔一个分格吊有一根垂直钢丝。

3. 立柱的安装次序：如果是满堂脚手架，立柱是从下往上安装，如果是滑架，立柱是从上往下安装。所以要先检查主梁的到货情况是否与安装次序相吻合。

4. 安装前要熟悉图纸，熟悉立柱的分布情况，尤其是注意长度相似但位置不同的立柱，一般工厂出来的立柱都有编号，其编号与图纸中注明的立柱代号是相同的，要对号入座。施工人员必须进行有关高空作业的培训并取得上岗证方可进入施工现场施工；施工时严格执行国家有关劳动、卫生法规和现行行业标准《建筑施工高处作业安全技术规范》JGJ 80 的有关规定，特别要注意在风力超过 6 级时，不允许进行高空作业。

5. 应将立柱先与连接件连接,然后连接件再与主体预埋件连接,并进行调整和固定;立柱安装标高偏差不应大于 3mm,轴线前后偏差不应大于 2mm,左右偏差不应大于 3mm;同时注意误差不得积累,且开启窗处为正公差;立柱与连接件(支座)接触面之间一定要加防腐隔离垫片。立柱的一端固定立柱连接芯套。

6. 然后逐层安装立柱, 安装时, 脚手架的上下垂直位置应该同时站人, 并作好分工。有人扶立柱, 有人对上、下钢支座位置, 有人拿电焊把。定位时, 以分格垂直钢丝定左右位置;以预埋件的十字线定钢支座的上下、左右位置;(其实钢支座的左右位置确定也等于立柱的左右位置确定, 钢支座的上下位置确定, 也等于立柱的上下位置确定, 可以相互复核),测量钢丝到立柱的表面距离以确定立柱的前后进出位置。此时, 钢支座与预埋件有一个 (也应该是唯一的) 接触的位置, 并将它们用电焊点焊固定。点焊的焊缝长度要把握好, 焊缝太短, 连接强度不够, 很不安全;焊缝太长, 万一需要返工时很难取下钢支座。所以, 焊缝长度为 6~8mm 即可。一个支座至少焊两处, 这时立柱的安装称之为预装。

7. 立柱按偏差要求初步定位后, 应进行自检;对不合格的应进行调校修正;自检合格后, 再报质检人员进行抽检, 抽检量应为立柱总数量的 5% 以上且不少于 5 件。抽检合格后才能将连接件 (支座) 正式焊接牢固, 焊缝位置及要求按设计图纸, 焊缝高度≥7mm, 焊接质量应符合现行国家标准《钢结构工程施工质量验收规范》。

8. 待一个立面、几层或者一个区域 (具体让现场情况定) 的立柱预装完毕后要认真进行尺寸复核, 要检查上下、左右、前后三方面的尺寸。左右、前后的检查用钢直尺和钢卷尺便可, 而上下位置的检查应从两端或转角处着手, 先根据每层楼的土建标高, 结合图纸的尺寸确定转角或两端主横梁固定螺孔的高度, 准确无误后过这两点拉一条钢丝或用水准仪检查其余各根立柱中横梁固定螺孔的高度。以上检查当发现偏差时，可以松开连接立柱与钢支座的紧固螺栓，利用钢支座的长形孔进行少量的调节。长形孔只能调节少量的偏差，如果出现大量偏差时只有把点焊焊缝打开重新安装。

9．立柱尺寸复核完毕无误后便可以对钢支座进行最终焊接，工人称为满焊。此时焊接要注意两点。第一：注意防火，焊件下方应设置接火斗和安排看火人，操作者操作时必须戴好防护眼镜和面罩；电焊机接地零线及电焊工作回线必须符合有关安全规定。第二：防止烧伤立柱，做好隔离措施，可以用薄铁皮隔开。焊工为特殊工种，需经专业安全技术学习和训练，考试合格，获得"特殊工种操作证"后方可独立工作。焊接场地必须采取防火防爆安全措施后，方可进行操作。

10．焊接完毕后再作一次复核，因为焊接总是有变形的，只要其变形不超过允许的范围即可。相邻立柱安装标高偏差不应大于 3mm，同层立柱的最大标高偏差不应大于 5mm；相邻立柱的距离偏差不应大于 2mm；立柱安装的允许偏差及检查方法还应符合以下表 5-4 的规定：

立柱安装的允许偏差（mm）　　　　　表 5-4

| 项　　目 | 尺寸范围 | 允许偏差 | 检查方法 |
|---|---|---|---|
| 立柱垂直度 | 高度≤30m 时 | 10 | 用经纬仪或激光仪 |
| | 高度≤60m 时 | 15 | |
| | 高度≤90m 时 | 20 | |
| | 高度＞90m 时 | 25 | |
| 立柱直线度 | | 3 | 3m 靠尺、塞尺 |
| 立柱外表面平面度 | 相邻三立柱 | ＜2 | 用激光仪 |
| | 高度≤30m 时 | ≤5 | |
| | 高度≤60m 时 | ≤7 | |
| | 高度≤90m 时 | ≤9 | |
| | 高度＞90m 时 | ＜10 | |

11. 立柱安装牢固后，必须取掉上下两立柱之间用于定位伸缩缝的标准块，并在伸缩缝处打密封胶。

（六）避雷

1）在安装立柱的同时应按设计要求进行防雷体系的可靠连接；均压环应与主体结构避雷系统相连接，预埋件与均压环通过截面积不小于 $48mm^2$ 的圆钢或扁钢连接；

2）圆钢或扁钢与预埋件、均压环进行搭接焊接，焊缝长度不小于75mm；位于均压层的每个立柱与支座之间应用宽度不小于24mm，厚度不小于2mm的铝带条连接，保证其导通电阻小于 $10\Omega$；

3）在各均压层上连接导通部位需进行必要的电阻检测，接地电阻值应小于 $10\Omega$，对幕墙的防雷体系与主体的防雷体系之间的连接情况也要进行电阻检测，接地电阻值小于 $10\Omega$，检测合格后还需要质检人员进行抽检，抽检数量为10处，其中一处必须是对幕墙的防雷体系与主体的防雷体系之间连接的电阻检测值；如有特殊要求，须按要求处理；

4）所有避雷材料均应热镀锌；避雷体系安装完后应及时提交验收，并将检验结果及时作以记录、备案。

（七）横梁安装

1）横梁一般为水平构件，是分段在立柱中嵌入连接，横梁两端与立柱连接处应加弹性橡胶垫，弹性橡胶垫应有 20％ ~35％的压缩性，以适应和消除横向温度变形的要求；值得说明的是，一些隐框玻璃幕墙的横梁不是分段与立柱连接的，而是作为铝框的一部分与玻璃组成一个整体组件后，再与立柱连接的；因此，这里所述的横梁安装是指明框玻璃幕墙中横梁的安装；

2）横梁安装必须在土建泥水作业完及立柱安装后进行，大楼从上至下安装，同层从下至上安装；当安装完一层高度时，应进行检查、调整、校正、固定，使其符合质量要求；

3）应按设计要求牢固安装横梁，横梁与立柱接缝处应打与立柱、横梁颜色相近的密封胶；安装前先将铝角码插进横梁相对应的卡槽内，用横梁固定螺栓将铝角码固定在立柱，横梁也随之固定在立柱上了。此时你会发现，如果立柱安装得十分准确，现在安装横梁就十分轻松，横梁固定螺栓拧紧横梁的安装也就结束了。为预防万一，可依据前面安装立柱所说的高度水平线对横梁的上表面进行复核。复核无误后将横梁盖板扣上。横梁两端与主梁接触的位置或多或少总会有一点点缝隙，它们之间的配合不可能那么完美无缺，为美观起见，可用灰胶轻轻地走一遍，把缝隙盖住，清洁表面，横梁的安装便完成了，可以进入板块的安装阶段。

（1）梁安装的允许偏差及检查方法应以下表 5-5 的规定为准：

横梁安装的允许偏差（mm）　　　　　　　表 5-5

| 项　　　目 | 尺寸范围 | 允许偏差 | 检查方法 |
|---|---|---|---|
| 相邻两横梁间距尺寸 | 间距≤2m时 | ±1.5 | 用钢卷尺 |
| | 间距>2m时 | ±2.0 | |
| 分格对角线差 | 对角线长≤2m时 | 3 | 用钢卷尺或伸缩尺 |
| | 对角线长>2m时 | 3.5 | |
| 相邻两横梁的水平标高差 | | 1 | 用钢卷尺或水平仪 |
| 横梁的水平度 | 横梁长≤2m时 | 2 | 用水平仪 |
| | 横梁长>2m时 | 3 | |
| 同高度内主要横梁的高度差 | 幅宽≤35m时 | ≤5 | 用水平仪 |
| | 幅宽>35m时 | ≤7 | |

（2）梁安装定位后，应进行自检；对不合格的应及时进行调校修正，自检合格后，再报质检人员进行抽检，抽检量应为横梁总数量的 5% 以上且不少于 5 件，所检测点不合格数不超过 10%，可判为合格；抽检合格后才能进行下道工序；

（3）装横梁时，应注意如设计中有排水系统，冷凝水排出管及附件应与横梁预留孔连接严密，与内衬板出水孔连接处应设橡胶密封条；其他通气留槽孔及雨水排出口等应按设计施工，不得遗漏。

（八）隐蔽验收

幕墙安装工程与其他安装工程一样，工程完工以后，有部分结构是可见的，而有部分结构是不可见的。可见部分结构的工程验收一般不受太多的约束，而不可见部分结构的工程验收，就受到工程施工进展的约束。这部分的施工内容如果不及时验收记录，一旦后续工程施工覆盖以后便无法进行。所以，这部工程内容的验收工作必须在后序工程施工之前完成，人们称之为隐蔽验收记录。

就玻璃幕墙安装施工而言，其隐蔽工程验收记录的内容大概有如下内容：

| 项号 | 检 验 项 目 | 检验结果 |
|---|---|---|
| 1 | 预埋件及零附件形状尺寸符合设计和有关规定 | |
| 2 | 预埋件安装符合设计和有关规定 | |
| 3 | 预埋件偏差的处理符合有关规定 | |
| 4 | 立柱与主体符合设计和有关规定 | |
| 5 | 立柱伸缩缝符合设计要求 | |
| 6 | 幕墙四周间隙处理 | |
| 7 | 幕墙转角处处理 | |
| 8 | 各类节点的连接材料符合设计和有关规定 | |
| 9 | 钢件及钢螺栓防腐处理符合设计和有关规定 | |
| 10 | 连接件的焊接符合设计和有关规定 | |
| 11 | 焊缝防腐处理必须符合设计要求 | |
| 12 | 防腐垫片和镀锌垫片有无遗漏 | |
| 13 | 防火处理 | |
| 14 | 防雷接地节点的安装符合设计和有关规定 | |
| 15 | 均压层上导通部位接地电阻（＜10Ω） | |

（九）幕墙组件安装

1. 明框玻璃幕墙

（1）玻璃安装前应将表面尘土和污染物擦拭干净；热反射玻璃安装应将镀膜面朝向室内，非镀膜面朝向室外；

（2）幕墙玻璃镶嵌时，对于插入槽口的配合尺寸按《建筑幕墙》JG 3035 中的有关规定进行校核；

（3）玻璃与构件不得直接接触，玻璃四周与构件槽口底保持一定空隙，每块玻璃下部必须按设计要求加装一定数量的定位垫块，定位垫块的宽度与槽口宽度应相同，长度不小于100mm；并用胶条或密封胶将玻璃与槽口两侧之间进行密封；

（4）玻璃定位后及时在四周镶嵌密封橡胶条或打密封胶，并保持平整，密封橡胶条和密封胶应按规定型号选用；

（5）玻璃安装后应先自检，合格后报质检人员进行抽检，抽检量应为总数的5%以上且不少于5件，所检测点不合格数不超过10%，可判为合格。

2．隐框玻璃幕墙

玻璃框在安装前应对玻璃及四周的铝框进行必要的清洁，保证嵌缝耐候胶能可靠粘结；安装前玻璃的镀膜面应粘贴保护膜加以保护，竣工验收时要全部揭去。

（1）玻璃的品种、规格与色彩应与设计要求相符，整幅幕墙玻璃的色泽应均匀，玻璃的镀膜面应朝室内方向；若发现玻璃的色泽有较大出入或镀膜脱落等现象应及时向有关部门反映，得到处理后方可安装；

（2）玻璃框在安装时应注意保护，避免碰撞、损伤或跌落；当玻璃框面积过大或重量较重时，可采用机械安装；

（3）隐框玻璃幕墙组装允许偏差及检查方法应符合《建筑幕墙》JG 3035 中的有关规定；

（4）用于固定玻璃框的勾块、压块或其他连接件应严格按设计要求或有关规范执行，严禁少装或不装紧固螺钉；

（5）分格玻璃拼缝应竖直横平，缝宽均匀，并符合设计及偏差要求；每块玻璃框初步定位后，应与相邻玻璃框进行协调，保证拼缝符合要求；对不符合要求的应进行调校修正，自检合格后报质检人员进行抽检，每幅幕墙抽检5%的分格，且不得少于5个分格；允许偏差项目中有80%抽检实测值合格，其余抽检实测值不影响安全和使用，则可判定为合格；抽检合格后方可进行固定和打耐候胶。

（十）玻璃板块的安装（明框）

1. 安装玻璃板块前先要求立柱，横梁已经安装完毕。

2. 玻璃板块的安装，无论是满堂脚手架还是滑架都是从上向下安装，所以首先要根据玻璃板块编号图检查板块的到货情况，并且按照安装的次序把板块预先运到各层面放置。

3. 安装前要先对脚手架进行检查，第一要检查脚手架上应该满铺竹踏板或木踏板，踏板上不能露出钢钉、钢筋、螺栓之类的物品，因为板块在安装过程中要在踏板上停留换手，如果以上物品不清除，一旦玻璃与其碰撞就会损坏玻璃；第二要检查脚手架与立柱之间的距离，距离太大安装时不好用力，太小玻璃板块容易碰坏。一般的距离为玻璃板块安装好以后其表面到脚手架的距离为 300mm 左右较为适宜。

4. 安装时上下层同时站人，用吸盘把板块挂在横梁上，位置复核无误后安装左右两侧的压块。

5. 每安装好一层，都要进行打胶、试漏、清洁、验收，完成后架子工将此层脚手架去掉再进入下一层，重复上述的工作。

（十一）固定压块的安装

固定压块是将幕墙玻璃板块、铝板板块固定在立柱和横梁上。如图 5-1 所示，玻璃通过结构胶与框料结为一体。从图中可知，此时玻璃板块的上下边是通过框料挂在横梁上，依靠本身的自重使板块卡在横梁的楔槽里，如果给它一个向上的力，板块就有脱落的可能。为了使板块能牢牢地固定在主、横梁上，人们在玻璃板块的两侧安装了压块。如图 5-2，拧紧螺栓，压块压紧玻璃板块的框料，再结合上下横梁的挂钩连接，此时玻璃板块便紧紧地固定在横梁上了。

铝板板块的压块有所不同，如图 5-3，压块（又称角码）在工厂里就已经将其与铝板铆固在一起，现场安装时，自攻钉将压块与板块和立柱、横梁连接，从而把板块固定在结构上。

在玻璃板块与铝板板块相接触的地方往往使用单边压块，如

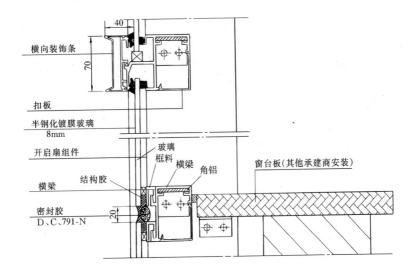

横向装饰条

扣板

半钢化镀膜玻璃
8mm

开启扇组件

横梁

密封胶
D、C、791-N

玻璃
框料
横梁
角铝
结构胶

窗台板(其他承建商安装)

图 5-1

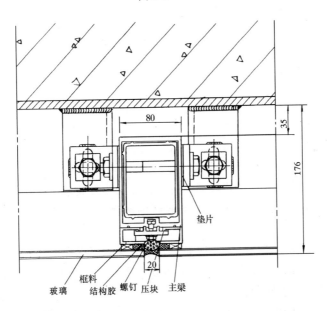

玻璃　框料　结构胶　螺钉　压块　主梁

垫片

图 5-2

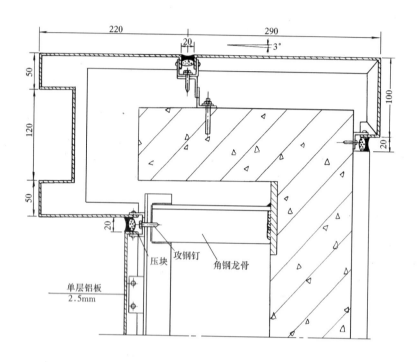

图 5-3

图5-4。此时玻璃板块由单边压块负责压紧，铝板板块即由铝板压块压紧，各负其责。

压块除了固定幕墙板块以外，它有时还起到连接装饰件的作用，如图5-5。此时的压块是一长条，严格来说应该称之为压条，它一方面压紧胶条和玻璃，另一方面又为外装饰件提供生根的地方。外装饰件就是通过压条两侧的沟槽使自己固定在主体结构上。

压块在安装时要掌握如下几个方面的要求和方法。

1. 压块在安装时一定要摆放在主梁中间的位置，不能左右偏移，不能倾斜，如图5-2。

2. 压块的安装间隔距离和安装的数量要符合图纸要求。因为压块的安装密度是设计人员经过计算得出的，它综合考虑了

244

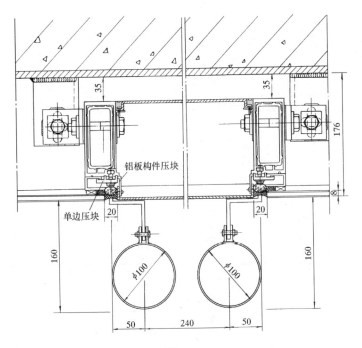

图 5-4

各种因素。安装时如果图省事任意减少压块的数量就会留下安全隐患。

3. 压块的固定方式有穿螺栓的，如图 5-2；有用自攻钉的，如图 5-5；有用攻钢钉的，如图 5-3。

用穿螺栓的在挂玻璃板块前要先将六角螺栓放进立柱 T 型槽内。拧紧六角螺母要用六角套筒板头。六角螺栓的拧紧次序很有讲究，首先将所有的螺栓预拧，预拧完毕后再最终拧紧，拧紧时先拧四个顶角处的螺栓，再拧左右两侧中间位置的螺栓，切忌单边拧紧螺栓后再拧另一边的螺栓，这样容易造成板块挠起，严重时会使玻璃板块破碎。工作时，内六角套筒板手在嵌缝内要十分小心，嵌缝的宽度一般为 20mm，有时为了调节安装分格误差，嵌缝有时可能会降至 19mm 或 18mm，套筒板手在嵌缝内与玻璃

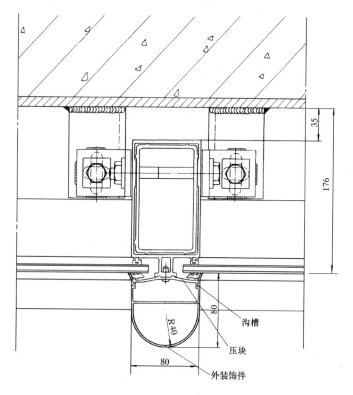

图 5-5

的间隙将会很少，如果操作不慎会碰坏板块。

　　用自攻钉的要预先钻底孔，底孔直径大小要按自攻钉厂家的要求或按有关手册的要求进行，切忌为了自攻钉安装省事而随意扩大底孔的直径。随意扩大钻孔直径的危害是会降低内螺纹螺牙的高度，从而大大降低螺纹连接的强度，给安全留了隐患。

　　也有用攻钢钉连接的，攻钢钉是一种螺栓与钻头为一件的紧固件，其前端为麻花钻头，后端为螺栓。工作时，用内六角套筒套住攻钢钉的六角头，再用手电钻夹住六角套筒便可工作了。当攻钢钉快要到底部时要停下电钻，再用手指点动电钻，使攻钢钉恰到好处地拧到所需要的深度。否则用力过大会拧断攻钢钉，即

246

使暂时未拧断，此时在钉的六角头根部金属组织已接近疲劳极限状态，在幕墙的使用过程中长时间的不断热胀冷缩极容易在此处造成螺钉折断，从而使紧固失效。

| 问 题 类 型 | 处 理 方 法 |
|---|---|
| 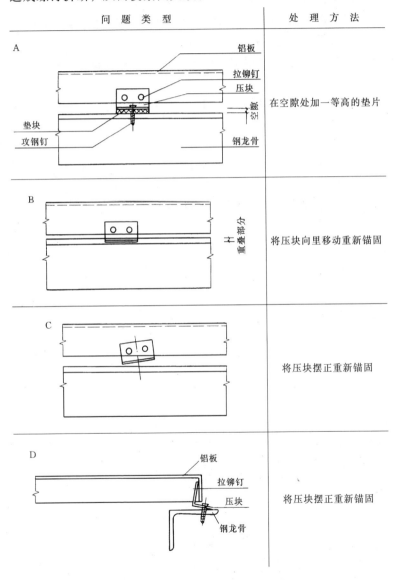 A | 在空隙处加一等高的垫片 |
| B | 将压块向里移动重新锚固 |
| C | 将压块摆正重新锚固 |
| D | 将压块摆正重新锚固 |

4. 玻璃与铝板板块相邻时使用的单边压块只能压住玻璃一侧，不能同时既压紧玻璃板块，又压紧铝板板块。因为玻璃框料的高度与铝板压块（角码）的高度实际上很难保证在同一平面内，如果将单边压块改为双边压块同时压住两种板块，此时压块往往是倾斜的，达不到预期的压紧效果。

5. 在工厂加工过程中，铝板压块在与铝板固定时有时会产生偏差，其偏差的形式大部分如图表所示。图中 A、B 为压块安装时产生进出位偏差；C、D 为压块旋转偏差。铝板安装时如发现以上问题要对压块进行处理。"A"情况是在压块与钢龙骨之间加一垫块；"B、C、D"的要将压块拆下重新定位锚固。具体操作的方法是用手电钻将锚钉钻掉，压块便会自行脱落，将压块稍为移动一个位置，重新钻孔，再用手动拉锚枪锚固压块后重新安装。上述问题如果不处理，那么在安装完毕以后此处极为容易造成板面的局部凹凸现象，大大降低安装的质量。

（十二）现场指挥起重设备及操作人员吊装单元式幕墙

| 分类 | 简　图 |
| --- | --- |
| 单元式 | 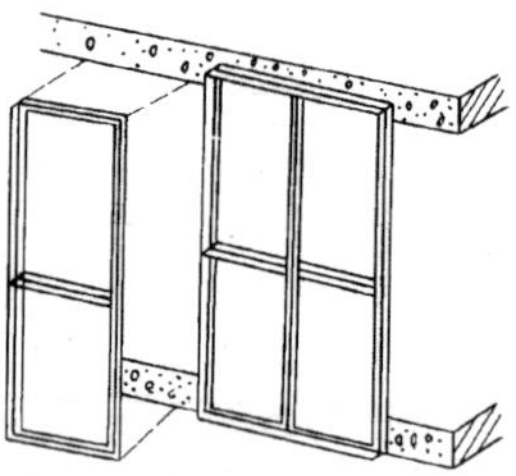 |
| 元件式 | 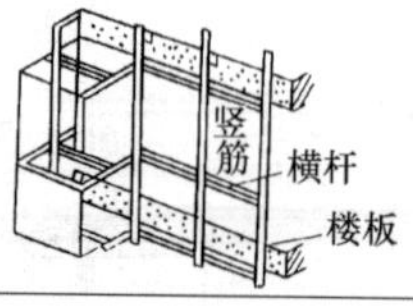 |

图 5-6

单元式幕墙与元件式（构件式）幕墙不同，它的立柱、横梁、玻璃板块、垫材，甚至于保温材料等等都是在工厂里拼装好的，运到工地后，板块直接与楼板、柱子、梁连接，所以，它的高度一般就等于楼层的高度，如图5-7。在现场施工中没有了立柱，横梁的安装程序，正因为这样，它的体积和重量都较元件式幕墙的大和重，它的运输和安装也较元件式幕墙难。单元式幕墙的安装大致如下：

1）安装前的准备

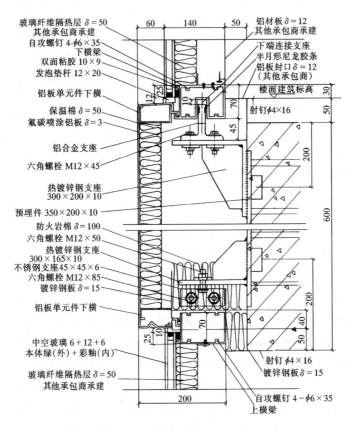

图 5-7$a$

249

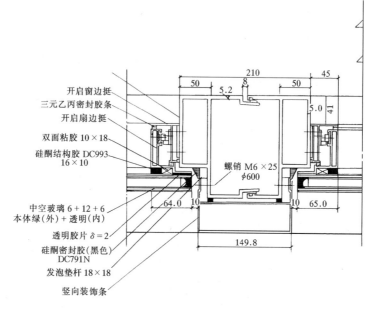

图 5-7b

开启窗边挺
三元乙丙密封胶条
开启扇边挺
双面粘胶 10×18
硅酮结构胶 DC993
16×10
中空玻璃 6+12+6
本体绿(外)+透明(内)
透明胶片 δ=2
硅酮密封胶(黑色)
DC791N
发泡垫杆 18×18
竖向装饰条

螺销 M6×25
φ600

210    45
50    8    50
5.2    5.0
41
64.0  10    10  65.0
149.8

　　单元式幕墙板块的固定形式大都是板块的上端与主体固定，下端用一对凹凸块定位，以深圳金粤幕墙装饰工程有限公司施工的深圳市民中心大楼外墙装饰工程为例，该大楼外墙主要为单元式幕墙，幕墙板块单重约 500kg 左右。图 5-7a 为该工程竖向剖面节点。从图中可知板块的上方装有固定块，用 M12 的螺栓把固定块与钢支座（牛腿）连接在一起。板块的下方是一道凹槽，钢支座上装有凸槽，凸槽两侧装有胶条，凹凸槽卡在一起，胶条起减震的作用。凹凸槽上下之间留有空隙，使得板块中的构件处于拉杆的受力模式。上下板块之间装有铝扣板。图 5-7b 为该工程的横向剖面节点，板块的侧面也有一对凹凸槽。凹槽中装有胶条，同样起到减震的作用。接合部外部装有竖向铝扣板，横向、竖向铝扣板同时起到装饰和密封的作用。

从图中分析可知，单元式幕墙与元件式幕墙安装最大的差别在于安装单元式幕墙很大一部分精力是放在钢支座（牛腿）的安装和精确找正上。钢支座找正好以后，单元幕墙的安装就剩下一个起吊的问题了。钢支座的找正与焊接与前面所述的相似，不再叙述。

2）起吊设备为汽车吊和土建施工现场使用的塔吊。

3）板块在工厂加工完毕后用平板卡车运到工地。装车时板块之间用毛毯隔开，四周用软材料减震或用拉索固定。装载的层数不要太多，一般 4~8 层为宜。卡车直接开到与起吊相邻的位置，汽车吊把板块卸在起吊的位置放好。安装的次序是从下至上，板块的到货与堆放要与安装次序相符。

4）起吊的索具采用专用的起吊尼龙带。为防止尼龙带位移导致板块翻倒，尼龙带要作横向拉紧，横方向的绳索（如图 5-8）应该可以调节长短，可以折卸。在起吊的下方要用黄线圈出一个安全区域，并派人看护，严禁外人进入。地面、安装点、塔吊司机三个位置应配有无线对讲机以保持同步的联系。塔吊勾住绳扣后要做试吊，看看塔吊的微量升降幅度是否能达到安装的要求。前面说过板块就位时有一个侧向平移动作；有一个固定块与钢支座拼接的上下移动动作，这两个动作每次的位移量不宜太大，否则很难完成。如果塔吊升降达不到要求，可以在板块与塔吊之间加装一个手动葫芦，塔吊大致

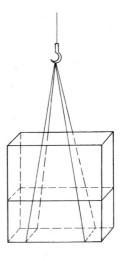

图 5-8

定位，而精确的定位由手动葫芦来完成。手动葫芦的选型要注意，为安全起见，它的额定起重量至少是板块重量的 2 倍。板块缓慢升起，到达预定位置时上下层要同时站人，上层的人要准备如螺栓、扳手等，所有的人都应扣上安全带，先让板块进入下方的凹凸槽卡位内，此时仍然是塔吊受力，再给它水平推力使板块

进入侧向的凹凸槽内，再用手动葫芦作上下方向微量移动使固定块与钢支座对接，再把螺栓终拧紧，然后完全松开塔吊，解开尼龙带横向索扣，把尼龙带取下。

5）用吊篮在幕墙外面安装横、竖方向铝扣板，并打胶，清洁等。

（十三）窗扇安装

1）安装窗扇前一定要核对窗扇的规格是否与设计图纸和施工图纸相符，安装时要采取适当的保护措施，防止脱落；

2）窗扇在安装前应进行必要的清洁，安装时应注意窗扇与窗框的上下、左右、前后的配合间隙，以保证其密封性；

3）窗扇连接件的规格、品种、质量一定要符合设计要求，并应采用不锈钢或轻金属制品；严禁私自减少连接用自攻钉等紧固螺钉的数量；并应严格控制自攻钉的底孔直径。

（十四）压顶板的安装

1. 压顶板往往被安装在建筑物顶部女儿墙上。它首先要解决生根问题，它不可能像玻璃板块先安装立柱、横梁，它往往用钢型材在女儿墙上现场制作安装钢龙骨，设计师会提供压顶板安装节点图，这就是我们制作安装钢龙骨的理论依据，如图5-9中可知，钢龙骨是生根在女儿墙上，压顶板安装在钢龙骨上。

2. 制作钢龙骨时，不要急于马上下料，首先要先将土建女儿墙的厚度 $W$ 测量一遍，把这一平面女儿墙的最大值作为 $W$ 的最终尺寸，并以它确定钢龙骨的厚度，检查节点图压顶铝板560尺寸是否合适，如果不合适安装立即告诉设计师更改压顶铝板加工图。

3. 制作安装钢龙骨时要注意制作次序，先从转角处或两端头做起，然后以此为依据拉直线，拉直线时发现不能把女儿墙全部包容即要再放大两端的钢架，直至能全部包容为止，有了钢龙骨的外轮廓线就很容易地把其余的钢龙骨定位制作出来，如图5-10。钢龙骨制作完毕后进行尺寸复核，无误后对其进行二次

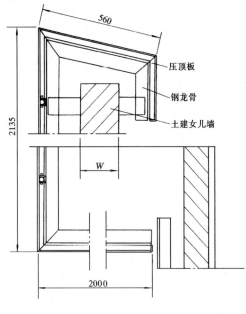

图 5-9

防腐。

4. 通知监理进行隐蔽工程验收，并认真做好隐蔽工程验收记录，作为日后进行工程竣工验收的依据。

5. 安装压顶铝板仍然还是选安装转角或两端，然后拉线定位安装其余的压顶铝板，方法如图 5-9 制作钢龙骨一样。至于左右位置要与下面玻璃的胶缝对齐。铝板安装也是要先预装，每块铝板可在四个角各打一颗钉固定，待其余铝板安装完毕，复核无误后再统一全部打钉最终固定。

6. 接下来进入打胶程序，打胶前先把胶缝处的保护膜撕开，清洁胶缝，打胶的过程与玻璃板块一样不再叙述。

压面板处于建筑物的顶部，它的上表面和靠天台的内侧面人们是随时可用手触摸的，于是就产生了一个产品保护的问题。一般的做法是在下脚手架时先把压顶板外侧面的保护膜撕掉，而保留上表面和内侧表面的保护膜，待工程验收前才撕去。

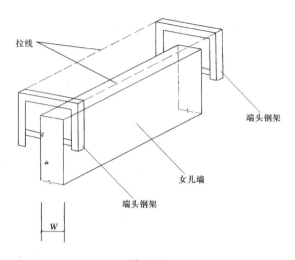

图 5-10

（十五）按要求进行防腐、防火、隔声、防雷电等操作

1. 防腐

一座大厦的幕墙工程完工后要经受几十年的风吹雨打，在大自然长期侵蚀下仍然要保持良好的工作状态确实不是一件容易的事情。因此，幕墙的防腐就显得十分重要。一般说来，幕墙的构件在到现场之前都已进行了防腐处理。但在安装的过程中由于种种的原因而引起新的腐蚀。为杜绝此类腐蚀而采取的措施称为安装过程中的防腐处理。操作时要注意如下几点：

1）不同金属材料的接触面应采用垫片作隔离处理，比较典型的是立柱与钢支座之间的安装，如图 5-2。

2）钢支座与预埋板焊接后，其支座焊接部位的镀锌层已遭破坏，失去了防腐的作用，此时要刷防锈漆，作二次防腐处理。

3）采用攻钢钉固定幕墙板块时，攻钢钉六角头处有一胶垫圈，它同时又起到防腐垫片的作用，千万不要遗漏。

2. 防火

为达到防火的要求，玻璃幕墙的窗间墙及窗槛墙的填充材料应采用不燃材料；玻璃幕墙与每层楼板、隔墙处的缝隙应采用不燃烧材料填充，防火材料要用镀锌铁板固定，镀锌铁板的厚度不低于1.5mm，不得用铝板。如图5-11。施工时要注意，防火材料要放严实，防火材料之间不应留有间隙；防火材料与其他构件之间也不应留有间隙。否则万一起火，下层的浓烟便沿着这些缝隙往上窜，从而丧失防火的效果。

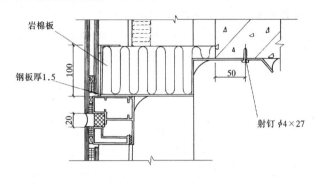

图 5-11

3．隔声

幕墙隔声一般从以下几方面考虑：

1）防止来自外部的噪声。幕墙整体的隔声性能在设计时已经作了充分的考虑，除此以外外部噪声进入室内的主要途径是各种缝隙，尤其是开启扇部分。所以在安装胶条时要十分认真，接口处要处理严实，不要留下缺口。

2）防止来自内部的噪声

上面所说的填充防火材料，除了防火外，另一方面还起到隔声的作用。所以防火材料的填充一定要严实。

3）防止结构内部产生噪声

构件式（元件式）幕墙与单元式幕墙不同，其板块均固定在主、横梁上，通过主、横梁把整个区域甚至整个立面的幕墙连为一体。所以，这种结构的热胀冷缩矛盾尤为突出。如果不能消化温差造成幕墙构件的位移，当温度变化时结构内部会发出不规则的金属碰撞声或金属磨擦声。设计师在设计时已充分考虑了这个问题，在安装过程中，要充分贯彻设计师的设计思想，一般来讲要注意如下几个问题。

（1）立柱之间在高度方向是留有缝隙的，两根立柱之间还套有芯套。安装时要注意立柱之间不能顶死，芯套一端与立柱固定，一端能在方梁内上下活动。另外，立柱与横梁之间在水平方向同样留有 0.5 ~ 1.0mm 的缝隙。如图 5-12。

（2）安装铝板板块时，攻钢钉要打在铝角码长形孔的中间位置，让铝板有一个伸缩的余地。如图 5-12。

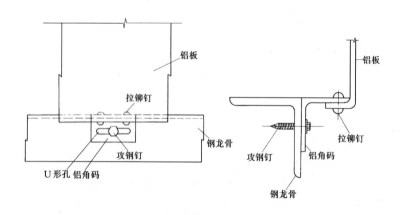

图 5-12

（3）立柱与钢支座之间装有垫片，垫片除了防腐以外还起到消声的作用，千万不可遗忘。如图 5-2。

4．防雷电

设计师在设计时已经为玻璃幕墙考虑了一套自身的防雷体系，这套体系最终一定要与主体结构的防雷体系可靠地连接。如图 5-13。图中不锈钢连接片将某一列的立柱连为一体，水平避雷圆钢又将若干列立柱连为一体。这样，某一区域或某一立面的幕墙在防雷电上已经成为一个整体，然后，这个体系与主体结构的防雷体系相连接。安装过程中要注意如下几个问题。

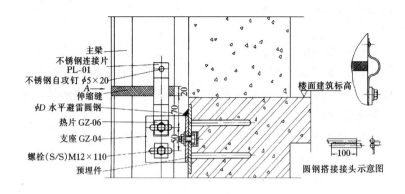

图 5-13

1）安装不锈钢连接片时一定要记住把该处立柱的保护胶纸撕去，不锈钢连接片一定要与立柱直接接触。

2）水平避雷圆钢与钢支座相焊接时，由于此时立柱已经安装完毕，位置狭小，工人操作时不太方便，因此更要耐心，千万不要让这里形成虚焊而降低了导电性能。

3）水平避雷圆钢在拼接时一定要严格按图纸要求保证拼接长度和焊缝的高度。

5．保温

1）有热工要求的幕墙，保温部分宜从内向外安装；当采用内衬板时，四周应套装弹性橡胶密封条，内衬板与构件接缝应严密，内衬板就位后应进行密封处理；

2）防火保温材料的安装应严格按设计要求施工，防火保温材料宜采用整块岩棉，固定防火保温材料的防火封板应锚固牢靠；

3）玻璃幕墙四周与主体结构之间的缝隙，均应采用防火保温材料填塞，填装防火保温材料时一定要填实填平，不允许留有空隙；并采用铝箔或塑料薄膜包扎，防止防火保温材料受潮失效；

4）在填装防火保温材料的过程中，质检人员应不定时地进行抽检，发现不合格及时返工，杜绝隐患。

（十六）密封

1．一般规定

1）玻璃或玻璃组件安装完毕后，必须及时用耐候密封胶嵌缝，予以密封，保证玻璃幕墙的气密性和水密性；常用的是耐候硅酮密封胶。

2）耐候硅酮密封胶的施工应符合下列要求：

①耐候硅酮密封胶的施工必须严格按工艺规范执行，施工前应对施工区域进行清洁，应保证缝内无水、油渍、铁锈、水泥砂浆、灰尘等杂物；可采用甲苯或甲基二乙酮作清洁剂；

②施工时应对每一管胶的规格、品种、批号及有效期进行检查，符合要求方可施工，严禁使用过期的密封胶；

③耐候硅酮密封胶的施工厚度应大于 3.5 mm，施工宽度不应小于施工厚度的 2 倍；注胶后应将胶缝表面刮平，去掉多余的密封胶；

④耐候硅酮密封胶在缝内应形成相对两面粘结，而不能三面粘结，否则当温度下降，胶体需要收缩，而三面粘贴无法适应，此时极容易将胶体拉裂。较深的密封槽口底部应采用聚乙烯发泡材料填塞；

⑤为保护玻璃和铝框不被污染，应在可能导致污染的部位贴纸基胶带，填完胶刮平后立即将基纸胶带除去。

3）采用橡胶条密封时，橡胶条应严格按设计规定型号选用，镶嵌应平整，橡胶条长度宜比边框内槽口长 1.5%～2%，其断口应留在四角；斜面断开后应拼成预定的设计角度，并应用粘结剂粘结牢固后嵌入槽内。

4）外表面的接缝或其他缝隙应采用与周围物体色泽相近的密封胶连续密封，接缝应平整光滑并严密不漏水。

2．石材幕墙注胶

石材幕墙注胶与玻璃、金属幕墙注胶一样，都是在板块安装完毕，复核合格后便可注胶，这里提出几点需注意的问题。

1）注胶前要认真核对所用胶的牌号是否与图纸要求相符，胶的使用期是否已经超过。过期的胶一定不能用。

2）注胶前要清洁嵌缝表面。石材幕墙与玻璃、金属幕墙不同，其中不锈钢挂件的钩缝有时往往是在现场加工，这样石板表面会留下大量的粉末，这些粉末不清洁干净会大大降低胶的粘结强度。

3）选择合适的泡沫胶条。石材幕墙胶缝往往比玻璃、铝板幕墙胶缝要窄，用于玻璃、铝板幕墙的泡沫胶条在这里不适用，要选择合理规格的泡沫胶条。现场中有人将大泡沫胶条对半切开代替石材幕墙泡沫胶条使用，这种方法一般不可取。

4）泡沫胶条在嵌缝里放置很有讲究，现场施工有人为图省事用手指将泡沫条一段一段按入嵌缝，这种方法放置的泡沫条在嵌缝里是深浅不一的。刮胶时，由于泡沫胶条深浅不一，胶的厚薄也不一样，胶对刮刀的作用力便忽大忽小，掌握不好，刮胶后的表面极容易留下波浪纹，影响胶表面平整度。为了提高泡沫胶条的埋设质量，操作时使用一个带凸头的小刮板逐一将泡沫胶条按下，如图 5-14 所示。A 表示用手指按压后泡沫条的埋设情况，B 表示用小刮板按压后泡沫条的埋设情况。

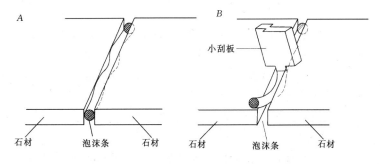

图 5-14

5）打胶前要在胶缝两侧粘贴纸面胶带纸，以防止胶迹污染石材表面，同时也可以提高胶缝的直线度。

6）雨天不能打胶，石材表面水迹未干也不能打胶。

7) 北方地区冬季施工，在打胶前要了解所使用胶的最低凝固温度，若气温低于该温度值时不能打胶。根据"JGJ 133—2001"规定，幕墙中要用的中性硅酮耐候密封胶的施工温度为5～48℃。

（十七）保护和清洁

1) 施工中的幕墙应采用适当的措施加以保护，防止发生碰撞、污染、变形、变色及排水管堵塞等现象；

2) 施工中给幕墙及幕墙构件等表面装饰造成影响的粘附物等要及时清除，恢复其原状；

3) 玻璃幕墙工程安装完成后，应制定清扫方案，防止幕墙表面污染和发生异常；其清扫工具、吊篮以及清扫方法、时间、程序等，应得到专职人员批准；

4) 幕墙安装完后，应从上到下用中性清洁剂对幕墙表面及外露构件进行清洗。清洗玻璃和铝合金件的中性清洁剂，清洗前应进行腐蚀性检验，证明对铝合金和玻璃无腐蚀作用后方能使用；清洁剂有玻璃清洗剂和铝合金清洗剂之分，互有影响，不能错用，清洗时应隔离；清洁剂清洗后应及时用清水冲洗干净。

（十八）总检

1) 幕墙安装完毕，质量检验人员应进行总检，指出不合格的部位并督促及时整改，出现较大不合格项或无法整改时，应及时向有关部门反映，等待设计等部门出具解决方案。

2) 对幕墙进行总检的同时应及时记录检验结果，所有检验记录、评定表等资料都应归档保存。

3) 总检合格后方可提交监理、业主验收。

（十九）维修

维修过程除严格遵循以上安装施工的有关要求外，还应执行以下要求：

1) 更换隐框幕墙玻璃时一定要在玻璃四周加装压块，要求每一边框加装三块，并在底部加垫块；压块与玻璃之间应加弹性材料，待结构胶干后应及时去掉压块和垫块，并补上密封胶。

2）在更换楼层较高的玻璃时，应采用有可靠固定的吊篮或清洗机，必须有管理人员现场指挥；高空作业时必须要两人以上进行操作，并设置防止玻璃及工具掉下的防护设施。

3）不得在 4 级以上的风力及大雨天更换楼层较高的玻璃，并且不得对幕墙表面及外部构件进行维修。

4）更换的玻璃、铝型材及其他构件应与原来状态保持一致或相近，修复后的功能及性能不能低于原状态。

**二、全玻璃幕墙的安装施工**

1．施工步骤和要点

全玻璃幕墙的施工是一项多工种联合施工，不仅工序复杂，操作也要求十分精细。同时它又与其他分项工程的施工进度计划有密切的关系。为了使玻璃幕墙的施工安装顺利进行，必须根据工程实际情况，编制好单项工程施工组织设计，并经总承包单位确认。

施工准备和设计阶段

（1）现场土建设计资料收集和土建结构尺寸测量

由于土建施工时可能会有一些变动，实际尺寸不一定都与设计图纸符合。全玻璃幕墙对土建结构相关的尺寸要求较高。所以在设计前必须到现场量测，取得第一手资料数据。对于有大门出入口的部位，还必须与制作自动旋转门、全玻门的单位配合，使玻璃幕墙在门上和门边都有可靠的收口。同时也需满足自动旋转门的安装和维修要求。

（2）设计和施工方案的确定

由于各类建筑的室外设计都不相同，对有室外大雨棚、行车坡道等项目，更应注意协调好总体施工顺序和进度，防止由于其他室外设施的建设，影响吊车行走和玻璃幕墙的安装。在正式施工前，还应对施工范围的场地进行整平填实，做好场地的清理，保证吊车行走畅通。

（3）人员培训和教育

所有施工人员都应进行安全教育，明确各人的岗位和职责，确定施工吊装的指挥长，在施工吊装时必须听从指挥长的命令，防止混乱。施工人员要认真学习图纸。

（4）预埋件和施工工具的检查

①玻璃吊装和运输机具的设备的检查，特别是对吊车的操作系统和电动吸盘的性能检查；

②各种电动和手动工具的性能检查；

③预埋件的位置与设计位置偏差不应大于 20mm。

（5）施工用电用水的保证

（6）主要材料的质量检查

①玻璃的尺寸规格是否正确，特别要注意检查玻璃在储存、运输过程中有无受到损伤，发现有裂纹、崩边的玻璃绝不能安装，并应立即通知工厂尽快重新加工补充。

②金属结构构件的材质是否符合设计要求，构件是否平直，加工尺寸、精度、孔洞位置是否满足设计要求。要刷好第一道防锈漆，所有构件编号要标注明显。

（7）脚手架的检查

由于施工程序中的不同需要，施工中搭建的脚手架需满足不同的要求。

①放线和制作承重钢结构支架时，应搭建在幕墙面玻璃的两侧，方便工人在不同位置进行焊接和安装等作业。

②装玻璃幕墙时应搭建在幕墙的内侧。要便于玻璃吊装时斜向伸入时不碰脚手架，又要使站立在脚手架上下各部位的工人都能很方便地能握住手动吸盘，协助吊车使玻璃准确就位。

③玻璃安装就位后注胶和清洗阶段：这时需在室外另行搭建一排脚手架，由于全玻璃幕墙连续面积较大，使室外脚手架无法与主体结构拉接，所以要特别注意脚手架的支撑和稳固，可以用地锚、缆绳和用斜撑与可靠的支柱拉接。

④施工中各操作层高度都要铺放脚手板，顶部要有围栏，脚手板要用铁丝固定。在搭建和拆除脚手架时要格外小心，不能从高处向下抛扔钢管和扣件，防止损坏玻璃。

2. 悬挂式玻璃幕墙的安装施工阶段

1）测量放线

（1）幕墙定位轴线的测量放线必须与主体结构的主轴线平行或垂直，以免幕墙施工和室内外装饰施工发生矛盾，造成阴阳角不方正和装饰面不平行等缺陷。

（2）要使用高精度的激光水准仪、经纬仪，配合用标准钢直尺、重锤、水平尺等复核。对高度大于 7m 的幕墙，还应反复 2 次测量核对，以确保幕墙的垂直精度。要求上下中心线偏差小于 1～2mm。

（3）测量放线应在风力不大于 4 级的情况下进行，对实际放线与设计图之间的误差应进行调整、分配和消化，不能使其积累。通常以利用适当调节缝隙的宽度和边框的定位来解决。如果发现尺寸误差较大，应及时反映，以便采取重新块玻璃或其他方法合理解决。

2）上部承重钢结构的安装

（1）注意检查预埋件或锚固钢板的牢固，选用的锚栓质量要可靠，锚栓位置不宜靠近钢筋混凝土构件的边缘，钻孔孔径和深度要符合锚栓厂家的技术规定，孔内灰渣要清吹干净；

（2）每个构件安装位置和高度都应严格按照放线定位和设计图纸要求进行。最主要的是承重钢横梁的中心线必须与幕墙中心线相一致，并且椭圆螺孔中心要与设计的吊杆螺栓位置一致；

（3）内金属扣夹安装必须通顺平直。要用分段拉通线校核，对焊接造成的偏位要进行调直。外金属扣夹要按编号对号入座试拼装，同样要求平直。内外金属扣夹的间距应均匀一致，尺寸符合设计要求；

（4）所有钢结构焊接完毕后，应进行隐蔽工程质量验收，请监理工程师验收签字，验收合格后再涂刷防锈漆。

3）下部和侧边边框的安装

要严格按照放线定位和设计标高施工，所有钢结构表面和焊缝刷防锈漆。将下部边框内的灰土清理干净。在每块玻璃的下部都要放置不少于 2 块氯丁橡胶垫块，垫块宽度同槽口宽度，长度不应小于 100mm。

4）玻璃的安装

大型玻璃的安装是一项十分细致、精确的整体组织施工。施工前要检查每个工位的人员到位，各种机具工具是否齐全正常，安全措施是否可靠。高空作业的工具和零件要有工具包和可靠放置，防止物件坠落伤人或击破玻璃。待一切检查完毕后方可吊装玻璃。

（1）再一次检查玻璃的质量，尤其要注意玻璃有无裂纹和崩边，吊夹铜片位置是否正确。用干布将玻璃的表面浮灰抹净，用记号笔标出玻璃的中心位置。

（2）安装电动吸盘机。电动吸盘机必须定位左右对称且略偏玻璃中心上方，使起吊后的玻璃不会左右偏斜，也不会发生转动。

（3）试起吊。电动吸盘机定位后应先将玻璃试起吊，将玻璃吊起 2～3cm，以检查各个吸盘是否都牢固吸附玻璃。

（4）在玻璃适当位置安装手动吸盘、拉缆绳索和侧边保护胶套。玻璃上的手动吸盘可使在玻璃就位时，在不同高度工位的工人都能用手协助玻璃就位。拉缆绳索是为了玻璃在起吊、旋转、就位时，工人能控制玻璃的摆动，防止玻璃受风力和吊车转动发生失控。

（5）在要安装玻璃处上下边框的内侧粘贴低发泡间隔方胶条，胶条的宽度与设计的胶缝宽度相同。粘贴胶条时要留出足够的注胶厚度。

（6）玻璃就位

①吊车将玻璃移近位置后，司机要听从指挥长的命令操纵液压微动操作杆，使玻璃对准位置徐徐靠近；

②上层工人要把握好玻璃，防止玻璃在升降移位时碰撞钢架。待下层各工位工人都能把握手动吸盘后，可将拼缝一侧的保护胶套摘去。利用吊挂电动吸盘的手动倒链将玻璃徐徐吊高，使

玻璃下端超出下部边框少许。此时，下部工人要及时将玻璃轻轻拉入槽口，并用木板隔挡，防止与相邻玻璃碰撞。另外，应有工人用木板依靠玻璃下端，保证在倒链慢慢下放玻璃时，玻璃能被放入到底框槽口内，要避免玻璃下端与金属槽口磕碰；

③玻璃定位。安装好玻璃吊夹具，吊杆螺栓应放置在标注在钢横梁上的定位位置。反复调节吊杆螺栓，使玻璃提升和正确就位。第一块玻璃就位后要检查玻璃侧边的垂直度，以后就位的玻璃只需检查与已就位好的玻璃上下缝隙是否相等且符合设计要求。

5）安装上部外金属夹扣。

6）填塞上下边框外部槽口内的泡沫塑料圆条，使安装好的玻璃有临时固定。

7）注胶

（1）所有注胶部位的玻璃和金属表面都要用丙酮或专用清洁剂擦拭干净，不能用湿布和清水擦洗，注胶部位表面必须干燥；

（2）沿胶缝位置粘贴胶带纸带，防止硅胶污染玻璃；

（3）要安排受过训练的专业注胶工施工，注胶时应内外双方同时进行，注胶要匀速厚，不夹气泡；

（4）注胶后用专用工具刮胶，使胶缝呈微凹曲面；

（5）注胶工作不能在风雨天进行，防止雨水和风沙侵入胶缝，另外，注胶也不宜在低于5℃的低温条件下进行，温度太低胶液会发生流淌、延缓固化时间，甚至会影响拉结拉伸强度。必须严格遵照产品说明要求施工；

（6）保证耐候硅酮嵌封胶的厚度，太薄的胶缝对保证密封质量和防止雨水不利；

（7）保证胶缝的宽度，胶缝的宽度是通过设计计算确定；

（8）结构硅酮密度胶必须在产品有效期内使用，施工验收报告要有产品证明文件和记录。

8）表面清洁和验收

（1）将玻璃内外表面清洗干净；

（2）再一次检查胶缝并进行必要的修补；

（3）整理施工记录和验收文件，经监理验收签署后正式交工；

（4）做好每次施工总结工作，积累经验和资料。

3．保养和维修阶段

现在玻璃幕墙使用的材料都有一定的有效期，在正常使用中还应定期观察和维护。

（1）应根据幕墙的积灰涂污程度，确定清洗幕墙的次数和周期，每年至少清洗一次；

（2）清洗幕墙外墙面的机械设备（如清洁机或吊篮），应有安全保护装置，不能擦伤幕墙墙面；

（3）不得在4级以上风力和大雨天进行维护保养工作；

（4）如发现密封胶脱落或破损，应及时修补或更换；

（5）要定期到吊顶内检查承重钢结构，如有锈蚀应除锈补漆；

（6）当发现玻璃有松动时，要及时查找原因和修复或更换；

（7）当发现玻璃出现裂纹时，要及时采取临时加固措施，并应立即安排更换，以免发生重大伤人事故；

（8）当遇台风、地震、火灾等自然灾害时，灾后应对玻璃幕墙进行全面检查；玻璃幕墙在正常使用情况下，每5年要进行一次全面检查。

**三、金属板幕墙的安装**

1．施工准备

（1）详细核查施工图纸和现场实测尺寸，以确保设计加工的完善，同时认真与结构图纸及其他专业图纸进行核对，以及时发现其不相符部位，尽早采取有效措施修正。

（2）安装施工前要搭设脚手架或安装吊篮，并将金属板及配件用塔吊、外用电梯等垂直运输设备运至各施工面层上。

2．安装施工工艺

传统的金属板块安装方式是用攻钢钉把板块固定在钢龙骨上

的，所以安装时先安装转角处或两端处的板块，复核无误后用墨线把其余板块的安装位置弹印在龙骨表面上，每块板可以对号入座便于安装准确，这叫预先弹线法。有人图省事，用小木块做成胶缝的宽度，安装时把它靠住已安装好的板块，以此来确定下一块的位置，这样做最大的错误就是没有考虑误差的积累和如何事先消化误差，其结果是听天由命，装到最后要么最后几块板块没有胶缝，要么胶缝过大，只好将前面已装好的拆除返工，这种方法叫靠模法。金属板块较玻璃板块轻，安装时不用吸盘，其余的与玻璃板块和压顶板相似，这里不再叙述。所要提醒的是打胶前先撕掉胶缝处的保护膜，其余的不要撕，待脚手架拆卸前一并撕去。

1）预埋件安放

（1）严格按预埋施工图安放预埋件。

（2）预埋件及施工图由幕墙设计师提供，委托土建分包施工单位负责安放。幕墙设计师根据土建分包施工单位提供的轴线和中线检查预埋件安放位置尺寸。

2）测量放线

（1）由土建单位提供基准线（50 线）及轴线控制点。

（2）将所有预埋件打出，并复测其位置尺寸。

（3）根据基准线在底层确定墙的水平宽度和出入尺寸。

（4）经纬仪向上引数条垂线，以确定幕墙转角位和立面尺寸。

（5）根据轴线和中线确定一立面的中线。

（6）测量放线时应控制分配误差，不使误差积累。

（7）测量放线应在风力不大于四级情况下进行。放线后应定时校核，以保证幕墙垂直度及立柱位置的正确性。

3）铝合金（钢）型材的加工和安装

铝合金（钢）型材的加工：

（1）加工过程

①检查所有加工的物件。

②将检查合格后的铝材包好保护胶纸。

③根据施工图按加工程序加工，加工后须除去尖角和毛刺。

④按施工图要求，将所需配件安装于铝（钢）型材上。

⑤检查加工符合图纸要求后,将铝(钢)型材编号分类包装放置。

（2）加工技术要求

①各种型材下料长度尺寸允许偏差为±1mm。

②各加工面须去毛刺、飞边。

③螺栓孔应由钻孔和扩孔两道工序完成。

④螺孔尺寸要求：孔位允许偏差±0.5mm,

孔距允许偏差±0.5mm。

⑤彩色钢板型材应在专业工厂加工，并在型材成型、切割、打孔后，依次进行烘干，静电喷涂有机物涂层，高温烤漆等表面处理。此种型材不允许在现场二次加工。

铝合金（钢）型材安装：

（1）角码安装及其技术要求

①角码须按设计图加工，表面处理按国家标准的有关规定进行热浸镀锌。

②根据图纸检查并调整所放的线。

③将角码焊接固定于预埋件上。

④待幕墙校准之后，将组件铝码用螺栓固定在角码上。

⑤焊接时，应采用对称焊，以控制因焊接产生的变形。

⑥焊缝不得有夹渣和气孔。

⑦敲掉焊渣后，对焊缝涂防锈漆进行防锈处理。

（2）防锈处理技术要求

①不能于潮湿、多雾及阳光直接暴晒之下涂漆，表面尚未完全干燥或蒙尘表面不能涂漆。

②涂第二层漆或以后的涂漆时应确定较早前的涂层已经固化，其表面经砂纸打磨光滑。

③涂漆应表面均匀，但勿于角部及接口处涂漆过量。

④在涂漆未完全干时，不应在涂漆处进行其他施工。

（3）铝合金（钢）型材安装及其技术要求

①检查放线是否正确，并用经纬仪对横竖杆件进行贯通，尤其是对建筑转角、变形缝、沉降缝等部位进行详细测量放线。

②用不锈钢螺栓把立柱固定在角码上。在立柱与角码的接触面上放上1mm厚绝缘层，以防金属电解腐蚀。校正立柱尺寸后拧紧螺栓。

③通过铝角将横档固定在立柱上。安装好后用密封胶密封横档间的接缝。

④检查立柱和横档的安装尺寸。

⑤将螺栓、垫片焊接固定于角码上，以防止立柱发生位置偏移。

⑥所有不同金属触面上应涂上保护层或加上绝缘的垫片，以防电解腐蚀。

⑦根据技术要求验收铝合金（型钢）框架的安装，验收合格后再进行下一步工序。

4）防火棉安装

（1）应采用优质防火棉，抗火期要达到有关部门要求。

（2）防火棉用镀锌钢板固定。应使防火棉连续地密封于楼板与金属板之间的空位上，形成一道防火带，中间不得有空隙。

5）隔热材料安装

（1）隔热材料通常使用阻燃型聚苯乙烯保温泡沫板、隔热棉等材料。隔热材料尺寸根据实墙位置（不见光位）铝合金框架的内空尺寸现场裁割。

（2）将裁好的隔热材料用金属丝固定于铝角上，铝角在铝型材料加工时已安装在立柱或横档上。在重要建筑中，应用镀锌薄钢板或不锈钢板将保温材料封闭，作为一个构件安装在骨架上。

6）防雷保护

（1）幕墙框架应具有连续而有效的电传导性。

（2）大厦防雷系统及防雷接地措施一般由其他单位负责，幕墙防雷保护接合端要与防雷系统直接连接。一般要求防雷系统直接接地，不应与供电系统合同接地地线。

7）金属板安装及技术要求

（1）金属板安装

A．将分放好的金属板分送至各楼层适当位置。

B．检查铝（钢）框对角线及平整度。

C．用清洁剂将金属板靠室内面一侧及铝合金（型钢）框表面清洁干净。

D．按施工图将金属板放置在铝合金（型钢）框架上。

E．按施工图将金属板用螺栓与铝合金（型板）骨架固定。

F．金属板与板之间的间隙一般为 10～20mm，用密封胶或橡胶条等弹性材料封堵。

G．在垂直接缝内放置衬垫棒。

H．注胶时需将该部位基材表面用清洁剂清洗干净后，再注入密封胶。

I．安装横档处压盖。

（2）金属板安装技术要求

A．玻璃件须放置于干燥通风处，并避免玻璃与电火花、油污及混凝土等腐蚀物质接触，以防板表面受损。

B．金属板件搬运时应有保护措施，以免损坏金属板。

C．注胶前，一定要用清洁剂将金属板及铝合金（型钢）框表面清洁干净，清洁后的材料须及时密封，否则重新清洗。

D．密封胶须注满，不能有空隙或气泡。

E．清洁用擦布须及时更换以保持干净。

F．应遵守标签上的说明使用溶剂，且在使用溶剂场所严禁烟火。

G．注胶之前，应将密封条或防风雨胶条安放于金属板与铝合金（钢）型材之间。

H．根据密封胶的使用说明，注胶宽度与注胶深度之最合适尺寸比率为 2（宽度）：1（深度）。

I．注密封胶时，应用胶纸保护胶缝两侧的材料，使之不受污染。

J．金属板安装完毕，在易受污染部位用胶纸贴盖或用塑料薄膜覆盖保护；易被划碰的部位，应设安全护栏保护。

K.清洁中所使用的清洁剂应对金属板、胶及铝合金（钢）型材等材料无任何腐蚀作用。

8）节点构造和收口处理

墙板节点构造设计、水平部位的压顶、端部的收口、伸缩缝的处理、两种不同材料交接部位的处理等不仅对结构安全与使用功能有着较大的影响，而且也关系到建筑装饰效果。因此，各生产厂商十分注重节点的构造设计，并相应开发出与之配套的骨架材料和收口部件。

现将目前国内常见的几种做法列举如下：

（1）墙板节点。对于不同的墙板，其节点处理略有不同，图5-15～图5-17表示几种不同板材的节点构造。通常在节点的接缝部位易出现上下边不齐或板面不平等问题，故应先将一侧板安装，螺栓不拧紧，用横、竖控制线确定另一侧板安装位置，待两侧板均达到要求后，再依次拧紧螺栓，打密封胶。

（2）转角部位的处理通常是用一条直角铝合金（钢、不锈钢）板，与外墙板直接用螺栓连接，或与角位立柱固定。如图5-18所示。

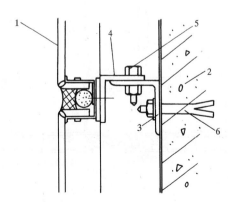

图 5-15　单板或铝塑板节点构造

1—单板式铝塑板；2—承重柱（或墙）；3—角支撑；4—直角型铝材横
梁；5—调整螺栓；6—锚固螺栓

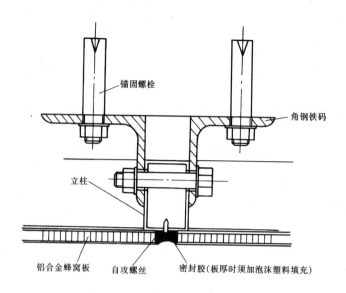

图 5-16 铝合金蜂窝板节点构造（一）

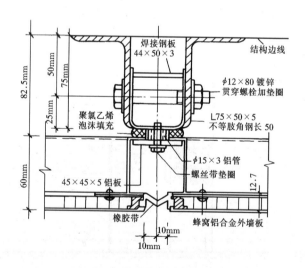

图 5-17 铝合金蜂窝板节点构造（二）

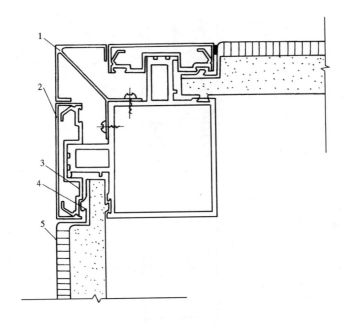

图 5-18　转角构造大样

1—定型金属转角板；2—定型扣板；3—连接件；4—保温材料；5—金属外墙板

(3)不同种材料的交接通常处于有横、竖料的部位,否则应先固定其骨架。再将定型收口板用螺栓与其连接,且在收口板与上下(或左右)板材交接处加橡胶垫或注密封胶。如图 5-19、图 5-20 所示。

(4)　女儿墙上部及窗台等部位均属水平部位的压顶处理,即用金属板封盖,使之能阻挡风雨侵透。水平盖板的固定,一般先将骨架固定与基层上,然后再用螺栓将盖板与骨架牢固连接,并适当留缝,打密封胶。如图 5-21、图 5-22 所示。

(5)　墙面边缘部位的收口,·是用金属板或形板将墙板端部及龙骨部位封盖,如图 5-23 所示。

(6)墙面下端收口处理,通常用一条特制挡水板,将下端封住,同时将板与墙之间的缝隙盖住,防止雨水渗入室内。如图5-24所示。

(7)　变形缝的处理,其原则应首先满足建筑物伸缩、沉降的

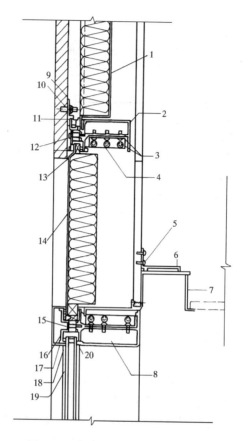

图 5-19　不同材料交结处构造大样

1—定型保温板；2—横料；3—螺栓；4—码件；5—空心铆钉；6—定型铝角；
7—铝扣板；8—横料；9—石材板；10—固定件；11—铝码；12—螺栓；13—密
封胶；14—金属外墙板；15—螺栓；16—铝扣件；17—铝扣板；18—密封胶；
19—幕墙玻璃；20—胶压条

需要，同时亦应达到装饰效果。另外，该部位又是防水的薄弱环节，其构造点应周密考虑。现在有专业厂商生产该种产品，既保证其使用功能，又能满足装饰要求，其通常采用异形金属板与氯丁橡胶带体系，如图 5-25 所示。

9）注意事项

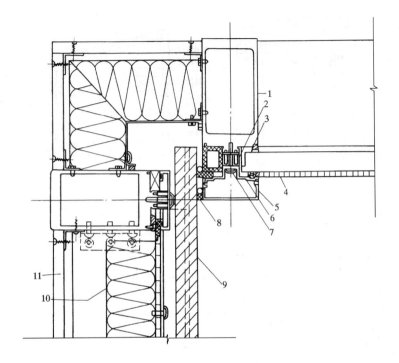

图 5-20　不同材料交接拐角构造

1—竖料；2—垫块；3—橡胶垫条；4—金属板；5—定型扣板；6—螺栓；7—金属
压盖；8—密封胶；9—外挂石材；10—保温板；11—内墙石膏板

（1）金属板的存放和搬运应注意事项

①金属板（铝合金板和不锈钢板）应倾斜立放，倾角不大于10°，地面上垫厚木质衬板，板材上勿置重物或践踏。

②搬运时要两人抬起，避免由于推拉而损伤表面涂层或氧化膜。

③工作台面应平整清洁，无杂物（尤其硬物），否则易损伤金属板表面。

（2）现场加工要点

①通常情况下，幕墙金属板均由专业加工厂一次加工成型后，方运抵现场。但由于工厂实际情况的要求，部分板件需现场

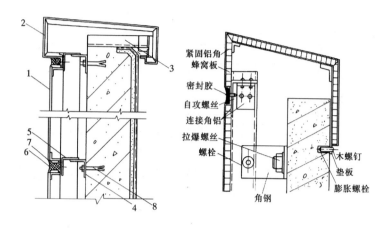

紧固铝角
蜂窝板

密封胶

自攻螺丝

连接角铝

拉爆螺丝

螺栓

角钢

木螺钉

垫板

膨胀螺栓

安装简圆—顶剖面图

图 5-21　幕墙顶部构造图

1—铝合金板；2—顶部定型铝盖板；3—角钢支撑；4—角钢支撑；5—角铝；6—密封材料；7—支撑材料；8—预埋锚固或螺栓

加工是不可避免的。

②现场加工应使用专业设备工具，由专业人员进行操作，确保板件的加工质量。

③严格按安全固定进行操作，工人应正确熟练地使用设备工具，避免因违章操作而造成安全事故。

**四、石板幕墙的安装施工**

1．一般技术要求

1）预埋件安装

预埋件应在土建施工时埋设，幕墙施工前要根据该工程基准轴线和中线以及基准水平点对预埋件进行检查和校核，一般允许位置尺寸偏差为 ±20mm。如有预埋件位置超差而无法使用或漏放时，应根据实际情况提出选用膨胀螺栓的方案，并必须报设计单位审核批准。并应在现场做拉拔试验。

2）测量放线

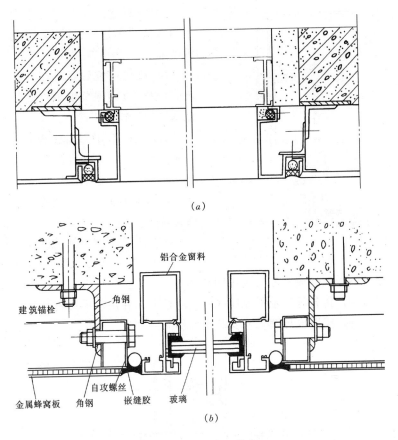

(a)

铝合金窗料

建筑锚栓　　角钢

金属蜂窝板　角钢　嵌缝胶　玻璃

自攻螺丝

(b)

图 5-22　铝板窗口节点

(1)由于土建施工允许误差较大,幕墙施工要求精度很高,所以不能依靠土建水平基准线,必须由基准轴线和水准点重新测量复核。

(2)按照设计在底层确定幕墙定位线和分格线位。

(3)用经纬仪或激光垂直仪将幕墙阳角和阴角线引上,并用固定在钢支架上的钢丝线作标志控制线。

(4)使用水平仪和标准钢卷尺等引出各层标高线。

(5)确定好每个立面的中线。

(6)测量时应控制分配测量误差,不能使误差积累。

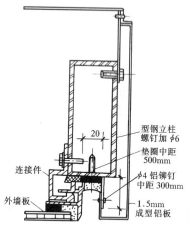

图 5-23　边缘部位的收口处理

（7）测量放线应在风力不大于四级情况下进行，并要采取避风措施。

（8）放线定位后要对控制线定时校核，以确保幕墙垂直度和金属立柱位置的正确。

（9）所有外立面装饰工程应统一放基准线，并注意施工配合。

3）金属骨架的安装

（1）根据施工放样图检查放线位置。

（2）安装固定立柱的铁件。

（3）先安装同立面两端的立柱，然后拉通线顺序安装中间立柱。

（4）将各施工水平控制线引至立柱上，并用水平尺校核。

（5）按照设计图尺寸安装金属横梁。

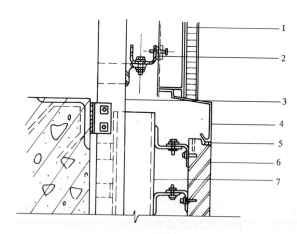

图 5-24　金属板幕墙底部构造图

1—外墙金属板；2—连接件；3—立柱；4—定型扣板；
5—密封胶；6—石材收口板；7—型钢骨架

278

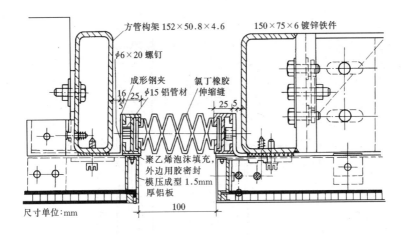

图 5-25 伸缩缝、沉降缝处理示意

（6）如有焊接时，应对下方和相近的已完工装饰面进行保护。焊接时要采用对称焊，以减少因焊接产生的变形。检查焊缝质量合格后，刷防锈漆。

（7）金属骨架完工后应通过监理公司隐蔽工程检查后，方可进行下工序。

4）防火、保温材料的安装

（1）必须采用合格的材料。

（2）在每层楼板与石板幕墙之间不能有空隙，应用镀锌钢板和防火棉形成防火带。

（3）在北方寒冷地区，窗框四周嵌缝处应用保温材料防护，防止冷桥形成。

（4）外墙保温层施工时，保温层最好应有防水保护层，在金属骨架内填塞固定要严密牢固。

5）石材饰面板安装

石材板块的固定目前有两种方式，一种是挂钩式，一种是背栓式。

A．不锈钢挂钩式，如图 5-26。

挂钩式的石材板块一般为从下向上安装，所以先要把最底层

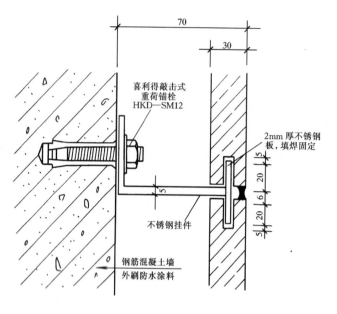

图 5-26　干挂施工直接法当前流行做法

的安装完毕,底层板块的安装同样遵循先装转角和两端头,拉线,分格,消除积累误差,然后把底层板块安装完毕,再以底层板块为基准,吊分格垂线以此安装其余的板块。安装第二层时,把胶抹进第一层板块上部和第二层板块并插进挂件,把挂件与骨架调整固定,这样第一层板块与第二层板块的下部便定位完毕,再用临时措施固定第二层板块的上部,然后重复往沟槽内抹胶,放挂件,固定挂件,临时固定上层板块上部等等的工作。石材幕墙所要注意的有:第一,石材是天然的,存在色差是必然的,所以在安装石材时要进行配色,即相邻两块石材的色差不应过大。第二,石材无论在安装和保管的过程中要注意不要把油渍和油花撒在石材的表面上,因为石材的组织较玻璃、铝板疏松,在显微镜下有很少微小的缝隙,一旦它们进入这些缝隙后便很难清除,形成色斑。

B.不锈钢背栓式,如图 5-27。

传统的挂钩式有三个缺点,一是安装的次序从下往上,如果

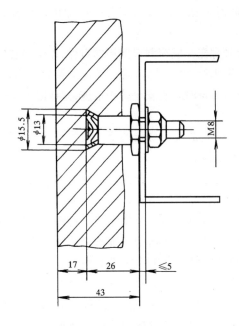

图 5-27　用柱锥式锚栓固定挂件示意图

倒过来安装就很不容易，每装一块时都要作临时固定，操作有一定的难度；二是挂钩槽在现场手工中控制，随机性大，质量难以保证；三是挂件把左右上下的板块都联为一体，一旦要拆卸几乎是不可能，于是人们引入了背栓式的联接方式，把板块往横梁上轻轻地预放，再检查位置是否准确，如有误差取下来，通过调整背栓后面的一对螺母从而调节进出位，再把板块放进横梁内准确无误后，再进入下一板块的安装。

安装步骤如下：

（1）将运至工地的石材按编号分类,检查尺寸是否准确和有无破损,按施工要求分层次将石材运至施工面附近,并注意摆放可靠。

（2）先按幕墙面基准线仔细安装好底层第一层石材。

（3）注意安放每层金属挂件的标高，金属挂件应紧托上层饰面板，而与下层饰面板之间留有间隙。

（4）安装时要在饰面板的销钉孔或切槽口内注入大理石胶，以保证饰面板与挂件的可靠连接。

（5）安装时宜先完成窗洞口四周的石材，以免安装发生困难。

（6）安装到每一楼层标高时，要注意调整垂直误差。

（7）在搬运石材时要有安全防护措施，摆放时下面要垫木方。

6）嵌胶缝

石材间的胶缝是石板幕墙的第一道防水措施，同时也使石板幕墙形成一个整体。

（1）要按设计要求选用合格和未过期的耐候嵌缝胶。最好选用含硅油少的石材专用嵌缝胶，以免硅油渗透污染石材表面。

（2）用带有凸头的刮板填装泡沫塑料圆条，保证胶缝的最小深度和均匀性。选用的泡沫塑料圆条直径应稍大于缝宽。

（3）在胶缝两侧粘贴纸面胶带纸保护。

（4）用专用清洁剂或草酸擦洗缝隙处石材表面。

（5）派受过训练的工人注胶，注胶应均匀无流淌，边打胶边用专用工具勾缝，使嵌缝胶成型后呈微弧形凹面。

（6）施工中要注意不能有漏胶污染墙面，如墙面上沾有胶液应立即擦去，并用清洁剂及时擦净余胶。

（7）大风和下雨时不能注胶。

7）清洗和保护

施工完毕后，除去石材表面的胶带纸，用清水和清洁剂将石材表面擦洗干净，按要求进行打蜡或刷保护剂。

2．施工要点

（1）严格控制材料质量，材质和加工尺寸都必须合格。

（2）要仔细检查每块石材有没有裂纹，防止石材在运输和施工时发生断裂。

（3）测量放线要十分精确，各专业施工要组织统一放线、统一测量，避免各专业施工因测量和放线误差发生施工矛盾。

（4）预埋件的设计和放置要合理，位置要准确。

（5）根据现场放线数据绘制施工放样图，落实实际施工和加工尺寸。

（6）在安装和调整石材位置时，可用垫片适当调整缝宽，所用垫片必须与挂件是同质材料。

（7）固定金属挂片的螺栓要加弹簧垫圈，或调平调直拧紧螺栓后，在螺帽上抹少许大理石胶固定。

**五、高空吊运设备及操作知识**

1. 塔式起重机

塔式起重机有很多种，作为幕墙工人在建筑工地接触最多的

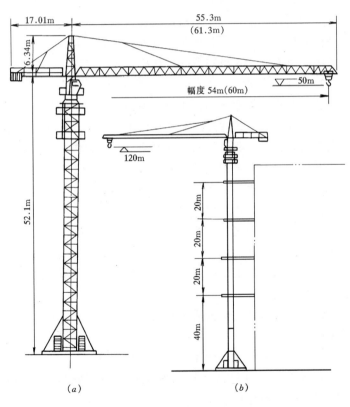

图 5-28　QTZ100 型塔式起重机外形
（a）独立式；（b）附着式（120m）

是附着式上回转自升塔式起重机，如图 5-28。它的上部分可以
360°旋转，随着建筑物的不断升高，其塔身还可以自己升高，它
的小车可在吊臂上来回移动，吊钩可以通过小车作上下移动。这
样就可以以小车移动吊臂最远处的半径，以小车底部为高度画一
个圆柱体，吊钩便可以在这个圆柱体的任意一点上进行装卸作
业。

塔吊是由专职司机操作的，其余人员严禁操作，塔吊的起重
量是有限制的，具体情况要根据现场塔吊的型号，听从司机的指
挥。塔吊司机只有在接到指挥信号后才能操作。一般来说，塔吊
都有在起吊现场配合一个指挥员，操作时要听从他的指挥。塔吊
有一个允许工作环境，具体是：气温在 +40℃ ~ -20℃；风速小
于 4 级；风速大于 4 级和雷雨天禁止作业。

2. 施工升降机

施工升降机如图 5-29，在施工现场主要用于人员上落和货场
的运输。施工升降机通过附墙支撑依附在大厦的外侧上。导轨架
内装有齿条，开动驱动机构，梯笼便沿导轨架作上下移动，人员
和货物进入梯笼便可到达需要的层面和高度。

施工升降机也是由专职司机操作，它对载重量和货物的体积
都是有要求的，具体听司机的指挥。

**六、幕墙工程施工组织设计**

幕墙工程在施工前首先对工程作一个详细的施工组织设计，
其实是一个详细的工作计划，以便能整理出一条清晰的思路，便
于工作有序地进行。

施工组织设计主要包括如下几方面的内容。

1. 工程概况

2. 施工组织机构（包括责任和职权划分）

3. 构件运输（包括运输路线选择、时间安排、装载要求、
运输和装卸机械等）

4. 现场搬运（包括场地、垂直运输、搬运计划等）

5. 安装前的检查和处理（包括检查主体结构的偏差、预埋

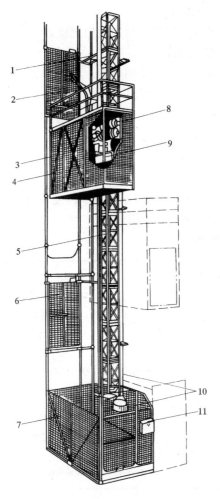

图 5-29　施工升降机总图

1—附墙支撑；2—自装起重机；3—限速器；4—
梯笼；5—立柱导轨架；6—楼梯门；7—底笼及
平面主框架；8—驱动机构；9—电气箱；10—电
缆及电缆箱；11—地面电气控制箱

件的复核和纠偏、脚手架的调整、土建立线交接、接电等）

6．安装工艺流程

7．工程设计、安装、材料供应进度表

8．劳动力使用计划

9．施工机具、设备使用计划

10．资金使用、设备使用计划

11．质量要求

12．安全防范措施

13．成品保护措施

14．交工资料的内容

15．设计变更解决的方法和现场问题协商解决的途径

附：南华大厦施工组织设计

## 一、工程概况

| 工程名称 | 南华大厦幕墙装饰工程 | | | | | | |
|---|---|---|---|---|---|---|---|
| 建设单位 | 深圳康发发展公司 | 施工单位 | 深圳金粤幕墙装饰工程有限公司 | | 工程造价 | 约2136万元 | |
| 工程面积 | 22373.92m² | 性质 | 幕墙 | 建筑标高 | 99.8m | 层数 | 26层 |
| 计划开工时间 | 2002.3.12 | 计划竣工时间 | 2002.9.30 | 工程质量要求 | | 优良 | |
| 内容 | 铝板幕墙 | m² | 约5300 | 落地玻璃 | | m² | 约800 |
| | 玻璃幕墙 | m² | 约10110 | 玻璃幕墙装饰带 | | m² | 约9800 |
| | 铝合金型材 | 国产优质铝材 | | 结构胶、耐候胶 | | 美国道康宁或其他产品 | |
| | 玻璃 | 国产钢化镀膜 | | 铝板 | | 国产优质铝板 | |
| | 落地玻璃 | 15mm白玻璃 | | 石材 | | 国产优质型材 | |

## 二、施工组织管理机构

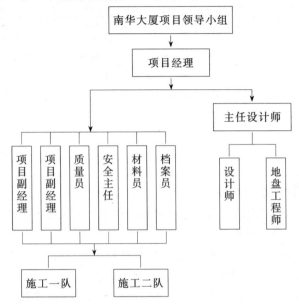

## 三、施工准备工作

1. 技术准备

（1）严格按照《建筑工程施工质量验收统一标准》、《建筑装饰装修工程质量验收规范》、《玻璃幕墙工程技术规范》和高层建筑避雷、消防等技术要求，结合本工程实际情况进行技术设计，并及时会同业主、设计院进行图纸会审、确认。

（2）经审批确认的图纸，是施工活动的技术文件，也是开展全部技术设计活动的唯一依据，未经同意，任何人不得随意更改。

（3）本项目主设计师 1 名，项目设计师 1~2 名，专门负责项目技术设计工作。

（4）进行施工技术和质量要求交底工作，由主设计师对本工程的设计要点及施工技术难点进行全面交底（参加人员包括：本项目管理人员、施工队长、班组长）。

2. 机械设备准备

安装主要设备明细表

| 序号 | 设备名称 | 数量 | 功率 | 产　地 |
|------|---------|------|------|--------|
| 1 | 电焊机 | 15 | 3.5kW | 广州 |
| 2 | 磨光机 | 6 | 0.35kW | 上海 |
| 3 | 手电钻 | 20 | 0.35kW | 日本、西德 |
| 4 | 冲击钻 | 10 | 0.8kW | 日本 |
| 5 | 射钉枪 | | 4 | 上海 |
| 6 | 圆盘锯 | 2 | 1.5kW | 日本 |
| 7 | 激光经纬仪 | 1 | | 江苏 |
| 8 | 自动安水平准仪 | 1 | | 上海 |
| 9 | 万能角度尺 | 1 | | 上海 |
| 10 | 多功能质检尺 | 1 | | 上海 |

3．材料组织准备

根据施工组织进度计划及材料清单编制分批材料采购计划。

4．配合条件准备

（1）由甲方以书面形式提交基准点、线（中心线、进出位线、标高线），作为现场施工安装测量基准。

（2）拆除脚手架时，土建方作业人员必须采取严谨的保护措施，确保不损坏幕墙成品，须做到谁损坏谁负责。同时，为保证拆架安全，拆架时采取先加固、后拆除、边加固、边拆除的操作方式。

（3）对结构偏差超值时，及时修正处理。

（4）提供安全、可靠、规范的施工脚手架，并配合幕墙进度临时增设或拆除脚手架。

（5）提供 400m² 的现场材料仓库、60m² 的现场办公室及满足 80～100 名施工人员需要的住宿场地，提供各楼层临时材料存放点。

（6）提供生活用水、电，施工用电每区每层作业面有 2～3 个连接点。

（7）所有室内湿作业，在幕墙立柱安装前必须完成。

5．三性试验

在幕墙大批量加工安装施工前，必须进行各类幕墙三项性能试验，把幕墙工程设计中可能存在的问题在试验阶段就暴露出来，如果一次试验结果未满足设计要求，须通过对试验结果进行分析，找出原因，采取相应措施，直到试验结果到达设计要求。从而保证工程质量。

（1）试验机构及地点

试验必须在业主及政府认可的测试机构进行。

（2）幕墙三项性能试验检测依据

a. 幕墙的抗风压变形性能试验检测方法依据 GB/T 15227—94《建筑幕墙风压变形性能检测方法》进行。检测标准依据 GB/T 15225—96《建筑幕墙物理性能分级》。

b. 幕墙雨水渗透性能试验检测方法依据 GB/T 15228—94《建筑幕墙雨水渗透性能检测方法》进行。检测标准依据 GB/T 5225—94《建筑幕墙物理性能分级》。

c. 幕墙空气渗透性能试验检测方法依据 GB/T 15227—2000《建筑幕墙空气渗透性能检测方法》进行。检测标准依据 GB/T 15225—96《建筑幕墙物理性能分级》。

**四、施工方法**

1. 幕墙制作安装流程

（1）幕墙构件制作加工流程图

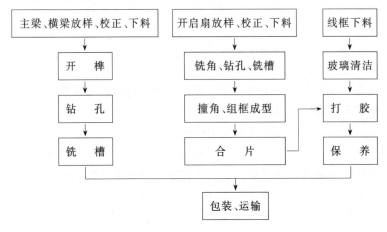

（2）百叶窗构件制作加工流程图

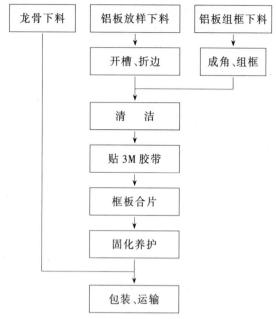

（3）半隐框幕墙现场安装工序流程

施工人员进场→放线→复检预埋件→偏差修正处理→安装钢支座→安装立柱→支座校正、焊接紧固→避雷系统安装→防火材料安装→安装幕墙单元→固定角码→幕墙嵌缝安装、打胶→清洁→自检→验收。

（4）铝板幕墙现场安装工序流程

施工人员进场→放线→复检预埋件→偏差修正处理→安装钢支座→安装龙骨→支座校正、焊接紧固→避雷系统安装→安装铝板单元→嵌缝、打胶→清洁→自检→验收。

（5）石材幕墙现场安装工序流程

施工人员进场→放线→复检预埋件→偏差修正处理→安装钢支座→安装龙骨→支座校正、焊接紧固→避雷系统安装→安装石材单元→嵌缝、打胶→清洁→自检→验收。

2．主要工序作业安装要点

（1）测量放线

按土建提供的中心线，水平线经我方复验后进行幕墙的测量放线，须与主体结构测量放线相配合，水平标高要逐层从地面引上，避免累积误差，测量放线时应注意在每天定时进行以减少温差的影响，测量时风力不应大于 4 级，该项工序是整个幕墙工程的重要部分，必须严格操作和检测，以保证放线准确无误。

根据放线结果，对主体结构超差部位又确定影响外墙施工的，土建承包商应在一定时间内负责修正。

（2）钢支座的预装

钢支座的预装焊接工作一般在土建施工封顶后从幕墙工程底部开始向上安装，校正位置后先点焊固定，待立柱安装定位后再焊接完全定位。

（3）立柱的安装

玻璃幕墙的立柱从幕墙的底部开始向上安装，可待钢支座安装校正后开始安装立柱，立柱的主要安装工艺如下：

a. 对照施工图检查立柱的尺寸及加工孔位是否正确相符；

b. 将立柱附件（芯套、防腐垫片、辅助钢支座）等安装上立柱；

c. 安装立柱，调整支座连接螺栓，以确保立柱安装的安装误差符合规范，调整后每层钢支座焊接应防止焊接时受热变形，其顺序为上、下、左、右，并需检查焊缝质量，不得有假焊，气泡、夹渣等焊接缺陷，焊缝高度不小于设计要求。

（4）防雷系统的安装

按本工程防雷设计要求，幕墙立柱通过幕墙钢支座与预埋件可靠连接，再通过均压环与主体结构防雷系统连接。

（5）分部分项工程的隐蔽检查验收

（6）幕墙单元的安装

各种规格形式的幕墙单元组件在厂内制作，打胶在密封无尘、恒温恒湿的专用打胶房内进行，在规定条件下养护期满后运至工地，现场安装时应先对清图号、单元号以确认其安装位置，并分区摆放。

安装时先吊好单元进入预置孔位，安装玻璃托块、板块滑入就位、调整间隙、水平及垂直度后，安装胶条定位、内部封胶。安装时注意上下左右搭配，留好封闭口。

（7）成品保护

a.铝型材下料前需在装饰面贴保护胶纸，防止表面损伤，工程完工后予以清除。

b.铝框及固定玻璃安装前，土建单位必须完成室内外湿作业。

c.在玻璃挂装完成之后，要求其他承建商和施工队伍要给予配合，实行幕墙成品保护，严禁酸碱性或水泥砂浆与其接触，在外脚手架拆移时，要求小心操作，以免损坏碰伤。应防止其他施工单位作业时对型材磨擦及碰撞。

d.设立幕墙成品保护监察员，加强巡视保护，遇见人为破坏及时制止并记录报告上级领导。

e.固定玻璃及开启扇安装完毕后，逐层安装调试后及时移交总包单位。

3.施工常出现的问题及解决方法

**五、施工进度计划**

略。

**六、项目质量计划**

1.工程质量标准

（1）铝合金构件安装质量标准

| 项　　目 | | 允许偏差 | 检查方法 |
|---|---|---|---|
| 幕墙垂直度 | 幕墙高度不大于30m | 10mm | 激光仪或经纬仪 |
| | 幕墙高度大于30m，不大于60m | 15mm | |
| | 幕墙高度大于60m，不大于90m | 20mm | |
| | 幕墙高度大于90m | 25mm | |
| | 竖向构件直线度 | 3mm | 2m靠尺、塞尺 |
| 横向构件水平度 | 分格不大于2000mm | 2mm | 水平仪 |
| | 分格大于2000mm | 3mm | |

| 项目 | | 允许偏差 | 检查方法 |
|---|---|---|---|
| 同高度相邻两根横向构件高度差 | | 1mm | 钢板尺、塞尺 |
| 横向构件水平度 | 幅度不大于 35m | 5mm | 水平仪 |
| | 幅度大于 35m | 7mm | |
| 分格框对角线差 | 对角线长不大于 2000mm | 3mm | 3m 钢卷尺 |
| | 对角线长大于 2000mm | 3.5mm | |

## （2）隐框玻璃幕墙安装质量标准

| 项目 | | 允许偏差 | 检查方法 |
|---|---|---|---|
| 竖缝及墙面垂直度 | 幕墙高度不大于 30m | 10mm | 激光仪或经纬仪 |
| | 幕墙高度不大于 30m，大于 60m | 15mm | |
| | 幕墙高度不大于 30m，大于 60m | 20mm | |
| | 幕墙高度不大于 30m | 25mm | |
| 幕墙平面度 | | 3mm | 3m 靠尺、钢板尺 |
| 竖缝垂直度 | | 3mm | 3m 靠尺、钢板尺 |
| 横缝直线度 | | 3mm | 3m 靠尺、钢板尺 |
| 拼缝宽度（与设计值比） | | 2mm | 卡尺 |

## 2. 质量控制组织机构

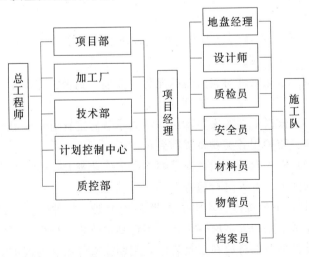

## 七、安全生产管理

1．施工安全管理

（1）严格遵守国家建筑安全技术生产条例和施工安全规范以及现场安全管理制度。

（2）做好岗前教育培训交底工作，全面了解熟悉现场结构施工作业及安全通道等情况。

（3）实行安全负责制，项目经理为总负责人，全面指导、协调管理职责，公司安检部委派持证上岗的安全检查员负责施工过程的安全工作。现场设立安全负责人 1 名，各施工组长兼安全检查员共 3 名，全面履行安全施工的职责奖罚权力。

（4）每周一次的安全生产例会，发现问题及时解决。

（5）制止违章指挥，严禁违章作业行为，确保施工安全。

（6）高空作业要点

a．脚手架是否可靠，踏板、护栏是否搭设，是否符合规范。

b．自我保护措施是否完善（如安全带、安全帽、工作鞋等）。

c．精神集中，认真操作。

d．同一垂直面上，严禁同时作业，所有施工机、工具及材料摆放稳妥，防止坠下伤人。

e．交叉作业时，事前与施工方协商，划定施工区域，不得超越，避免出现施工混乱导致出现安全事故。

（7）吊运大件材料（包括龙骨、玻璃、铝板）应由专人负责指挥，并按指定楼层存放摆放。

（8）根据不同的安装部位和不同季节制定针对性强可行的安全措施，防护用各类物资提前到位。

（9）进入现场必须戴安全帽，高空作业戴安全带，并系在牢固的构件上，专人进行检查保持完好状态。

（10）未经批准，不得随意拆除脚手架、杆件、扣件，不得撤除连系结点和安全网脚手板，不得高空坠物，操作人员应配戴工具袋，小型工具放在工具袋内，定期检查外架。发现不安全问题应及时与土建单位联系解决,做到"宁可停一天也不冒险抢一秒"。

(11) 高空作业人员必须进行体格检查,凡高血压、心脏病、颠痫病患者不得进行高空作业。

(12) 严禁在工作前和工作时间饮酒,不允许在易燃物附近吸烟生火、随便使用电炉和乱接乱拉照明电路。

(13) 所有临时配电箱必须装置在安全地点牢固可靠,开关插座漏电开关应完整无缺,防止雨水溅落,金属箱体必须有可靠接地,施工前应对漏电开关进行检查,如有损坏,要及时更换。临时电线应对漏电应使用橡皮软电缆,严禁非电工人员接驳电源,接驳电源应先切断电源,挂牌施工。

(14) 所有施工设备和电气设备不得带病或超负荷运作,应按要求设置配电箱及漏电保护装置、插头、插座等。

(15) 吊篮的操作人员使用手持电动工具要配有漏电跳闸开关,戴绝缘手套穿胶鞋,应对吊篮定期检查保养。

(16) 应用吊篮施工,吊篮升降专人负责(必须是经过培训合格人员操作),收工时吊篮应放置在尚未安装的楼层或地面上固定好,吊篮不允许超负荷运行,每天上班前检查安全配重。

(17) 大玻璃安装,搬运前先检查玻璃四边缘有无裂纹和其他缺陷,否则不能搬动,搬动时不平放,搬运必须是侧用吸盘搬运,用力一致;安装大玻璃,将玻璃运至安装地点,玻璃一端放在 20mm × 200mm × 400mm 二橡胶板,两侧面人用吸盘向前向上拉升移动,然后人站在脚手架上逐步向前向上移,接近就位时,在临时支托上放橡胶板临时固定。当天安装的玻璃临时固定,没有做好不能下班。

(18) 在脚手架上安装,脚手架的板面必须牢固,加工的碎片不得随意向下扔。

(19) 打胶用完的空罐不得随意向下扔。

(20) 不得随意动用外单位机具设备,防止不了解性能造成安全事故。

（21）上下交叉作业，应有专人监视并做好垂直面上的水平面的安全防护，4级大风不能高空作业。雨天、夜间不宜作业，防止意外事故发生。

2．消防管理

（1）项目安全员兼任本施工队防火负责人，负责烧焊、用电、动火等防火工作，下班前对工作范围的防火工作进行一次检查。

（2）烧电焊要有人看火，有特制器皿接住火花和焊渣，电焊周围和下方不得有易燃物品，并应备有灭火器防止火花溅落引起燃烧。

（3）氧气和乙炔不得存放在有油污的地方，存放点要距离明火电源 10m 以上，氧气瓶不得暴晒和碰撞，乙炔瓶必须有回火装置，必须立放，与氧气的距离应有 5m 以上。

（4）临时设施区内，一般每 $100m^2$ 设置两只灭火器，电焊部位应挂有流动灭火器，一般不少于两只，灭火器应有专人负责维修，一般一年半换一次药剂（酸碱泡沫灭火器）。

## 八、竣工验收

1．外观检查：幕墙工程安装完毕后，分段分层进行外观检查，玻璃应该擦净，并做好中间验收记录。

2．全部按图纸及设计变更文件按规定的内容全部完成向业主交工。

3．工程验收之前应先整理好下列资料：

（1）施工后的竣工图。

（2）设计修改、材料代用以及技术会议记录等文件。

（3）材料配件出厂质量证明，或复检报告。

（4）玻璃幕墙物理性能（抗风压、气密、水密）检测报告，（由甲、乙双方根据需要协商处理）。

（5）安装的自检记录。

（6）隐蔽验收文件。

（7）填写交工证明。

4．竣工验收的检验方法及标准详本文件第六条第3款。

5．其他竣工资料按有关规定准备执行。

**九、维修服务**

1．因幕墙本身所涉及的专业技术性比较强，而且很多都由配件组装形成。为保证幕墙在使用过程满足用户要求，我司将在工程竣工验收完毕后，给业主专门提供一份幕墙使用说明书，使业主在使用过程中加强对幕墙的保养，正确操作使用，延长幕墙的使用寿命。

2．工程竣工验收后我司向业主提供质量保证书，质保期时间为竣工验收合格之日起二年，在此期内由于我司设计、材料、安装等质量问题影响幕墙使用功能，由我司负责。

3．为加强工程竣工验收后的服务，我方承诺两年的保修期，在保修期内，属质量问题引起的维修费用，由我司承担。属人为损坏或玻璃自爆，我司负责维修，业主负担费用。

# 第三节 幕墙质量要求及通病防治

**一、质量要求**

1．材料

1）铝合金材料：铝合金型材应符合《铝合金建筑型材》GB/T5237 的规定，其精度要达到高精级要求。另外凡与结构胶相接触的型材其氧化膜层不应低于《铝及铝合金阳极化 - 阳极化膜的总规则》GB 8013 中规定 AA15 级要求。

2）玻璃：应根据设计要求的功能分别选用适宜品种与规格，其性能应符合现行国家标准或行业标准的有关规定。

3）密封材料：密封材料应满足《玻璃幕墙工程技术规范》JGJ 102 的规定。结构胶和耐候胶在使用前必须与所接触部位的所有材料做相容性和粘结力试验，并提供检测报告，必要时应由国家或部级建设主管部门批准或认可的检测机构进行检验。严禁使用不合格产品或过期使用。

4）金属附件：幕墙所采用的金属附件等金属材料，除不锈钢外，应进行防腐处理，并防止发生接触腐蚀。

5）五金构件：五金构件、零配件以及其他材料应符合现行国家标准或行业标准的有关规定。

6）热镀锌钢板应符合《连续热镀锌薄钢板和钢带》GB 2518的规定；不锈钢冷轧板应符合《不锈钢冷轧钢板》GB/T 3280的规定。

2. 性能与安全要求及其检测方法

1）风压变形性能

（1）质量标准：按《建筑幕墙物理性能分级》GB/T 15225之3.1执行。

（2）检测方法：按《建筑幕墙风压变形性能检测方法》GB/T 15227的规定进行。

2）水渗漏性能

（1）质量标准：按《建筑幕墙物理性能分级》GB/T 15225之3.2执行。

（2）检测方法：按《建筑幕墙雨水渗漏性能检测方法》GB/T 15228的规定进行。

3）空气渗透性能

（1）质量标准：按《建筑幕墙物理性能分级》GB/T 15225之3.3执行。

（2）检测方法：按《建筑幕墙空气渗透性能检测方法》GB/T 15226的规定进行。

4）平面内变形性能

（1）质量标准：按《建筑幕墙》JG 3035之4.1.7执行。

（2）检测方法：按《建筑幕墙》JG 3035附录A之A2规定进行。

5）保温性能

（1）质量标准：按《建筑幕墙物理性能分级》GB/T 15225之3.4执行。

（2）检测方法：按《建筑外窗保温性能分级及其检测方法》GB8484 的规定进行。

6）隔声性能

（1）质量标准：按《建筑幕墙物理性能分级》GB/T 15225 之 3.5 执行。

（2）检测方法：按《建筑外窗空气隔声性能分级及其检测方法》GB 8485 的规定进行。

7）耐撞击性能

（1）质量标准：按《建筑幕墙》JG 3035 之 4.1.6 执行。

（2）检测方法：按《建筑幕墙》JG 3035 附录 A 之 A1 规定进行。

8）幕墙的防火性能要求

幕墙应按建筑防火设计分区和层间分等要求采取防火措施，必须符合《建筑设计防火规范》GBJ 16—2001 和《高层民用建筑设计防火规范》GB 50045 有关规定。

9）幕墙的防雷性能要求

幕墙的防雷设计应符合《建筑防雷设计规范》GB 50057 的有关规定。幕墙应形成自身的防雷体系并和主体结构的防雷体系有可靠的连接。

10）幕墙的抗震性能要求

幕墙的构造应具有抗震能力，并满足主体结构的抗震要求。

3．加工安装的质量要求和检测方法

1）幕墙加工安装的总体质量要求和检测方法

表 5-6

| 序号 | 质　量　要　求 | 检　测　方　法 |
|---|---|---|
| 1 | 铝材品种规格符合设计要求 | 观察测量并核对出厂合格证 |
| 2 | 玻璃品种规格符合设计要求 | 观察测量并核对出厂合格证 |
| 3 | 结构胶品种规格符合设计要求 | 观察检查并核对出厂合格证 |
| 4 | 其他构件的品种规格符合设计要求 | 观察检查并核对出厂合格证 |

| 序号 | 质 量 要 求 | 检 测 方 法 |
|---|---|---|
| 5 | 玻璃构件堆放符合要求，保护胶纸完好 | 观察检查 |
| 6 | 玻璃、铝板、铝材及其构件、附件表面质量良好，无擦伤、划伤等缺陷 | 观察检查 |
| 7 | 各处的结构胶注胶密实、表面平整 | 观察检查 |
| 8 | 主要竖向构件长度限值偏差：±1.0mm | 钢卷尺测量 |
| 9 | 主要横向构件长度限值偏差：±0.5mm | 钢卷尺测量 |
| 10 | 主要构件端头斜度限值偏差：-15° | 角度尺测量 |
| 11 | 框组件长、宽限值偏差：<br>当 L≤2m 时，±2.0mm；<br>当 L>2m 时，±2.5mm | 钢卷尺测量 |
| 12 | 框组件对角线限值偏差：<br>当长边≤2m 时，3.0mm；<br>当长边>2m 时，3.5mm | 钢卷尺测量 |
| 13 | 框组件平面度限值偏差：3.0mm | 用平台和塞规检测 |
| 14 | 框组件组装间隙限值偏差：0.5mm | 塞规检测 |
| 15 | 框接缝高低限值偏差：0.5mm | 深度尺或卡尺 |
| 16 | 组件周边玻璃与铝框位置限值偏差：1mm | 深度尺或卡尺 |
| 17 | 胶缝宽度限值偏差：+1.0mm | 卡尺 |
| 18 | 胶缝厚度限值偏差：+0.5mm | 卡尺 |
| 19 | 金属板组件长、宽尺寸限值偏差：<br>当≤2m 时，±2.0mm；<br>当>2m 时，±2.5mm | 钢卷尺测量 |
| 20 | 金属板组件对角线尺寸限值偏差：<br>当≤2m 时，±3.0mm；<br>当>2m 时，±3.5mm | 钢卷尺测量 |
| 21 | 金属板组件平面度限值偏差：<br>单层板　当≤2m 时，3.0mm；<br>　　　　当>2m 时，3.5mm。<br>复合板　当≤2m 时，2.0mm；<br>　　　　当>2m 时，3.0mm。<br>蜂窝板　当≤2m 时，1.0mm；<br>　　　　当>2m 时，2.5mm | 钢卷尺测量 |

2）铝合金板材加工和安装允许偏差

（1）加工允许偏差

金属板幕墙的板材加工精度允许偏差应符合表 5-7 的规定。

（2）加工质量要求

①金属板表面平整、洁净，规格和颜色一致。

②板面与骨架的固定必须牢固，不得松动。

③接缝应宽窄一致、嵌填密实。

④安装金属板用的铁制锚固件和连接件应作防锈处理。

3）铝合金幕墙组件制作偏差

铝合金板幕墙组件制作尺寸偏差应符合表 5-7 的要求。

**铝合金板幕墙组件制作尺寸允许偏差（mm）**　　表 5-7

| 序号 | 项　　　　目 | | 允许偏差 |
|------|------|------|------|
| 1 | 金属框长、宽尺寸 | | ±1 |
| 2 | 组件长宽尺寸 | | ±1.5 |
| 3 | 金属框内侧及 | ≤2000 | ≤2.5 |
| | 组件对角线差 | >2000 | ≤3.5 |
| 4 | 金属框接缝高低差 | | ≤0.5 |
| 5 | 金属框组装间隙 | | ≤0.5 |
| 6 | 胶缝宽度 | | +1.0<br>0 |
| 7 | 胶缝厚度 | | +0.5<br>0 |
| 8 | 框格与镶板定位轴线偏差 | | ≤1.0 |
| 9 | 框格边与镶板边实际距离与设计偏差 | | ≤1.5 |
| 10 | 金属框平面度 | | ≤1.0 |

4）构件式铝合金幕墙允许偏差

构件式铝合金板幕墙横梁、立柱安装允许偏差，应符合表 5-8的要求。

**构件式铝合金板幕墙安装允许偏差**　　　　表 5-8

| 序号 | 项　　目 | | 允许偏差（mm） |
|------|----------|---|---------------|
| 1 | 相领两立柱间距尺寸（固定端处） | | ≤2.0 |
| 2 | 相领两横梁间距尺寸（mm） | ≤2000 | ≤1.5 |
| | | >2000 | ≤2.0 |
| 3 | 框格分格对角线长度差（mm） | ≤2000 | ≤3.0 |
| | | >2000 | ≤3.5 |
| 4 | 立柱垂直度 | $H \leqslant 30m$ | ≤10 |
| | | $30m < H \leqslant 60m$ | ≤15 |
| | | $60m < H \leqslant 90m$ | ≤20 |
| | | $H > 90m$ | ≤25 |
| 5 | 立柱外表面同一平面内位置度 | 相邻立柱 | ≤2 |
| | | $20m \leqslant B$ | ≤4 |
| | | $20m < B \leqslant 40m$ | ≤5 |
| | | $40m < B \leqslant 60m$ | ≤6 |
| | | $60m < B \leqslant 80m$ | ≤10 |
| | | $B > 80m$ | ≤15 |
| 6 | 同一标高面内横梁高度差 | 相邻两横梁 | ≤1 |
| | | $B \leqslant 35m$ | ≤5 |
| | | $B > 35m$ | ≤7 |
| | 弧形幕墙立柱外表面与设计定位位置差 | | ≤2 |

注：表中 $H$ 为幕墙总高度，$B$ 为幕墙总宽度。

5）单元式幕墙允许偏差

单元式幕墙、构件—单元式幕墙的安装允许偏差按表 5-9 要求。

**单元式铝合金板幕墙安装允许偏差**　　　　表 5-9

| 序号 | 项　　目 | | 允许偏差（mm） |
|------|----------|---|---------------|
| 1 | 相邻两组件间距 | | ≤2.0 |
| 2 | 组件直边垂直度（固定量一侧） | 一个组件 | ≤2.0 |
| | | $H \leqslant 30m$ | ≤10.0 |
| | | $30m < H \leqslant 60m$ | ≤15.0 |
| | | $60m < H \leqslant 90m$ | ≤20.0 |
| | | $H > 90m$ | ≤25.0 |

| 序号 | 项目 | | 允许偏差（mm） |
|---|---|---|---|
| 3 | 组件水平高度差 | 相邻两组件 | ≤2.0 |
| | | $B \leqslant 35\text{m}$ | ≤5.0 |
| | | $B > 35\text{m}$ | ≤7.0 |
| 4 | 组件外表面平面度 | 相邻两组件 | ≤2.0 |
| | | $B \leqslant 20\text{m}$ | ≤4.0 |
| | | $20\text{m} < B \leqslant 40\text{m}$ | ≤6.0 |
| | | $40\text{m} < B \leqslant 60\text{m}$ | ≤8.0 |
| | | $60\text{m} < B \leqslant 80\text{m}$ | ≤10.0 |
| | | $B > 80\text{m}$ | ≤12.0 |

表中：$H$ 为幕墙总高度，$B$ 为幕墙总宽度。

4．安装施工的质量要求和检测方法

节点安装施工要求和检测方法，见表 5-10。

表 5-10

| 序号 | 质 量 要 求 | 检 测 方 法 |
|---|---|---|
| 1 | 预埋件及附件形状尺寸符合设计要求和有关规定 | 观察检测 |
| 2 | 焊条牌号性能符合设计要求和有关规定 | 观察检查 |
| 3 | 五金件焊缝质量良好，焊缝性能、长度符合要求 | 观察检查，并核查焊缝试验报告 |
| 4 | 节点防腐处理符合要求 | 观察检查 |
| 5 | 预埋件标高差：±10mm | 利用激光仪或经纬仪检测 |
| 6 | 预埋件进出差：±20mm | 利用激光仪或经纬仪检测 |
| 7 | 预埋件左右差：±20mm | 利用激光仪或经纬仪检测 |
| 8 | 预埋件垂直方向倾斜：±5mm | 利用激光仪或经纬仪检测 |
| 9 | 预埋件水平方向倾斜：±5mm | 利用激光仪或经纬仪检测 |

5．横梁与立柱安装质量要求和检测方法（见表 5-11）

表 5-11

| 序号 | 质 量 要 求 | 检 测 方 法 |
|---|---|---|
| 1 | 铝材规格、型号符合要求 | 观察测量并核对出厂合格证 |
| 2 | 连接件规格、型号符合要求 | 观察测量并核对出厂合格证 |
| 3 | 钢材及钢螺栓防腐处理良好 | 观察测量并核对出厂合格证 |
| 4 | 立柱与主体结构连接可靠 | 观感检查，必要时测量扭力 |
| 5 | 横梁与立柱连接可靠 | 观感检查，必要时测量扭力 |
| 6 | 立柱、芯套装配良好；伸缩缝尺寸符合要求并打密封胶 | 卡尺测量 |
| 7 | 铝材表面保护膜完整 | 观感检查 |
| 8 | 防雷均压环确与预埋件连接 | 观感检测 |
| 9 | 防腐垫片安装妥当 | 观感检查 |
| 10 | 相邻立柱间距限值偏差：±2.0mm | 钢卷尺测量 |
| 11 | 相邻横梁间距限值偏差：<br>当间距≤2m时，±1.5mm；<br>当间距＞2m时，±2.0mm | 钢卷尺测量 |
| 12 | 分格框对角线偏差限值：<br>当对角线长≤2m时，3.0mm；<br>当对角线长＞2m时，3.5mm | 钢卷尺测量 |
| 13 | 横梁水平度偏差限值：<br>当横梁≤2m时，2mm；<br>当横梁＞2m时，3mm | 水平仪检测 |
| 14 | 相邻横梁高低偏差限值：1.0mm | 钢直尺和塞尺检测 |
| 15 | 同层横梁最大标高偏差限值：<br>幅宽≤35m时，±5mm；<br>幅宽＞35m时，±7mm | 利用激光仪或经纬仪检测 |
| 16 | 立柱直线度偏差限值：3.0mm | 3m靠尺与塞规则测量比较 |
| 17 | 立柱标高偏差限值：±3.0mm | 利用激光仪或经纬仪检测 |
| 18 | 相邻立柱标高偏差限值：±3.0mm | 利用激光仪或经纬仪检测 |
| 19 | 同层立柱最大标高偏差限值：±5.0mm | 利用激光仪或经纬仪检测 |
| 20 | 相邻立柱距离偏差限值：2.0mm | 钢卷尺测量 |

| 序号 | 质 量 要 求 | 检 测 方 法 |
|------|-------------|-------------|
| 21 | 每幅幕墙分格线上的竖向构件垂直度偏差限值：<br>当幅高≤30m时，10mm；<br>当30m＜幅高≤60m时，15mm；<br>当60m＜幅高≤90m时，20mm；<br>当幅高＞90m时，25mm | 利用激光仪或经纬仪检测 |
| 22 | 相邻三立柱平面度偏差限值：2mm | 利用激光仪检测 |
| 23 | 每幅幕墙竖向构件外表面平面度偏差限值：<br>当幅宽≤20m时，5mm；<br>当20m＜幅宽≤40m时，7mm；<br>当40m＜幅宽≤60m时，9mm；<br>当幅宽＞60m时，10mm | 利用激光仪或经纬仪检测 |

## 6.幕墙施工质量标准和检测方法（见表5-12）

表 5-12

| 序号 | 质 量 要 求 | 检 测 方 法 |
|------|-------------|-------------|
| 1 | 玻璃规格、尺寸及质量符合要求 | 观察测量并核对出厂合格证 |
| 2 | 开启扇五金件型号、规格、质量符合要求 | 观察测量并核对出厂合格证 |
| 3 | 隔热保温棉规格、质量及处理措施符合要求 | 观察测量并核对出厂合格证 |
| 4 | 防火棉规格、质量及处理措施符合要求 | 观察测量并核对出厂合格证 |
| 5 | 耐候胶及填充材料等规格、型号符合要求 | 观察测量并核对出厂合格证 |
| 6 | 立柱压块完整、紧固良好 | 观察检查 |
| 7 | 耐候胶缝内的填充材料填塞良好，耐候胶密实、平整 | 观察检查 |
| 8 | 玻璃、铝材及其他构件表面质量良好，无损伤和污染 | 观察检查 |

| 序号 | 质 量 要 求 | 检 测 方 法 |
|---|---|---|
| 9 | 幕墙垂直度偏差限值：<br><br>当幕墙高≤30m 时，10mm；<br>当 30m＜幕墙高≤60m 时，15mm；<br>当 60m＜幕墙高≤90m 时，20mm；<br>当幕墙高＞90m 时，25mm | 利用激光仪或经纬仪检测 |
| 10 | 幕墙平面度偏差限值：3mm | 用 3m 靠尺和塞尺测量 |
| 11 | 竖缝直线度偏差限值：3.0mm | 用 3m 靠尺和塞尺测量 |
| 12 | 横缝直线度偏差限值：3.0mm | 用 3m 靠尺和塞尺测量 |
| 13 | 拼缝宽与设计值偏差限值：±2mm | 用卡尺检测 |
| 14 | 相邻玻璃或金属板面之间接缝高低限值：1.0mm | 用深度尺检测 |

7. 石板幕墙质量要求

目前我国有关石板幕墙的设计规范和施工及验收规范均尚未颁布，可参照以下方法执行。

检查数量：室外，以 4m 左右高为一检查层，每 20m 长抽查一处（每处 3m 长），但不少于 3 处。室内，按有代表性的自然间抽查 20%，过道按 10 延长米，礼堂、大堂等大间按两轴线为一间，但不少于 3 间。

1）保证项目

（1）石材的品种、规格、颜色、图案、花纹、加工几何尺寸偏差、表面缺陷及物理性能必须符合设计和国家有关现行标准规定。

检验方法：观察、尺量和检查出厂合格证及试验报告。

（2）所用的型钢骨架、连接件（板）、销钉、胶粘剂、密封胶、防火保温材料等的材质、品种、型号、规格及连接方式必须符合设计要求和国家有关标准规定。

检验方法：观察、尺量和检查出厂合格证及试验报告。

（3）连接件与基层，骨架与基层，骨架与连接板的连接，石板与连接板的连接安装必须牢固可靠无松动。预埋件尺寸、焊缝的长度和高度、焊条型号必须符合设计要求。

检验方法：观察、尺量和用手扳检查。

（4）如设计对型钢骨架的挠度，连接件的拉拔力等有测试要求，其测试数据必须满足设计要求。

检验方法：检查试验报告。

（5）主体结构及其预埋件的垂直度、平整度与预留洞均应符合规范或设计要求，其误差应在连接件可调范围内。

检验方法：观察、尺量检查。

（6）采用螺栓、胀管连接处必须加弹簧垫圈并拧紧。

检验方法：观察和手扳检查。

2）基本项目

（1）金属骨架

合格：表面洁净、无污染，连接牢固、安全可靠，横平竖直，无明显错台错位，不得弯曲和扭曲变形。垂直偏差不大于3mm，水平偏差不大于2mm。

优良：表面洁净，无污染，连接牢固、安全可靠，横平竖直，无明显错台错位，不得弯曲和扭曲变形。垂直偏差不大于2mm，水平偏差不大于1.5mm。

检验方法：观察、用2m直尺和托线板及楔形塞尺检查。

（2）石材安装后表面

合格：表面平整、洁争，无污染，颜色基本一致。

优良：表面平整、洁争，无污染，分格均匀，颜色协调一致，无明显色差。

检验方法：观察检查。

（3）石材缝隙

合格：石材接缝、分格线宽窄均匀，阴阳角板压向正确，套割吻合，板边顺直，无缺棱掉角，无裂纹，凹凸线、花饰线出墙厚度一致，上下口平直。

优良：石材接缝、分格线宽窄均匀，阴阳角板压向正确，套割吻合，板边缘整齐，无缺棱掉角，无裂缝，凹凸线、花饰线出墙厚度一致，上下口平直。

检查方法：观察检查。

（4）石板缝嵌填

合格：填缝饱满、密实，无遗漏，颜色均匀一致。

优良：填缝饱满、密实，无遗漏，颜色及缝深浅一致，接头无明显痕迹。

检验方法：观察检查。

（5）滴水线，流水坡度

合格：滴水线顺直，流水坡向正确。

优良：滴水线顺直、美观，流水坡向正确。

检验方法：拉线尺量和用水平尺检查。

（6）压条及嵌缝胶

合格：压条扣板平直，对口严密，安装牢固。密封条安装嵌塞严密，使用嵌缝胶的部位必须干净，与石材粘接牢固，外表顺直，无明显错台错位，光滑。胶缝以外无污渍。

优良：压条和扣板平直，对口严密，安装牢固，整齐划一。嵌缝条安装嵌塞严密，使用嵌缝胶的部位必须干净，与石材粘接牢固，表面顺直、无错台错位、光滑、严密、美观。胶缝以外无污渍。

检验方法：观察、尺量检查。

（7）防火保温填充材料

合格：用料干燥、铺设厚度符合要求，接头无空隙。

优良：用料干燥、铺设厚度符合要求，均匀一致，无遗漏。铺贴牢固不下坠。

检验方法；观察、尺量检查。

3）允许偏差项目

石板幕墙墙面的允许偏差和检验方法应符合表5-13的规定

石板幕墙墙面的允许偏差和检验方法　　　　表 5-13

| 项次 | 项目 | | 允许偏差（mm） | | | | 检查方法 |
|---|---|---|---|---|---|---|---|
| | | | 光面镜面 | 粗磨面 | 麻面条纹面 | 天然石 | |
| 1 | 立面垂直 | 室内 | 2 | 2 | 3 | 5 | 用 2m 托线板检查 |
| | | 室外 | 2 | 4 | 5 | — | 用 2m 靠尺和楔形塞尺检查 |
| 2 | 表面平整 | | 1 | 2 | 3 | — | 用 200mm 方尺和楔形塞尺检查 |
| 3 | 阳角方正 | | 2 | 3 | 4 | — | 拉 5m 线检查，不足 5m 拉通线和尺量检查 |
| 4 | 接缝平直 | | 2 | 3 | 4 | 5 | 用方尺和塞尺检查 |
| 5 | 墙裙上口平直 | | | | | | 和塞尺检查 |
| 6 | 接缝高低 | | 0.3 | 1 | 2 | 0.5 | |
| 7 | 接缝宽度 | | 0.3 | 1 | 1 | 2 | |

## 二、幕墙加工安装质量通病防治

1．材料

1）合格证与试验报告

（1）通病现象

玻璃、型材合格证、检测报告、试验报告资料缺失。

（2）产生原因

① 供应商或检测单位未提供足够数量的合格证或资料。

② 对合格证和检验报告、试验资料归档管理不善。

（3）防治措施

① 明确供应商及检测单位所需提供合格证或检测报告、试验资料的正确数量。

② 加强合格证、检测报告和试验资料的管理及归档工作。

2）密封胶采购

（1）通病现象

结构胶、耐候胶订货渠道不正规，品质不保证。

（2）产生原因

① 结构胶、耐候胶市场管理不规范。

② 采购部门采购工作的统筹协调不足。

③ 没建立合格供应商档案和实施有效的供应商评审工作。

（3）防治措施

① 政府或职能部门认真做好结构胶、耐候胶市场的规范管理工作。

② 做好项目采购的统筹协调工作。

③ 建立合格供应商档案，实施有效的供应商评审管理工作。

④ 供应商应提供结构胶、耐候胶的出厂合格证。

⑤ 严格按《建筑用硅酮结构密封胶》GB 16776 标准进行进货检验。

3）密封胶使用期限

（1）通病现象

结构胶、耐候胶过期使用。

（2）产生原因

① 结构胶、耐候胶生产厂家没有在产品上醒目地标明出厂日期或使用期限。

② 没做好加工和施工过程的自检与专检工作。

③ 质量与生产管理环节脱节。

④ 运输、贮存、搬运等过程造成不同批次产品混装。

（3）防治措施

① 明确要求结构胶、耐候胶厂家在产品上醒目地标明出厂日期和使用期限。

② 加强加工和施工过程的自检与专检工作。

③ 加强关键质量的联产计酬管理工作。

④ 加强运输、贮存、搬运等过程的品质管理工作。

4）结构胶试验

（1）通病现象

未在施工前进行结构胶相容性试验和粘强力试验。

（2）产生原因

① 员工质量意识薄弱。

② 工序控制失效。

（3）防治措施

① 加强员工质量意识教育。

② 制定和完善工序控制程序和有关的管制措施。

③ 有效地实施工序管制。

5）密封胶条

（1）通病现象

密封胶条品质和物理性能差，达不到标准要求。

（2）产生原因

① 供应厂商品质量控制失效。

② 进货检验制度执行不力。

③ 进货检验手段、方法、标准不明确或不完善。

（3）防治措施

① 建立和完善合格供应商档案，加强供应商的评审和选择工作。

② 定期把信息资料反馈至供应商，协助厂商做好品质控制工作。

③ 完善密封胶条的进货检验手段、方法、标准。

④ 供应商应提供产品出厂合格证。

6）五金配件

（1）通病现象

五金配件市场不规范，厂家多而杂。

（2）产生原因

① 五金配件市场不规范，厂家多而杂。

② 五金配件质量差异大，不稳定。

③ 五金配件尚未形成健全和完善的质量标准、检验方法和手段。

④ 进货检验制度不健全，执行不力。

（3）防治措施

① 加强五金配件市场的规范管理工作。

② 建立合格供应商档案，并进行有效的采购评审。

③ 完善五金配件的质量标准、检验方法和手段。

④ 健全进货检验制度并严格有效地执行。

⑤ 五金配件均应附出厂合格证。

2．支座节点安装

1）预埋件

（1）通病现象

预埋钢板位置、标高前后偏差大，支座钢板连结处理不当，影响节点受力和幕墙的安全。

（2）产生原因

① 设置预埋件时，基准位置不准。

② 设置预埋件时，控制不严。

③ 设置预埋件时，钢筋捆扎不牢或不当，混凝土模板支护不当，混凝土捣固时，发生胀模、偏模。

④ 混凝土捣固后预埋件变位。

（3）防治措施

① 按标准线进行复核找准基准线，标定坐标点，以便检查测量时参照使用。

② 预埋件固定后，按基准标高线、中心线对分格尺寸进行复查，按规定基准位置支设预埋件。

③ 加强钢筋捆扎检查，在浇筑混凝土时，应经常观察及测量预埋件情况，当发生变形立即停止浇灌，进行调整、排除。

④ 为了防止预埋件系列尺寸、位置出现位移或偏差过大，土建施工单位与幕墙安装单位在预埋件放线定位时密切配合，共同控制各自正确尺寸，否则预埋件的质量不符合设计或规范要求，将直接影响安装质量及工程进度。

⑤ 对实际已产生偏差的预埋，要订出合理的施工方案进行

适当的处理。

2）预埋件钢板锚固、焊接

（1）通病现象

预埋件钢板锚固中的钢板厚度及锚筋长度、直径不符合规范要求；焊缝质量差，不符合规范要求。

（2）产生原因

① 设计、加工不符合规范要求。

② 焊接不符合规范要求。

（3）防治措施

① 按《玻璃幕墙工程技术规范》JGJ102 - 96 之 5.7.10 - 15 有关章节内容执行。其钢材锚板要求为 Q235，锚板厚度应大于锚筋直径的 0.6 倍；锚筋采用 Ⅰ 级或 Ⅱ 级钢筋，不得采用冷加工钢筋，受力锚筋不宜少于 4 根，直径不宜小于 8mm，其长度在任何情况下不得小于 250mm。

② 焊接时应执行国家《钢结构设计规范》GB50017—2002 的规定，直钢筋与锚板应采用 T 形焊。锚筋直径不大于 20mm 时，宜采用压力埋弧焊，手工焊缝不宜小 6mm 及 0.5d（Ⅰ级钢筋）或 0.6d（Ⅱ级钢筋）。

3）支座节点三维微调设计

（1）通病现象

支座节点未考虑三维方向微调位置，使安装过程中立柱无法调整，满足不了规范的要求。

（2）产生原因

设计时未考虑此项要求。

（3）防治措施

① 在建筑施工中，国家对建筑物偏差有一定要求，在设计中可参照国家有关规范。在一般情况下，其三维微调尺寸可考虑水平调整在 ±20mm，进出位调整在 ±50mm，中心位偏差 ±30mm 内进行设计，以适应建筑结构在国家标准中允许偏差内变动的要求。

② 在设计支座时，应充分考虑建筑物允许的最大偏差数据，以满足幕墙的施工要求。因主体变动一般是不大可能的，只有在幕墙设计中的三维调整来满足工程的要求。

4）支座焊接防腐

（1）通病现象

支座各连结点在立柱调整后施焊，但焊接防腐不符合设计及规范要求，导致玻璃幕墙产生很大危害和隐患，影响幕墙的安全使用。

（2）产生原因

① 施工中未能做好安全技术交底，施工人员对图纸规范未能领会。

② 未按图纸要求施工。

③ 施工中未按国家有关规范要求进行施工。

（3）防治措施

① 施工前认真做好施工安全技术交底和记录，并且落实到各级施工人员。

② 所有钢件必须热镀锌处理。

③ 认真落实执行有关规范，并且做好隐蔽工程验收和记录，对不合格产品返工重修。

④ 在钢支座焊接质量检查评定并符合标准规范后，方可实施涂漆工序，且除锈、涂防腐漆及面漆亦应符合规范要求。

5）支座节点紧固

（1）通病现象

节点有松动或过紧现象，在外力作用下或温度变化大时产生异常响声。

（2）产生原因

幕墙支座节点调整后未进行焊接，引起支点处螺栓松动；或多点连接支点上螺栓上得太紧及芯套太紧。

（3）防治措施

① 在幕墙立柱安装调整完后，对所有的螺栓必须进行紧固，

并且按图纸要求采取不可拆的永久防松，对有关节点进行焊接，避免幕墙在三维方面可调尺寸内松动，其焊接要求按钢结构焊接要求执行。

② 在多支座支点的情况下，副支座型材上必须设长孔，且螺栓应上紧到紧固而铝材又不变形为原则。

③ 立柱芯套与立柱的配合必须为动配合，并符合铝材高精级尺寸配合要求，不能硬敲芯套入立柱内。

6）测量放线定位

（1）通病现象

安装后玻璃幕墙与施工图所规定位置尺寸不符且超差过大。

（2）产生原因

① 测量放线时放基准线有误差。

② 测量放线时未消除尺寸累计误差。

（3）防治措施

① 在测量放线时，按制定的放线方案，取好永久坐标点，并认真按施工图规定的轴线位置尺寸，放出基准线并选择适宜位置标定永久坐标点，以备施工过程中随时参照使用。

② 放线测量时，注意消除累积误差，避免累积误差过大。

③ 在立柱安装调整后，先不要将支点固定，要用测量仪器对调整完后的立柱进行测量检查，在满足国家规范要求后，才能将支点固定。

7）采用普通膨胀螺栓锚定，不做抗拔力检测

（1）通病现象

在幕墙的施工过程中，由于预埋件的偏位或旧建筑物的改造，而采用普通膨胀螺栓的锚定，但不做抗拔力检测，这样的施工对安全使用性能是一个隐患。

（2）产生原因

在选用普通膨胀螺栓上是幕墙施工的一个补救措施，特别是旧楼改造。但可能原有设计混凝土强度等级都不清楚，往往就凭经验行事，不做抗拔力试验，给幕墙工程留下安全隐患。

（3）防治措施

① 当施工不得不选用普通膨胀螺栓施工时，要先按实际的位置做抗拔力试验，尤其是旧楼改造。

② 在施工中，要求施工人员一定要控制好钻孔直径和深度。

3. 玻璃板块组件制作及注胶

1）玻璃及铝框

（1）通病现象

下料、加工后的零件几何尺寸出现偏大或偏小，达不到设计规定尺寸要求，也超出国家行业标准的尺寸规定。

（2）产生原因

① 原材料质量不符合要求。

② 设备和量具达不到加工精度。

③ 下料、加工前未进行设备和量具校正调整。

④ 下料、加工过程中，各道工序没有做好自检工作。

（3）防治措施

① 严格执行原材料质量检验标准，禁用不合格的材料。

② 必须使用能满足加工精度要求的设备和量具，且要定期进行检查、维护及计量认证。

③ 确保开工前设备和量具校正调整合格，杜绝误差超标。

④ 认真准确看懂图纸，按要求下料、加工。每道工序都必须进行自检。

2）注胶环境条件

（1）通病现象

不在符合规范和标准要求条件的注胶间注胶。

（2）产生原因

① 不按规范和标准设置专用注胶间。

② 有关人员未培训上岗，缺乏必要的知识和操作方法。

③ 工作场地不清洁，注胶环境不合规范要求。

（3）防治措施

① 按规定和标准设置干净平整、无粉尘污染，并备有良好

通风设备的注胶间。

② 有关人员必须专门的培训并掌握本职工作的基本知识和操作方法。

③ 保持工作场地清洁。

3）注胶工艺

（1）通病现象

注胶构件表面清洁马虎，不干净，或未用规定合格的清洁剂彻底擦抹。

（2）产生原因

① 不按工艺要求清洁打胶构件表面。

② 工作马虎，不认真彻底地清洁打胶构件表面。

③ 使用不合格的清洁剂清洁。

（3）防治措施

① 严格执行注胶构件表面清洁的工艺要求。

② 加强现场管理，提高工作质量。

③ 采用合格的清洁剂清洁，如二甲苯、乙酮等。

4）注胶质量

（1）通病现象

不按操作要求注胶，人员未持证上岗，注胶不密实饱满，有气泡。

（2）产生原因

① 没有严格执行注胶操作规定要求。

② 操作不娴熟，甚至未培训上岗。

③ 在更换碰凹变形的胶桶时，倒胶过程中混入空气。

④ 注胶机出现故障。

（3）防治措施

① 严格注胶操作规定要求。

② 严禁未培训人员上岗操作，操作应均匀缓慢移动注胶枪嘴。

③ 操作时务必放净含有气泡的胶，再进行构件的注胶。

④ 加强注胶机的维护和保养。

5）胶缝质量

（1）通病现象

胶缝宽不均匀，缝面不平滑、不清洁，胶缝内部有空隙。

（2）产生原因

① 玻璃边凹凸不平。

② 双面胶条粘贴不平直。

③ 注胶不饱满。

④ 胶缝修整不平滑，不清洁。

（3）防治措施

① 玻璃裁割后必须进行倒棱、倒角处理。

② 双面胶条粘贴应规范、平直。

③ 注胶时应均匀缓慢移动枪嘴，确保填充饱满。

④ 缝口外溢出的胶应用力向缝面压实，并刮平整，清除多余的胶渍。

6）玻璃在铝框上的位置不正

（1）通病现象

玻璃放置在铝框上时位置不正，偏移或歪斜。

（2）产生原因

① 玻璃、铝框尺寸与设计尺寸不符。

② 操作不当引起双面胶条粘贴错位。

③ 组装后铝框变形。

④ 装配人员责任心不强，技术不精，装配好的构件未作最后检验和校正。

（3）防治措施

① 按图施工，加强工序管理。

② 组装后，应检查校正变形的铝框。

③ 严格执行操作规程，杜绝蛮干的工作态度。

7）固化时间控制

（1）通病现象

注胶后，平置固化时间控制不严格。

（2）产生原因

① 固化现场管理混乱，经常挪动在固化保养期内的构件。

② 急需构件安装，而过早出货。

（3）防治措施

① 加强固化现场管理，避免固化保养期内的构件经常挪动。

② 加强加工、安装的计划管理，确保有足够时间进行固化保养。

8）注胶记录

（1）通病现象

不按规定认真核实和填写胶的型号、批号、桶号、注胶时间等记录。

（2）产生原因

① 胶的原始资料不齐全。

② 制度不健全，工作马虎不负责。

（3）防治措施

① 加强管理，全面、如实地填写胶的型号、批号、桶号、注胶时间等记录。

② 建立结构硅酮胶施工操作规程，完善质量责任制度。

③ 加强培训工作，使操作人员掌握好本岗位知识和操作方法。

④ 发挥专职检验的监督检查功能。

9）板块组件出厂检验控制

（1）通病现象

板块组件尺寸偏差大，玻璃同铝框产生错位，或未进行切框检查胶的剥离测试，板块组件未检查出厂。

（2）产生原因

① 加工误差和积累误差大。

② 构件在固化期内经常挪动引起错位。

③ 不按要求检验板块组件。

④ 产品出厂检验控制不严。

（3）防治措施

① 按图纸加工，每道工序应进行自检和专检。

② 构件在固化期内严禁挪动。

③ 按规定要求抽查检验板块组件数量和质量。

④ 按规定抽检的板块组件时须切框检查胶的剥离测试，测试合格才能出厂。

4. 立柱、横梁制作安装

1）型材加工

（1）通病现象

型材加工、制作精度不高。

（2）产生原因

① 型材尺寸精度差。

② 设备落后，精度不高。

③ 定位基位偏差。

④ 划线不准确。

⑤ 员工责任心不强。

（3）防治措施

① 加强型材进货检验，不合格型材退货。

② 做好设备维修、维护和保养等管理工作，加工制作时应调整和校验好设备。

③ 准确设计基准。

④ 提高划线精度，有条件的可更换先进设备或改良旧有设备。

⑤ 加强管理，提高员工责任心。

2）横梁

（1）通病现象

横梁加工未留出伸缩间隙或间隙过大。

（2）产生原因

① 设计时未考虑温差变化和装配误差因素。

② 加工时存在尺寸误差。

（3）防治措施

① 设计时考虑温差变化因素及装配误差，留好伸缩间隙。

② 严格按图纸加工和检验，不合格品不出厂、不施工。

3）柔性垫片

（1）通病现象

横梁与立柱接触面未设柔性垫片，温差变化或风力作用下产生噪音。

（2）产生原因

① 设计时未考虑此因素。

② 未严格按要求施工。

（3）防治措施

① 设计时要考虑温差变化及风力作用可能产生的磨擦噪音，横梁与立柱接触面设柔性垫片。

② 加强管理，严格按图施工。

4）横梁、窗框排水、泄水

（1）通病现象

横梁、窗框排水、泄水做法不当；不符合"等压原理"。有积水或渗漏现象。

（2）产生原因

① 设计不当，不符合"等压原理"。

② 施工时未作密封处理或密封处理不当。

（3）防治措施

① 按"等压原理"进行结构设计。

② 加强施工管理，易渗漏部分做好密封处理。

③ 对易产生冷凝水的部位，应设置冷凝水排水管道。

④ 开启部分设置滴水线及挡水板，用适当的密封材料进行密封处理。

5）紧固件锁紧

（1）通病现象

自攻螺钉孔径过大，紧固力不足，易松动。

（2）产生原因

① 个别安装人员图省力方便，使用过大的钻头。

② 紧固力不够。

（3）防治措施

① 严格按标准选用钻头。

② 建议使用电动丝刀代替手用丝刀紧固螺丝。

5. 玻璃板块组件

1）对缝不平齐，墙面不平整，超标

（1）通病现象

在施工完毕的幕墙，对缝不平齐，幕面不平整，影响外观效果。

（2）产生原因

① 立柱变形量大，超出国家铝材验收标准。

② 玻璃切割尺寸超差。

③ 组框生产时，对角线超标。

④ 安装立柱时其垂直度达不到标准要求。

⑤ 组框和主横梁结构及材料选用有问题。

（3）防治措施

① 严格控制进料关，特别在立柱的检查上按国家标准进行检验，不合格退货。

② 加强玻璃尺寸检验和控制，其尺寸如有超差则退货处理。

③ 在注胶生产中，严格控制组框尺寸，特别要检查和控制好对角线尺寸。

④ 立柱安装时，调整好立柱的要求尺寸后再行固定、焊接。

⑤ 组框和立柱结构，设计上要认真考虑，选材料要合适。

2）勾块（压块）部位

（1）通病现象

在结构上选用勾块（压块）固定玻璃组件，可能固定不良，或勾块（压块）数量、间距与设计不符。在受一定风压下，表面变形，甚至玻璃组件脱落。

（2）产生原因

① 设计时考虑不周，在有条件不用压块设计时仍采用了压块式设计。

② 施工人员未做好安全技术交底，现场管理不到位。

③ 现场检验、控制不完善。

④ 螺纹底孔直径不合适。

（3）防治措施

① 加强设计工作，在有条件的情况下，尽量少采用压块式的设计。

② 认真做好安全技术交底工作，使施工人员树立质量意识，认真按图施工。

③ 现场采用工序间检查，在上一工序施工完后，经过质检人员检查合格后，才能进入下一工序。

④ 在攻钻底孔前要按标准要求进行选配钻头，而在有条件的情况下，采用带钻头的螺丝，既节约时间，又能满足要求。

3）活动窗的安装

（1）通病现象

活动窗扇不灵活，缝隙不严密，有漏水、漏气现象。

（2）产生原因

① 铰链质量不好。

② 安装调整不当。

③ 密封胶条材质不好。

（3）防治措施

① 选择质量好的铰链。

② 铰链按要求进行安装及调整，做到开关灵活，密封性能好。

③ 选用图纸中要求的型号胶条，并且按材质要求采购优质胶条。在有条件的情况下，采用弹性好、耐老化的材料胶条。

④ 在开启窗的设计上，要考虑上避水结构，如在扇上高滴

水、内排水结构,防止水直接进入防水胶条上。

4)隐框下托块

(1)通病现象

隐框幕墙或竖明横隐幕墙下口不装或漏装下托块,其托块位置固定不牢,或和玻璃接触处未放胶块形成硬接触。

(2)产生原因

① 设计不明确。

② 施工中施工人员未能领会图纸。

③ 管理不当。

(3)防治措施

① 设计上要认真落实规范的要求,明确图纸上托块的位置尺寸。

② 加强对施工人员的安全技术交底,领会图纸,认真落实。

③ 加强管理,严格按图纸施工。

5)横梁施工

(1)通病现象

横梁支承块固定不牢,安装时土建泥水作业未完,又未加防护,造成污染,安装玻璃时又不清理。

(2)产生原因

① 现场施工人员对要求不清,技术交底未做好。

② 现场管理未到位。

③ 施工装横梁时,未按顺序安装,在泥水作业未完时,横梁已就位施工。

(3)防治措施

① 认真做好技术交底工作,并落实到现场施工所有人员。

② 加强现场管理,每完成一层都要对其进行检查,调整、校正、固定,使其符合质量要求。

③ 安装横梁一般要在土建泥水作业完工后进行,在其施工顺序上,就整栋而言,安装应从上到下,而每一层安装应从下至上。

6）玻璃

（1）通病现象

玻璃表面污染，色差过大，钢化玻璃变形量大，影像变形。

（2）产生原因

① 供货材料有问题。

② 施工过程中，施工未按要求做好清洁工作。

（3）防治措施

抓好供货环节和避免玻璃的二次污染，注胶过程中严禁将剩余胶或含胶物粘在玻璃表面。在拆架时应做好清洁工作，并用中性清洁剂清洗。

7）耐候胶的填塞

（1）通病现象

采用聚乙烯发泡材料填缝时位置深浅不一，耐候胶厚度不合要求，缝内注胶不密实，胶缝不平直、不光滑，玻璃表面不清洁，有污染。

（2）产生原因

① 施工人员不按图纸要求进行。

② 不按施工工艺执行。

③ 对注胶前不进行清洁工作。

（3）防治措施

① 施工人员必须认真执行技术交底要求，严格按图纸施工。

② 严格按工艺执行，表面注胶应按如下程序施工：填聚乙烯发泡材料→缝内清洁（用二甲苯或天那水）→玻璃表面贴防止污染胶纸→注填耐候胶→压剂填充耐候胶，使胶表面平滑光顺→将纸胶带撕开。

③ 注意施工中的清洁，在下架之前用中性清洁剂清洁表面。

6.防火防雷措施

1）防火保温

（1）通病现象

① 防火层托板位置不在横梁上或与玻璃接触。

② 同层防火区间隔未作竖向处理。

③ 防火层铺填有空隙，不严实（如用散棉）。

④ 防火托板固定不牢。

⑤ 保温材料铺设不规范，未留空气层。

（2）产生原因

① 由于外观设计要求或其他原因，使大玻璃分格跨越两个防火区；横梁标高与建筑楼层标高不一致。

② 同层两防火分区隔墙中心线与幕墙立柱分格中心线不重合；竖向处理责任方不明确。

③ 施工不细致，防火层托板和防火岩棉切割外形与欲填充空间外形相差大。

④ 防火层托板固定点太少，固定点相隔距离过大。

（3）防治措施

① 设计时按规范作防火分区处理，尽量避免一大块玻璃跨越楼层上下两个防火区，如果因外观分格需要使横梁与楼层结构标高相距较远时，应采用镀锌钢板（$\sigma = 1.3 \sim 2.0$）或铝板（$\sigma \geqslant 2$）以及其防火装饰材料，与横梁连接，形成防火分区。

② 同层防火分区间隔处理，应明确施工责任方，应用不燃烧材料隔开两区间。

③ 采用符合防火规范要求的材料，控制加工质量。板边沿缝隙应 $< 3mm$，防火棉应填充密实，无缝隙。

④ 托板四周应根据被连接件材质不同选用合适的紧固件固定牢，两固定点之间间距以 $350 \sim 450mm$ 为宜。

⑤ 保温材料与玻璃间留出宽度 $A \geqslant 50$ 的空气层，保温材料与室内空间也应采用隔气层隔开。

特别提示：防火设计的出发点在于防火分区的概念，而防火措施的采用从结构上、材料上保证防火区间的建立，以达到阻止火势、烟向其他区间蔓延的目的。

2）防雷

（1）通病现象

① 幕墙防雷措施不完善，幕墙顶部有超出大楼闪器保护范围的部分。

② 均压及均压环与建筑防雷网的连接引下线布置间距过大。

③ 均压与设均压环层的幕墙立柱间未导通；未设均压环楼层的幕墙立柱与固定在设均压环楼层的立柱间未连通；位于均压环处立柱上的横梁与立柱间未连通。

④ 接地电阻值过大，达不到规范要求。

⑤ 均压及引下线的焊接方法不对。

（2）产生原因

① 未按建筑物防雷设计规范要求布置防雷设施。

② 立柱与钢支座之间的防腐垫片，横梁两端的弹性橡胶垫的绝缘作用，上、下立柱之间通过芯套相接连通不畅。

③ 导电材料横截面积不够大，若所用钢材未经表面处理年久锈蚀，减少了对雷电流的导通面积。

④ 防雷装置用钢材之间焊接时没采用对面焊的方式，或搭接长度不够。

（3）防治措施

① 幕墙防雷框架的装置，距地 30m 以上的建筑部分，每隔三层设置一圈均压环，均压环每隔 15m（一类防雷幕墙）、18m（二、三类防雷幕墙）和建筑物防雷网接通；30m 以下部分每隔 3~5m 与建筑物防雷系统引下线接通，幕墙顶部女儿墙的盖板（封顶），应置于避雷带保护角之下，或设计成直接接受雷击的接闪器每隔 12m（一类）、15m（二类）、18m（三类）与建筑物防雷网联接。

② 增加连接可靠性方面，不妨采用旁路导通的方法来连接设均压环层的立柱和预埋件钢件，以及未设均压环层的立柱和设置均压层的立柱；同时设均压环处的立柱上的横梁两端不装弹性橡胶垫。

③ 防雷装置所用材料应符合规范。圆钢直径 $D = 12mm$（一类）、$D = 8mm$（二类、三类），扁网厚度 $t \geqslant 4$，截面积 $S =$

240mm$^2$（一类）、$S = 150$mm$^2$（一类），尽量采用垫镀锌件，或刷两道防锈漆。

④ 防雷装置焊接时，焊缝的搭接长度，圆钢不少于 $6D$，扁钢不少于 $2B$（$B$ 为宽度）。

⑤ 检测时，冲击阻应分别达到小于 5Ω（一类）、10Ω（二类、三类）的要求。

特别提示：防雷设计中关键措施是有效接地网络的形成，有两个方面的意义：

① 建筑物防雷接地装置和金属幕墙防雷接地装置完整性。

② 上述两者连接的可靠性。

7. 封边、封顶处理

1）封边

（1）通病现象

① 封边板直接与水泥批挡接触，造成腐蚀。

② 封边金属板处理不当，密封不好、漏水。

③ 封边构件固定不可靠，有松动。

（2）产生原因

① 封边板未作防腐处理。

② 封边板与封边板之间联接采用简单搭接，没作密封防水处理。

③ 封边板与外墙材料的结合部未打胶，或打胶不连续。

④ 封边板与墙直接打钉固定，墙体不平，铝板因变形浮出，或固定点间距太大。

（3）防治措施

① 参照铝门窗标准，全埋入批挡层内的铝封边板应涂防腐涂料（如沥青油），外露的作保护涂层处理或贴保护胶纸。

② 封板两两连接处设置沟槽，注胶密封。

③ 封板与外墙材料间留沟槽或形成倾角，注胶饱满、连续。

④ 对封板固定处墙体应找平装面，还可先装胶塞再植入螺钉的方法固定封板。

2）封顶

（1）通病现象

① 封顶处理不严密，造成顶部漏水。

② 封顶铝板跨度过大，无骨架、有变形、平直度差。

③ 伸出封顶的金属栏杆，及避雷带的接口注胶密封处理差，漏水且不美观。

（2）产生原因

① 封顶板之间接缝处理不当。板上贴有保护胶纸，铝板和密封胶间形成缝隙。

② 打胶面的脏物，或水蒸汽造成密封不严。

③ 设计不当，或偷工省料，女儿墙顶未全覆盖。

④ 封顶板设计不合理，内部设加筋增加强度。

⑤ 土建墙体不平，出入大，而封板的连接无相应调整措施。

⑥ 吊篮作业时绳索压迫封顶板导致变形。

⑦ 伸出压顶的栏杆或避雷带竖杆位置不成直线，距离不定；安装压顶的工人作业不细致，开口过大或过小。

（3）防治措施

① 封顶板制成单元件，两两接口处留缝注胶，采用连续封板的，接缝处应加搭连接片，留缝注胶密封，外露连接铆钉也应涂胶处理。

② 打胶面应清理干净，无水滴。女儿墙顶应用封顶板全部覆盖，如一级封顶不够宽，可采用二级。

③ 应合理设计封顶板跨度，根据强度要求设计内衬框架；考虑到有些作业会在其上面进行，应做铝材或钢材龙骨。

④ 铝封板与墙体固定连接处增设可供调节进出位的构件，必要时另做龙骨找平安装面。

⑤ 与做女儿墙顶栏杆或避雷带的承建商协商好安装顺序，先做竖杆，并尽可能有序安装。封顶安装工人，对杆件位置认真测量，准确定位，所加工孔径比钢杆杆径大 5 ~ 10mm。避雷线出线也可从女儿墙后稍低位置引出，绕过封顶板。

特别提示：封边、封顶的效果，犹如一道具有双重意义的休止符，它刻划出幕墙的边界，同时也隔断了外界物质尤其是雨水进入室内的通道。作为完美的休止符，它还要处理好和其他结构的连接过渡关系，起到美观的装饰作用。

8. 悬挂玻璃幕墙质量通病防治

除以下几点要特别注意以外，质量通病和防治与玻璃幕墙部分相雷同。

（1）玻璃的加工一定要将上下端磨平，不要因上下端不外露，而忽视了质量要求。因为玻璃在生产和加工过程中，存在有内应力。玻璃在吊装中下部要临时落地受力；在玻璃上端有吊夹铜片，局部应力很大。如果边缘不平整，玻璃在使用中复杂的外力和内应力共同作用下容易产生裂纹。

（2）玻璃的包装。由于玻璃尺寸较大，一般每2块装1木箱，木包装箱一定要牢固，设计好吊装点。玻璃在包装箱内除四周要用聚苯乙烯泡沫板塞紧外，玻璃和玻璃之间不能简单用纸张分隔，一定要用双面贴聚苯乙烯泡沫板的木板间隔，玻璃包装箱在运输、吊装过程中，里面的玻璃不能有移动。尤其要注意将贴有吊夹铜片的端面分别放置在两头，要防止它们受外力的冲击，以免使玻璃破裂。

（3）在设计玻璃内外夹扣和边框时，要密切与其他专业施工配合，要防止在安装好玻璃幕墙后，其他专业施工又在上方焊接或在夹扣上钻孔，因为其他专业施工队不了解玻璃幕墙的特殊构造，只考虑自己专业施工的方便，而焊接火花焊渣飞落到玻璃上会造成玻璃不可恢复的损害。其他专业施工人员更应注意防止工具物件坠落，以免造成玻璃破裂。

9. 金属板幕墙质量通病防治

金属板幕墙涉及工种多，工艺复杂，施工难度大。故也比较容易出现质量问题。通常表现在以下几个方面：

（1）板面不平整，接缝不平齐

其原因为：连接码件固定不牢，产生偏移；码件安装不平直；金属板本身不平整等。

防治方法：确保连接件的固定，并在码件固定时放通线定位，且在上板前严格检查金属板质量。

（2）密封胶开裂，产生气体渗透或雨水渗漏

其原因为：注胶部位不洁净；胶缝深度过大，造成三面粘结；胶在未完全粘结前受到灰尘沾染或损伤等。

防治方法：充分清洁板材间缝隙（尤其是粘结面），并加以干燥；在较深的胶缝中充填聚氯乙烯发泡材料（小圆棒），使胶形成两面粘结，保证其嵌缝深度小于缝宽度；注胶后认真养护，直至其完全硬化。

（3）预埋件位置不准致使横、竖料很难与其固定连接

其原因为：预埋件安放时偏离安装基准线；预埋件与模板、钢筋的连接不牢，使其在浇筑混凝土时位置变动。

防治方法：预埋件放置前，认真校核其安装基线，确定其准确位置；采取适当方法将预埋件模板、钢筋牢固连接（如绑扎、焊接等）。

补救措施：若结构施工完毕后已出现较大的预埋偏差或个别漏放，则需及时进行补救。

其方法为：

1）预埋件面内凹入超出允许偏差范围，采用加长铁码补救。

2）预埋件向外凸出超出允许偏差范围，采用缩短码或剔去原预埋件，改用膨胀螺栓将铁码紧固于混凝土结构上。

3）预埋件向上或向下偏移超出允许偏差范围，则修改立柱连接孔或采用膨胀螺栓调整连接位置。

4）预埋件漏放，采用膨胀螺栓连接或剔出混凝土后重新埋设。

以上修补方法需经设计部门认可。

（4）胶缝不平滑充实，胶线不平直

其原因为：打胶时，挤胶用力不匀，胶枪角度不正确，刮胶时不连接。

防治方法：连续均匀挤胶，保持正确的角度，将胶注满后用专用工具将其刮平，表面应光滑无皱纹。

（5）成品污染

其原因为：金属板安装完毕后，未及时保护，使其发生碰撞变形、变色、污染、排水管堵塞等现象。

防治措施：施工过程中要及时清除面及构件表面的粘附物；安装完毕后立即从上向下清扫，并在易受污染破坏的部位中保护胶纸或覆盖塑料薄膜，易受磕碰的部位设护栏。

10. 石板幕墙质量通病防治

石板幕墙的质量通病和防治措施见下表：

| 项次 | 项目 | 质 量 通 病 | 防 治 措 施 |
|---|---|---|---|
| 1 | 材料 | 1. 骨架材料型号、材质不符合设计要求，用料断面偏小，杆件有扭曲变形<br><br>2. 所采用的锚栓无产品合格证，无物理力学性能测试报告<br><br>3. 石材加工尺寸与现场实际尺寸不符，或与其他装饰工程发生矛盾<br><br>4. 石材色差大，颜色不均匀 | 1. 骨架结构必须经有资质证明的设计部门设计，按设计要求选购合格产品<br><br>2. 设计要提出锚栓的物理力学性能要求，选择正规厂家牌号产品，施工单位严格采购进货的检测和验货手续<br><br>3. 加强现场的统一测量放线，提高测量放线的精度，加工前绘制放样加工图，并严格按放样图加工<br><br>4. 要加强到产地选材的工作，不能单凭小块样板确定品种，加工后要进行试辅配色，不要选用含氧化铁成分较多的材种 |
| 2 | 安装 | 骨架竖料的垂直度，横梁的水平度偏差较大 | 提高测量放线的精度，所用的测量仪器要检验合格，安装时加强检测和自验工作 |
| | | 锚栓松动不牢，垫片太厚 | 1. 钻孔时必须按锚栓产品说明书要求施工，钻孔的孔径、孔深应符合所用锚栓的要求，不能扩孔，不能钻孔过深<br><br>2. 挂件尺寸要能适应土建工程误差，垫片太厚会降低锚栓的承载拉力 |

| 项次 | 项目 | 质 量 通 病 | 防 治 措 施 |
|---|---|---|---|
| 2 | | 石材缺棱掉角 | 1. 不选用质地太脆的石材<br>2. 采用小型机具和工具，解决施工安装时人工扛抬搬运容易造成破损棱角的问题 |
| | | 石材安装完成面不平整 | 1. 一定要按控制线将挂件调平和用螺栓锁紧后再安装石材<br>2. 不能将测量和加工误差积累 |
| | | 防火保温材料接缝不严 | 施工难度并不大，要选用良好的锚钉和胶粘剂，铺放时要仔细 |
| 3 | 胶缝 | 密封胶开裂、不严密 | 1. 必须选用柔软、弹性好、使用寿命长的耐候胶，一般宜用硅酮胶<br>2. 施工时要用清洁剂将石材表面的污物擦净<br>3. 胶缝宽度和深度不能太小，施工时精心操作，不漏封 |
| | | 胶中硅油渗出污染板面 | 应选用石材专用嵌缝胶 |
| | | 板（销）孔中未注胶 | 要严格按设计要求施工 |
| 4 | 墙面清洁完整 | 墙表面被油漆、胶污染有划痕、凹坑 | 1. 上部施工时，必须注意对下部成品的保护<br>2. 拆搭脚手架和搬运材料时要注意防止损伤墙面 |

# 第四节　幕墙的施工管理

## 一、施工计划管理

工程的月、季、年度计划目标，要通过加强施工计划管理，以保证这些目标的实现，从而最后保证工程任务的顺利完成。

（一）计划管理的原则和内容

1. 计划管理的原则

（1）严格执行计划，维护计划的严肃性：企业的所有施工生产经营活动都是有计划的，都是互相关联、环环扣紧的。下达到班组的计划目标是根据工程处（工区）、施工队的计划统筹安排后确定的，班组只有按期完成所分配的任务，达到预定的计划目标，才能保证实现总体计划。因此，班组必须严格地执行计划，千方百计保证计划任务的完成。

（2）在编制施工计划时，必须按上级规定的要求把计划搞好：严格遵守施工程序，明确主攻方向，确保重点工程项目的完成。绝不能单纯考虑小团体局部利益而影响重点项目的工程质量和工期。

（3）树立为下道工序服务的观点：建筑装饰装修幕墙企业是由多工种组成的，一项工程从开工到竣工，需经过许许多多的施工工序，每道工序又只是施工过程中的一个环节，各个施工环节之间的施工活动是互相补充、互相依赖的。因此，只有每一个施工班组在各自的工序上都能在作业计划规定的时间内，按照规定的质量标准，完成计划规定的施工任务，才能使下一道工序按照一定的生产程序不断地进行。

2．计划管理的内容

（1）接受任务后，需测算施工能力，编制好施工计划，成员要明确当月、当旬生产计划任务，熟悉图纸、工序工艺要求、质量标准和工期进度，准备好需要的各种材料，构配件和机具等，为完成生产任务做好一切必须的准备工作。

（2）组织班组成员执行作业计划并要逐日按所规定的和分派的任务，时间、质量要求，逐项进行检查，在检查过程中对每道工序的进展情况要及时进行分析、研究，对可能发生的问题要积极采取预防措施。对检查出的各种缺陷或毛病要认真进行整改。

（3）抓好班组作业的综合平衡和劳动力的计配，重点工序、关键工序重点保证，对施工中的劳动力、资源进行合理安排，保证合理的作业规模，达到既能满足施工作业的需要，又能取得较好的经济效益。

（4）对已变化了的作业计划，要不失时机地根据变化了的情况及时加以平衡和调整。以保证在新的情况下，最好地实现计划目标。

（二）班组计划编制的依据

1. 施工计划编制的依据

年度施工计划主要依据年度基本建设投资计划和上级下达的工程形象化进度要求进行编制。季、月计划主要依据年度计划，旬计划主要依据月计划。施工班组一般按照月、旬、周或施工任务单来编制计划。在编制各类计划过程，必须充分考虑各方面的条件。

月计划是施工计划管理的中心环节。编制月计划时应具备以下几个条件：

（1）首先应有完整的施工预算，这是考虑各种施工条件和供应能力的依据。

（2）各种材料已基本齐备，少数尚未进场但供应日期已落实。预制构、配件供应计划已落实。

（3）机具设备已进场或已落实进场日期。

（4）有关单位（如结构吊装、水电、安装等施工班组的协作配合已协商落实。

（5）现场施工准备工作已基本就绪。

2. 测量施工能力

在接到下达的施工任务后，首先要测算好班组施工能力，使班组施工计划建立在可能和可靠的基础上。测量班组施工能力要对班组的每个成员的技术水平高低，操作熟练程度，身体素质状况，所能达到的劳动定额的能力等综合考虑，一般可用以下方法测算：

班组施工作业天数内的总产量＝劳动定额×职工人数×工作天数×班组平均达到的劳动定额程度系数。

班组平均达到的劳动力定额程度系数，是根据以往同类型工程劳动定额的完成情况确定的，一般取 1.0 左右，当施工技术难度大，质量要求高，班组平均技术水平较低时，取小于 1 的系数。

3. 编制施工作业计划的方法

(1) 平衡分析法：就是合理组织、安排劳动力、使人与人、人与机械设备之间取得最优的配合，并能保证施工质量，提高施工效率和加快施工进度。

(2) 随机派工法：当接到某项施工任务后，根据任务量的大小和繁简，劳动强度的大小等，派出完全能够按质、按量、按时完成任务的组员去执行的方法。

(3) 定期计划法：在规定的工期内，发动每个成员，详细了解所分派的任务，使每个人分派的任务都能在规定的计划日期内按质、按量完成的一种方法。

4. 材料计划的编制

材料计划是备料、供料和确定堆场面积及组织运输的依据，可根据工程预算、预算定额和施工进度计划编号。

5. 劳动力计划的编制

劳动力计划是安排劳动力的平衡、调配和衡量劳动力耗用指标的依据，可根据工程预算、劳动定额和施工进度计划编制。

6. 机具使用计划的编制

机具使用计划提出了机具型号、规格，用以落实机具来源、组织机具进场，可根据施工方案、施工方法和施工进度计划编制。

(三) 施工计划的实施和控制

1. 施工计划的实施

施工计划编制好后，首先要做好准备工作，然后向班组和个人下达具体任务。施工任务单是实施班组施工计划的有效形式。通过施工任务单，可以把建筑施工企业生产、技术、质量、安全、降低成本等各项技术经济指标分解为小组指标落实到班组和个人，使企业各项指标的完成同班组和个人的日常工作和物质利益紧密地连在一起，从而调动工人的积极性，保证施工计划的顺利进行。

2. 施工计划的控制

在施工作业过程中，由于多种因素的制约，计划的实际进行经常会出现与原定计划不一致和不协调的情况，这就需要通过及时而有效的协调，使施工过程的进展得到全面控制。中间控制或过程控制是执行计划期间的一项重要工作。加强控制应以下几方面做好工作：

（1）抓好综合进度、加强调度。班组长不仅除了每天开好班前会，安排协调劳动力外，还要根据不断变化的客观情况，在指挥本班生产过程中抓住解决班组综合进度执行中的矛盾，及时发现薄弱环节，采取措施，调整作业进度，必要时可重新组织劳动力，再次统筹安排，以克服脱节现象。

（2）在抓生产调度的同时，要督促、检查其他人员做好机械设备的保养工作，以保证机械设备的良好运转。特别对于施工中影响全局的关键机具设备，更要密切注意，预防可能出现的机具设备故障，保证施工顺利进行。

（3）跟踪检查主要计划指标的完成情况。主要有：计划作业率的完成程度，对照比较数量指标；检查班组产品的合格率、废品率、返工率和自检、互相、专检质量优良率；材料消耗指标；安全技术操作规程执行情况，有无个人违章违制情况；检查规定的重点项目（或重点工序）进度完成情况等。通过检查，可以发现问题，找出薄弱环节，采取措施，纠正计划执行的目标差。通过有效的督促和协调，保证计划的完成。

（4）对于在施工中发生的安全事故，质量事故和机械设备事故，除了认真分析原因，做到"三不放过"（即没有查明发生事故的原因及责任者不放过；群众和干部没有受到教育不放过；没有制订出防止类似事故重复发生的措施不放过）。限期整改外，要迅速采取有效的补救措施，尽快恢复施工，使损失降到最低限度。

**二、施工技术管理**

为了搞好技术管理，要求明确技术管理责任制；认真执行技术标准和技术规程；制定技术措施计划；加强技术复核、监督。

（一）技术管理责任制

施工技术管理责任制是班组长和班组技术员在施工生产过程中负责技术的一种制度。由于技术管理不当而造成工期、质量、安全问题，班组长和班组技术员应负责任。班组技术员一般由本班组较高级技工来担任。

1. 班组长的职责

（1）熟悉图纸，向工人技术交底，各关键部位要交待清楚。

（2）对于新材料、新工艺、新方法及有特殊要求的，要做好示范。

（3）班组长在生产的全过程中要带头，严格认真地执行技术标准，按照安全生产操作规程组织班组进行施工生产，不可违章指挥。

（4）对班组每个成员，按各自不同的技术级别，建立明确的技术职责以达到各负其技术责任的制度。

（5）凡是上级违章指挥，强迫工人冒险作业，可能导致发生质量、安全事故的指令，班组长有权拒绝执行。

2. 班组技术员的职责

（1）协助班组长搞好本班组技术管理。

（2）对本班组生产的产品负责，有责任在工序作业过程中进行质量检查和技术把关，及时解决本工序施工生产过程中的技术、工艺疑难问题，对班组所发生的质量事故或造成返工损失，应负一定的技术责任。

（3）帮助没有达到本人技术级别的应知、应会要求的成员尽快通过各种培训、学习来达到标准。

（二）认真执行技术规程和技术标准

建筑装饰装修幕墙企业的施工生产活动，材料品种多，构件规格多，环境变化大，工序复杂，这就要求必须遵循一定的技术规程和技术标准，才能生产出合格的产品。作为企业中直接从事施工生产的幕墙工，就必须严格执行技术规程和技术标准。技术规程和技术标准是企业技术管理、安全管理、质量管理的依据和基础。技术规程是对建筑工程的施工过程、操作方法、设备和工具的使用、施工安全技术要求等所做的技术规定。

贯彻技术规程和技术标准时应注意以下两个问题：

（1）认真学习各种技术规程和技术标准，掌握"操作规程"和"标准"的内容及要求。

（2）加强技术监督，检查技术纪律，建立和健全各项岗位责任制。对施工的每道工序及其所使用的原材料，半成品，必须按照统一的规程和标准进行严格的监督和检查，发现违反规程和标准的行为，班组长和技术员有权立即制止和纠正，对造成严重后果的要进行经济制裁或纪律处分。

（三）制定技术措施

施工技术措施，是施工过程中，针对施工对象，施工过程和施工方法，旨在提高工程质量，节约原材料，降低成本，加快施工进度，提高劳动生产率确保安全施工，改善劳动条件，保证各项技术方案的有效实施和全面完成施工生产任务而从计划上采取的各种有效措施。技术措施的内容相当广泛，涉及到施工生产的全过程和各个方面，应着重在以下几个方面来考虑制定技术措施。

（1）加快施工进度方面的技术措施。

（2）保证和提高工程质量的技术措施。

（3）保证安全施工技术措施。

（4）改进施工工艺和技术操作，提高劳动生产率的措施。

（5）节约原材料，综合利用废料、旧料的措施。

（6）小改小革，合理化建议，提高机械化施工，减轻笨重的体力劳动的措施等。

（四）施工过程中的技术工作

1. 技术核定期

在施工过程中，如发现设计图纸有差错，施工条件发生变化，因采用新技术、新工艺或职工提出合理化建议等情况，需要修改原设计时，必须向设计人员提出，并进行技术核定工作。

2. 技术复核

在施工过程中，对重要的或对工程影响较大的技术工作，必须加强复核，避免发生重大错误，影响工程质量和使用。

为了避免验收不合格，造成返工，耽误下一道工序的施工，除在施工过程中加强监督检查外，在正式验收前，还要检查一下，发现问题时及时补救。

3. 材料检验及构配件检验

原材料、半成品质量的好坏，是影响工程质量的重要因素。因此，原材料及构配件进场时，必须进行试验或检验，把问题消灭在施工以前，为建筑优质工程提供先决条件。

**三、施工质量管理**

为了搞好施工质量管理，要求明确质量管理责任制；掌握质量检验的方法和标准；加强施工中的质量管理；做好成品保护工作；妥善、及时处理好质量事故；进行全面质量管理。

（一）质量管理责任制

为保证工程质量，一定要明确规定每个操作者的质量管理责任，建立严格的管理制度，这样才能使质量管理的任务、要求、办法具有可靠的组织保证。

1. 班组长的职责

（1）对本组成员经常进行"质量第一"的教育，并以身作则，认真学习有关质量验收标准和施工验收规范，贯彻质量管理制度，认真执行各项技术规定。

（2）组织好本班组的自检和互检，组织好同其他班组的互检，帮助、督促、检查班组质量员的工作，发挥班组质量员的作用。

（3）做好工序交接工作，把住质量关。对质量不合格的工序、工程（产品），不转给下道工序，该修的一定要修好，该返工的一定要返工，积极参加质量检查及验收活动。

（4）经常召开本班的质量会，研究分析班组的质量水平，开展批评与自我批评，组织本班向质量信得过的班组学习。

2. 班组质量员的职责

(1) 宣传贯彻"百年大计、质量第一"的思想，督促执行质量管理制度。

(2) 组织开展 QC 小组和质量信得过班组活动。

(3) 搞好班组技术、质量管理，组织质量自检、督促检查班组成员遵守施工工艺操作规程。

(4) 组织开展岗位练兵和提合理化建议、技术革新活动，协助班组长搞好班组全面质量管理的学习。

(5) 及时向班组长反映原材料、半成品、成品、设备的质量问题，在没有得到答复之前，不得用于正式工程。

(6) 做好班内质量动态资料的收集和整理，及时填好质量方面的原始记录。

3. 操作人员的主要职责

(1) 牢固树立"质量第一"的思想，严守操作规程和技术规定，对自己的工作要精益求精，做到好中求多，好中求快，好中求省。不得能过且过，不得马虎从事。

(2) 做到三懂五会：懂设备性能、懂质量标准和操作规程、懂岗位操作技术；会看图、会操作、会维修、会测量、会检验。操作前认真熟悉图纸，操作中坚持按图和工艺标准施工，不偷工减序减料，主动做好自检，填好原始记录。

(3) 爱护并节约原材料，合理使用工具、量具和仪表设备，精心维护保养。

(4) 严格把住"质量关"，不合格的材料不使用，不合格的工序不交接，不合格的工艺不采用，不合格的工程（产品）不交工。

(二) 质量检查

质量检查是保证和提高工程质量的重要环节。质量检查要坚持专业检查和自我检查相结合的方法，要加强施工过程中的质量检查，发现问题，及时解决，做到预防为主。

1. 质量检查的形式

(1) 班组自检：这是贯彻预防为主的重要措施。要作为不可缺少的工作程序来执行。班组人员操作要认真，随时自检，每日完工后要按设计要求和质量标准，在班组内进行自检，班组要有一套完整的管理办法，通过质量管理小组，实行质量控制，真正把好自检关。

(2) 互检：这是互相督促、互相检查、共同提高的有力手段，也是保证质量的有效措施。通过互检，可以肯定成绩，交流经验，找出差距，以便采取措施，改进提高。互检工作开展得好坏，是操作质量能否持续提高的关键。

(3) 交接检：指前后工序之间进行的交接检查，由工长或施工队队长组织进行。前道工序应本着"下道工序就是用户"的指导思想，为下道工序创造顺利的施工条件；下道工序应保持其有利条件，改进其不足之处，一环扣一环，环环不放松，就为顺利完成施工任务打下了良好基础。所以，交接检工作也是促进上道工序自我严格把关的重要手段。班组在交接检查，要对上一班或上一工序的设计要求和质量标准进行全面的检查。

2. 质量检查的手段

对一般建筑工程根据质量评定标准规定的方法和检查工作的实践经验，可归纳为看、摸、敲、照、靠、吊、量、套等八种检查方法。

看，就是外观目测，要对照有关质量标准进行观察。如型材平直度、外观等，目测评定是检查工作的主要手段，也是质量检查手段中难度最大的，要遵守反复实践，才能掌握标准，统一口径。

摸，就是手感检查，主要适用于某些平面项目的检查。

敲，运用工具进行音感检查。用手敲击玻璃，如出现颤动音响，一般是密封胶不满或压条不实。

照，对于人眼高度以上部位的产品上面（如幕墙玻璃面等）、缝隙较小伸不进头的产品背面（如立柱连接部位等），均可采用镜子反射的方法检查；对封闭后光线较暗的部位（如幕墙封边处等），可用灯光照射检查。

以上四项，均为目测的检查手段。

靠，是测量平整度的手段。适用于墙面、板面、型材表面等要求平整的项目。靠平整度，可用靠尺在测量面上的任意角度进行。

吊，是测量垂直度的手段。如：放线测量等。

量，用工具检查。

套，对幕墙框件及构配件的对角线检查，用套方的检测手段。

以上四项，主要属于实测检查，根据施工规范及质量标准所规定的各项目的允许偏差值与实测数据对照，对未超出偏差值的点数与总点数的比例，求出合格率。

（三）质量评定

工程质量是由一定的数据反映的。质量评定就是通过这些数据指标来说明工程质量的优劣。

建筑安装工程质量等级，按国家标准规定划分为"合格"与"不合格"两级，不合格的不能交工验收。

质量评定的依据有：设计图纸，施工说明书，建筑安装工程施工验收规范；原材料、构件、半成品及成品的试验资料，隐蔽工程验收记录，建筑物沉陷观测记录或变形记录等。

质量评定程序是，先分项工程，再分部工程，最后是单位工程，下面重点介绍一下分项工程的评定。

合格：系指主要项目和一般项目均符合标准的规定；允许偏差项目，其抽查点数中有70％及其以上达到标准要求者。

分项工程质量等级，是评定分部工程质量等级的依据，也是确定施工质量的依据。

分项工程质量如不符合标准规定，应当及时进行处理。返工重做工程，应重新评定等级。但补强加固改变结构外形或造成历史性缺陷的工程，一律不得评为优良。

作为幕墙工，应该掌握主要材料的质量检验方法、常识和分项工程质量检验评定标准，这样，才能在懂得质量检验标准的基础上，加强质量管理。

（四）加强施工中的质量管理

施工过程中的质量管理是企业和班组质量管理的主要环节。必须做好以下几点：

（1）做好技术交底工作，班组长由工长进行交底后，再向施工人员进行交底，并组织全班学习图纸，反复研究，讨论执行措施。

（2）搞好施工工艺管理，在工艺卡中分别制定各工种的施工操作工艺，并附有关键部位的技术措施。施工过程中必须严肃认真地按施工工艺卡操作。

（3）在分项工程的施工中，要掌握好工程质量的动态，观察和分析工程的合格率，发现问题随时采取措施加以解决，并及时向质量好的班组学习。

（五）成品、半成品保护

成品保护是指在施工过程中，对已完成的分项工程，或者分项工程中完成的部位加以保护。做好成品保护可以保证已完成部位不受损失，保证未完部位继续顺利施工，以保证工程质量，不增加维修费用、降低成本，保证工期。

半成品保护是指从加工厂制成的加工组件，如玻璃幕墙已打完胶的玻璃框架等的保护。做好半成品的保护可以保证施工的质量和进度，由于加工组件为成批生产，一旦少一二件，需要重新加工制作，所需加工流程同批生产是一样的，甚至难度要更高、时间要更多一些。

成品和半成品保护的方法有护、包、盖、封四种。

护，就是提前保护。如为了防止玻璃面、铝型材污染或挂花，在其上贴一保护膜等。

包，就是进行包裹，以防损坏或污染，如幕墙组件在运往施工现场的过程中进行的包装等。

盖，就是表面覆盖，以防损伤和污染。

封，就是局部封闭，防止损伤和污染。

此外，应加强教育，要求施工中全体人员倍加注意爱护和保护成品。在加工和安装工程中，有时还会发生已加工安装好的部件丢失现象。因此，必须时还应采取一定的防盗措施。

（六）质量事故的处理

凡工程质量不符合质量标准的规定而达不到设计要求，都叫工程质量事故。它包括由于设计错误、材料设备不合格、施工方法错误、指挥不当、漏检、误检以及偷工减料等原因所造成的各种质量事故。

工程质量事故的分类：以造成的后果可分为未遂事故和已遂事故。凡通过自检、互检、隐蔽工程验收、预检和日常检查所发现的问题，经自行解决处理，未造成经济损失或延误工期的，均属未遂事故；凡造成经济损失及不良后果者，均构成已遂事故。

按事故产生的原因可分为指导责任事故和操作责任事故。按事故的情节及性质可分为一般事故、重大事故。

凡已形成的一般事故和重大事故，均应进行调查，统计、分析、记录，提出处理意见并上报上级机关，严禁隐瞒不报或谎报。

一般事故可每月汇总，集中上报一次。

重大事故应于五日内，由企业上报至主管部门，处理情况及经济损失可另行补报。

对一般未遂事故或重大未遂事故，要及时认真自行处理。并进行统计、记录，分析原因，总结教训，加强质量教育，采取有效对策。

对于重大质量事故，要写出详细的事故专题报告上报。必须严肃认真，一定要查明原因，做到"三不放过"（即事故原因不搞清不放过，事故责任者和群众没有受到教育不放过，没有防范措施不放过）。对工作失职或违反操作规程造成质量事故的直接责任者，要根据情节，给以纪律处分，赔偿经济损失，直至受到法律制裁。

### 四、劳动纪律

所谓劳动纪律，是劳动者在共同劳动中必须遵守的规则。这种规则要求每个劳动者按照规定的时间、工序和方法，完成自己承担的施工生产和其他各项任务，保证施工生产过程和企业各项工作有秩序地协调进行，从而实现企业的方针目标。

劳动纪律对企业和班组两个文明建设有着重要作用，自学遵守劳动纪律是每一位劳动者应尽的义务，特别是建筑装饰装修幕墙企业流动性大、人员构成复杂，劳动纪律的作用就更大了。

劳动纪律的作用主要表现在：

（1）它是职工从事集体协作劳动力不可缺少的条件。

（2）劳动纪律是完成企业及班组施工生产任务、提高经济效益的重要保证。

（3）劳动纪律是培养"四有"职工队伍的重要条件。

建筑装饰装修幕墙企业劳动纪律的内容：

劳动纪律包括组织管理、技术工艺和考勤三个基本方面的内容。不同的企业还有自己特殊的劳动纪律，建筑装饰装修幕墙企业的劳动纪律主要包括以下一些具体内容：

（1）服从工作分配，听从工作指挥和调度。个人服从组织，下级服从上级。

（2）按照计划安排，认真执行施工生产与工作指令，严守工作岗位，尽职尽责，不失职渎职，积极主动完成和超额完成施工生产和各项工作任务。

（3）遵守安全、质量、技术、工艺规程（工艺卡）规范等企业各项规章制度。

（4）爱护国家财产，认真执行设备保养和工具、原材料、成品保管的规定，不损坏机具、厉行节约、不浪费原材料和能源。

（5）坚持文明施工、文明生产，注意环境保护和公共卫生，保持施工现场和工作场所整洁；

（6）遵守国家法律、法令、命令、政策和决定，合法生产、合法经营。

（7）保守国家和企业的秘密，维护企业的正当利益。

（8）不拿公家财物，不假公济私，不营私舞弊，不敲诈勒索。

（9）严格遵守考勤制度，按时到达工作现场，不迟到，不早退，不旷工，坚守工作岗位，维护正常的生产秩序和工作秩序。

（10）严格执行请假、销假制度。

**五、制定本职业岗位责任制度**

幕墙高级技能工应具备制定本职业岗位责任制的能力，以下仅举几个岗位的岗位职责。

1. 班组长的职责：按照企业经营目标的要求，根据施工队、车间或工厂下达的计划或指令，做好班组生产、施工、经营和管理的组织工作，确保完成各项施工生产技术指标和工作任务；搞好本班组的政治、文化和技术学习，努力提高本班组的素质，搞好队伍建设。

2. 机加工的岗位职责：能完全阅读各类加工图和技术要求，正确选择设备和刀具、量具，保证完成加工任务。严格按有关标准和规定控制机加质量。前五件必检，加工过程中自检和互检相结合，发现问题及时处理，对本人加工的产品质量负责。注意产品保护，保证产品清洁，按要求填写随时车卡片，并整齐堆放在指定区域。并做好原始记录。做好安全文明生产，保证工作场地和使用设备干净清洁，使用后的设备要切断电源。

3. 装配工的岗位职责：能阅读装配图，掌握装配工艺及各项技术要求，对零件（型材）进行必要的清洁、去毛刺，同时检查装配零件、几何尺寸是否与图纸相符。正确选择装配工具，遵守装配工艺规程，装配过程如发现问题，应及时汇报班组长，并及时解决。装配的产品必须贴上标识，整齐堆放在规定的区域内，保持通道畅通无阻。

4. 仓管员的岗位职责：对所进物料必须清点，确保物资与送货单的品种、数量相符，不合格物资和手续不完备的物资严禁入库。库房内物料分类堆放，标识清晰，保证库内整洁卫生。凭发货单和消耗定额发货。物资发货应先进、先出。优先选用库存的积压物资，降低生产成本，提高生产效益。对所需的常用物品，短缺时应及时上报，以免影响生产。存放的物料要定期清点，做到帐、卡、物三相符。按时完成物料账务及上报报表。

## 六、施工图的会审及技术交底

幕墙工程不同于标准产品。我们几乎找不到两栋一模一样的幕墙装饰。可以说，每一栋幕墙装饰都有其特点和不同之处。设计师的思想反映在图纸上，但最终是由安装工人来实现的。这样就产生了一个设计师与现场工人交流的问题，这种交流我们称之为"施工图的技术交底"。它主要有如下几方面的内容和工作。

1．施工图的技术交底一般在施工图设计及签审完毕后现场施工之前进行。

2．参加技术交底会议的人员一般有：设计部门负责人，主设计师，项目经理，各安装队长，质量检查员等。召开会议前各与会人员应事先仔细阅读图纸以便在会议上能充分理解设计师的陈述，同时向设计师提出自己的疑问。

3．技术交底大致分三个阶段。第一，设计师对该工程的概况、重点、难点作简要的说明；第二，各到会人员提出疑问；第三，对会议内容作文字性的总结，形成文件发到各到会人员及有关部门。

4．技术交底书面文件一般有以下几方面的内容：

（1）总则，它包括了设计及施工中所遵照的规范，标准及规程；

（2）工程概况，它包括了该工程的主要结构形式及各种结构形式的工程量、材料的品种与规格；

（3）施工的要点及难点。

# 第六章  幕墙施工管理

## 第一节  投 标 报 价

### 一、投标报价的组成

国内工程投标报价的组成和国际工程的投标报价基本相同，但每项费用的内容则比国际工程投标报价少而简单。各部门对项目分类也稍有不同，但报价的费用组成与现行概（预）算文件中的费用构成基本一致，主要有直接费、间接费、计划利润、税金以及不可预见费等，但投标报价和工程概（预）算是有区别的。工程概（预）算文件必须按照国家有关规定编制，尤其是各种费用的计算。必须按规定的费率进行，不得任意修改；而投标报价则可根据本企业实际情况进行计算，更能体现企业的实际水平。工程概（预）算文件经设计单位或施工单位编完后，必须经建设单位或其主管部门、建设银行等审查批准后才能作为建设单位与施工单位结算工程价款的依据；而投标报价可以根据施工单位对工程的理解程度，在预算造价上上下浮动，无需预先送建设单位审核。现简介国内工程投标报价费用的组成如下：

（一）直接费

指在工程施工中直接用于工程实体上的人工、材料、设备和施工机械使用费等费用的总和。由人工费、材料费、设备费、施工机械费、其他直接费和分包项目费用组成。

（二）间接费

间接费是指组织和管理工程施工所需的各项费用，主要由施工管理费和其他间接费组成。其他间接费包括临时设施费、远程工程增加费等。

（三）利润和税金

指按照国家有关部门的规定，建设施工企业在承担施工任务时应计取的利润，以及按规定应计入建筑安装工程造价内的营业税，城市建设维护税及教育费附加。

（四）不可预见费

可由风险因素分析予以确定，一般在投标时可按工程总成本的 3%～5%考虑。

**二、投标报价单的编制**

为规范我国建筑市场的交易行为，保证建设工程招标的公正性、公开性、公平性，维护建筑市场的正常秩序，本着与国际接轨的需求，建设部制定了《建设工程施工招标文件范本》，其组成包括《建设工程施工公开招标招标文件》、《建设工程施工邀请招标招标文件》等九个文件。不同的招标类型其投标报价单的编制形式不同，下面介绍我国常见的两种招标类型：即公开招标和邀请招标的投标报价单的编制。

（一）建设工程施工工程质量计价方式

建设工程施工工程质量计价方式有两种：一种是工料单价方式；另一种是综合单价方式。

所谓综合单价的计价方式是指，综合了直接费、间接费、工程取费、有关文件规定的调价、材料差价、利润、税金、风险等一切费用的工程量清单的单价。而工料单价的计价方式是按照现行预算定额的工、料、机消耗标准及预算价格确定，作为直接费的基础。其他直接费、间接费、利润、有关文件规定的调价、材料差价、设备价、现场因素费用、施工技术措施费以及采用固定价格的工程所测算的风险费、税金等按现行的计算方法计取，计入其他相应报价表中。

在建设工程施工公开招标中，采用综合单价的计价方式，而在建设工程施工邀请招标中，上述两种计价方式均可采用。

（二）投标报价单的编制

1. 建设工程施工公开招标的投标报价单的编制

需要编制如下表：

（1）报价汇总表

（2）工程量清单报价表

（3）设备清单报价表

（4）现场因素、施工技术措施及赶工措施费用表

（5）材料清单及材料差价表

2. 建设工程施工公开招标的投标报价单的说明

（1）工程量清单应与投标须知、合同条件、合同协议书、技术规范和图纸一起使用。

（2）工程量清单所列的工程量系招标单位估算的和临时的，作为投标报价的共同基础。付款以实际完成的工程量为依据。由承包单位计量、监理工程师核准的实际完成工程量。

（3）工程量清单中所填入的单价和合价，应包括人工费、材料费、机械费、其他直接费、间接费、有关文件规定的调价、利润、税金以及现行取费中的有关费用、材料的差价以及采用固定价格的工程所测算的风险金等全部费用。

（4）工程量清单中的每一单项均需填写单价和合价，对没有填写单价或合价的项目的费用，应视为已包括在工程量清单的其他单价和合价之中。

3. 建设工程施工邀请招标的投标报价单的编制

（1）采用综合单价投标报价时

需要编制如下表：

①报价汇总表

②工程量清单报价表

③设备清单及报价表

④现场因素、施工技术措施及赶工措施费用报价表

⑤材料清单及材料差价表

（2）采用工料单价投标报价时

需要编制如下表：

①报价汇总表

②工程量清单报价汇总取费表

③工程量清单报价表

④材料清单及材料差价报价表

⑤设备清单及报价表

⑥现场因素、施工技术措施及赶工措施费用报价表

4. 建设工程施工邀请招标的投标报价单的说明

（1）采用综合单价投标报价时

所需说明内容同2。

（2）采用工程单价投标报价时

所需说明内容同2中的1、2、4，仅3不同其说明如下：

工程量清单中所填入的单价与合价,应按照现行预算定额的工、料、机消耗标准及预算价格确定,作为直接费的基础。其他直接费、间接费、利润、有关文件规定的调价、材料差价、设备价、现场因素费用、施工技术措施费以及采用固定价格的工程所测算的风险金、税金等按现行的计算方法计取,计入其他相应报价表中。

### 三、工、料计算分析

（一）劳动定额的分类及作用

劳动定额是指在正常生产条件下，在充分发挥工人生产积极性的基础上，为完成一定产品或一定产值所规定的必要劳动消耗量的标准。

所谓正常生产条件，即指生产任务饱满；材料、设备、动力、机具供应及时；劳动组织合理；管理制度健全；生产秩序正常以及一定的自然环境。必要劳动消耗量就是定额时间，包括基本作业时间和辅助作业时间。

劳动定额主要有两种表现形式：

（1）时间定额——指具有某种技术等级的工人所组成的某种专业（或混合）班组或个人，在正常施工条件下，完成某一计量单位的合格产品（或工作）所必须的工作时间。其中包括：准备与结束时间、基本工作时间、辅助工作时间、不可避免的中断时

间，以及为了使工人保持充沛的精力而规定的适当休息和生理需要所必需消耗的时间等。建筑安装工程的时间定额一般以工日为单位，每一工日按 8 小时计算，其计算方法如下：

$$单位产品时间定额（工日）= \frac{1}{每工产量}$$

$$或单位产品时间定额（工日）= \frac{小组成员工日数的总和}{台班产量}$$

（2）产量定额——指在正常施工条件下，具有某种技术等级的工人所组成的某种专业（或混合）班组或个人，在单位工日中应完成的合格产品（或工作）数量。其计算方法如下：

$$每工产量 = \frac{1}{单位产品时间定额（工日）}$$

$$或台班产量 = \frac{小组成员工日数的总和}{单位产品时间定额（工日）}$$

时间定额与产量定额互为倒数。

劳动定额有以下作用：

（1）是制定企业施工计划的重要基础，是保证完成或超额完成施工任务的有力手段，劳动定额是编制施工进度计划、成本计划、劳动工资计划以及各种作业计划的基础，也是签发施工任务书，进行生产调度的重要依据。

（2）是组织开展社会主义劳动竞赛，考核劳动成果的主要尺度。劳动定额规定了完成各项工作的劳动消耗量，因此，它是开展劳动竞赛的重要依据和标准。劳动定额也是开展班组经济核算的基础，它是考核劳动投入与劳动产出成果的主要衡量尺度。

（3）是确定劳动定员和合理组织劳动的依据。通过劳动定额可以组织各工种间的相互联系及配合和衔接，它是规定正确的定员编制标准。

（4）是贯彻按劳分配原则，调动工人积极性的手段。定额水平制定的正确与否，会直接影响广大工人的分配和收入，正确的定额水平，会调动工人的劳动积极性和创造性。通过劳动定额，使工人对完成生产任务所需要的劳动量心中有数，从而会更合理地支配工时、挖掘潜力、提高工作效率。

确定劳动定额水平的基本原则是：贯彻先进、合理的原则。

"先进"就是要反映采用先进的生产技术、装备、施工工艺、操作方法以及具有先进的管理水平。

"合理"就是要从当前实际出发，考虑现有各种客观因素的影响，使劳动定额建立在现实可行和可靠的基础之上，并经过努力能够达到的水平。

先进、合理的劳动定额水平，能够反映科学技术进步及吸收、推广先进经验和生产组织措施的改善，以发挥其鼓励先进、激发中间、督促后进的作用。

(二) 劳动定额的工时消耗分析

劳动定额是在一定时期和一定物质条件下，管理水平、生产技术水平和职工觉悟程度的综合反映。劳动定额水平是定额工作的中心，制订正确的劳动定额，首先应正确地分析工人的工时消耗构成，掌握工人劳动时间消耗的客观规律。

工时消耗分析是按照一定的原则对工人劳动时间中的必要消耗和非必要消耗进行科学地区别和归类。其目的是在总结先进经验的基础上，消除工时浪费，引导工人尽可能将工时用在有效劳动上。这种分析方法为制定先进的劳动定额提供了依据。

从劳动定额角度来观察，一人工作日的全部工时消耗，包括定额时间与非定额时间。非定额时间是非必要的时间消耗，不能计入劳动定额内。定额时间是工人完成规定生产任务的必要时间消耗，其中包括单件时间和准备与结束时间。

单件时间为工人完成单位产品的必要时间消耗。包括作业时间、布置工作的时间、休息及自然需要时间及工艺性中断时间等。

作业时间是直接用于完成任务、实现工艺过程所消耗的时间，是定额中最主要的部分。对每件产品来说，作业时间愈短愈好，但对整个工作日来说，作业时间的比重愈大愈好。对时间比重来说，基本时间的比重愈大愈好，辅助时间比重愈小愈好。

布置工作的时间，是指工人为保证生产正常进行，用于照看和保持工作地点处于良好状态所消耗的时间，如办理交接班手续、准备工具、填写生产记录称为组织性时间；由于技术上的需要而消耗在布置工作方面的时间，例如构件吊装前紧固绳索螺丝等。在制定劳动定额时，通常对布置工作的消耗时间，按作业时间的百分比来确定。

为使工人在生产过程中保持充沛精力而规定的休息、饮水、上厕所等所需时间，一般接作业时间的百分比计算。在高温、粉尘侵害、重体力劳动条件下，均应安排较长时间。

工作性中断时间，为生产过程中，由于工艺的特殊需要，造成不可避免的中断生产的时间消耗，如灰尘降落及通风时间等。

准备与结束时间，为完成一批产品或任务时，事先进行准备和事后结束工作所消耗的时间。如工作开始前及结束后更换工作服、领还工具、步入及离开工作面等所需的时间。

（三）材料的核算与结算

1. 材料的核算

材料核算分为施工项目供应过程中的材料核算和使用过程中的材料核算。前者亦称为采购成本核算，后者是对各种材料实际消耗费用的核算。

（1）施工项目供应过程中的材料核算。当前，在施工项目进行招标的条件下，供应过程的材料核算就是报价核算，即以报价为依据，与实际采购价进行对比，如实际价低于报价，则为盈余，反之为亏损。

搞好报价核算，关键在于所报价格的可靠性，及中标后对所报价格的实现过程中的管理。

（2）施工项目使用过程中的材料核算。当前，作为项目管理执行层的材料成果核算，主要是量差的核算，不包括价差的影响，是以各项承包费用作为施工项目收入与各种料具消耗的实际支出进行对比，求得盈余或亏损，其计算公式为：

成本降低（亏损）额 = 材料承包各项费用之和 - 各项费用实际支出之和

各项费用主要包括工程材料费、暂设工程材料费、工具费和二次搬运费。它是整个工程项目成本核算的组成部分。各项费用核算方法如下：

（1）工程材料费。包括构成工程实体的主要材料、其他材料、构件及周转材料的摊销费。核算公式：

工程材料费成本降低（亏损）= 材料费承包额 –（主要材料消耗总额 + 其他材料消耗总额 + 结构件消耗额 + 周转材料消耗额）

式中，主要材料消耗总额 + 其他材料消耗总额 + 结构件消耗额 = Σ（各种材料、构件消耗数量 × 各项材料、构件的预算单价）；周转材料消耗额 = 租赁费 + 摊销费 + 赔偿费 + 运输费 + 班组定包发奖金额。

（2）暂设材料费。核算公式为：

暂设材料成本降低（亏损）额 = 承包额 – 实际支出额

式中，实际支出 = Σ（暂设工程使用的材料数量 × 材料预算单价）– Σ（暂设工程回收数量 × 回收价格）。

（3）工具费。核算公式为：

工具费成本降低（亏损）额 = 承包额 – 实际消耗额

式中，实际消耗额 = 租用工具所付出的租赁费、赔偿费、运输费 + 支付班组工具定额承包费 + 支付个人工具费。

（4）二次搬运。核算公式为：

二次搬运费成本降低（亏损）额 = 承包额 – 实际发生额

2. 材料结算

随着施工项目管理的执行，承包机制的引进，以施工项目为中心的核算体制和内部银行的建立，材料货款结算一般采取内部转账的办法；有的为了保证资金的周转，采取预付料款的方式。选择材料结算方式，一是要有利于资金周转；二是要简便易行。正确地选择材料结算对减少资金占用，加速资金周转具有重要作用，当前有以下三种结算方式：

（1）使用卡。一般由企业财务主管部门签证发放，持有使用卡者，可在限额内购买材料，供方在限额内供应材料，其优点是使用灵活、结算及时。缺点是记卡繁琐。主要用于大宗大批量的材料结算。

（2）流通券，由企业财务主管部门统一印制和发放，持券者在获得所需材料时，付给供方等价的流通券。其优点是直观、使用灵活；缺点是难于保存，较为繁杂。主要用于分散、不批量零星材料的结算。

（3）托收承付单。属于内部转账的一种方式，为了保证材料结算，一般实行结欠资金付算制，或实行企业内部贷款制，其优点是简单，缺点是不直观、易遗失。

确定材结算方式，必须与内部核算体制相适应，才能达到预期的效果。

# 第二节　质　量　管　理

## 一、ISO 9000 质量体系的基础知识

（一）ISO 9000 族标准简介

1. ISO 9000 族标准的演变

国际标准化组织（ISO）在 1986 年发布了 ISO 8402《质量——术语》，在 1987 年又发布了 ISO 9000《质量管理和质量保证标准——选择和使用指南》、ISO 9001《质量体系——生产和安装的质量保证模式》、ISO 9003《质量体系——最终检验和试验的质量保证模式》、ISO 9004《质量管理和质量体系要素——指南》等六项国际标准，即"ISO 9000 系列标准"，也称 1987 版ISO 9000 系列国际标准。

但是，1987 版标准在贯彻实施过程中，各国普遍反映标准系列整体水平不高，过于简单。偏重于供方向需方提供质量保证，而对质量管理要求不严。传统的质量管理思想和方法比较多，现代的质量管理技术应用不够，而且缺乏对人的积极性和创造性的运用，例如只强调纠正措施，而没有运用预防措施。标准

中对能够发生变异或变差的统计技术应用不够，对产品质量和服务质量的特性的统计要求也很少。标准偏重于质量体系认证注册的需要，在一定程度上忽视了顾客对质量体系的要求。

为此，国际标准化组织，特别是负责制定 ISO 9000 系列标准的质量和质量保证技术委员会（ISO/TC 176）针对上述问题，决定对 1987 年版的 ISO 9000 系列标准进行修订，并于 1994 年发布了 ISO 8402、ISO 9000—1、ISO 9001、ISO 9002、ISO 9003 和 ISO 9004—1 标准。与此同时，并陆续制定和发布了 10 项指南性的国际标准，形成了相互配套的系列。这样，1994 版 ISO 9000 族国际标准共有以下 16 项：

（1）ISO 8402：1994《质量管理和质量保证——术语》；

（2）ISO 9000—1：1994《质量管理和质量保证标准——第 1 部分：选择和使用指南》；

（3）ISO 9000—2：1993《质量管理和质量保证标准——第 2 部分：ISO 9001～9003 实施通用指南》；

（4）ISO 9000—3：1991《质量管理和质量保证标准——第 3 部分：ISO 9001 在软件开发、供应和维护中的使用指南》；

（5）ISO 9000—4：1993《质量管理和质量保证标准——第 4 部分：可信性大纲管理指南》；

（6）ISO 9001：1994《质量体系——设计、开发、生产、安装和服务的质量保证模式》；

（7）ISO 9002：1994《质量体系——生产、安装和服务的质量保证模式》；

（8）ISO 9003：1994《质量体系——最终检验和试验的质量保证模式》；

（9）ISO 9004—1：1994《质量管理和质量体系要素——第 1 部分：指南》；

（10）ISO 9004—2：1991《质量管理和质量体系要素——第 2 部分：服务指南》；

（11）ISO 9004—3：1993《质量管理和质量体系要素——第 3

部分：流程性材料指南》；

（12）ISO 9004—3：1993《质量管理和质量体系要素——第4部分：质量改进指南》；

（13）ISO 10011—1：1990《质量体系审核指南——第1部分：审核》；

（14）ISO 10011—2：1990《质量体系审核指南——第2部分：质量体系审核的评定准则》；

（15）ISO 10011—3：1990《质量体系审核指南——第3部分：审核工作管理》；

（16）ISO 10012—1：1992《测量设备的质量保证要求——第1部分：测量设备的计量确认体系》。

1994年版本在实施过程中，很多国家反映在实际应用中具有一定局限性，标准的质量要素间的相关性也不好；强调了符合性，而忽视了企业整体业绩的提高，也缺乏对顾客满意或不满意的监控；由于标准的通用性差，特制定了许多指南来弥补，使1994版ISO 9000族发展到22项标准和2项技术报告，而实际上只有少数标准得到应用。

为此，国际标准化组织为了满足用户适应市场竞争的需要，促进企业持续改进，提高整体业绩，使标准通俗易懂，易于理解和使用，能适用于各种类型和规模的企业，为提高企业的运行能力提供有效的方法，又进一步对1990版标准作了修订，于2000年底正式发布为国际标准，称2000版ISO 9000族标准。

2000版ISO 9000族标准只有4个核心标准，即ISO 9000：2000《质量管理体系——基础和术语》、ISO 9001：2000《质量管理体系——要求》、ISO 9004：2000《质量管理体系——业绩改进指南》和ISO 190011《质量和环境管理体系——审核》。

2．我国GB/T 19000族标准

随着ISO 9000的发布和修订，我国及时等同地发布和修订GB/T 9000族国家标准。2000版ISO 9000族标准发布后，我国又等同地转换为GB/T 9000：2000（IdtISO 9000：2000）族国家标准，这些标准包括：

（1）GB/T 19000 表述质量管理体系基础知识，并规定质量管理体系术语。

（2）GB/T 19001 规定质量管理体系要求，用于组织证实其具有提供满足顾客要求和适用的法规要求的产品的能力，目的在于增进顾客满意。

（3）GB/T 19004 提供考虑质量管理体系的有效性和效率两方面的指南。其目的是组织业绩改进和使顾客及其他相关方满意。

（4）GB/T 19011 提供审核质量和环境体系指南。

GB/T 9000—2000 族标准有以下几个方面的主要特点：

（1）标准的结构与内容更好地适用于所有产品类别，不同规模和各种类型的组织。

（2）强调质量管理体系的有效性与效率，引导组织关注顾客和其他相关方、产品与过程，而不仅是程序文件与记录。

（3）对标准要求的适用性进行了更加科学与明确的规定，在满足标准要求的途径与方法方面，提倡组织在确保有效性的前提下，可以根据自身经营管理的特点做出不同的选择，给予组织更多的灵活度。

（4）标准中增加了质量管理八项原则，便于从理念和思路上理解标准的要求。

（5）采用"过程方法"的结构，同时体现了组织管理的一般原理，有助于组织结合自身的生产和经营活动采用标准来建立质量管理体系，并重视有效性的改进与效率的提高。

（6）更加强调最高管理的作用，包括对建立和持续改进质量管理体系的承诺，确保顾客的需求和期望得到满足，制定质量方针和质量目标并确保得到落实，确保所需的资源，指定管理者代表和主持管理评审等。

（7）将顾客和其他相关方满意或不满意信息的监视作为评价质量管理体系业绩的一种重要手段，强调要以顾客为关注焦点。

（8）突出了"持续改进"是提高质量管理体系有效性和效率的重要手段。

（9）概念明确，语言通俗，易于理解、翻译和使用，术语用概念图形式表达术语间的逻辑关系。

（10）对文件化的要求更加灵活，强调文件应能够为过程带来增值，记录只是证据的一种形式。

（11）强调了 GB/T 19001 作为要求性的标准和 GB/T 19004 作为指南性的标准的协调一致性，有利于组织的业绩的持续改进。

（12）提高了与环境管理体系标准等其他管理体系标准的相容性。

3．术语

ISO 9000：2000 中有术语 80 个，分成 10 个方面。

术语的 10 个方面有：

（1）有关质量的术语 5 个：质量、要求、质量要求、等级、顾客满意；

（2）有关管理的术语 15 个：体系、管理体系、质量管理体系、质量方针、质量目标、管理、最高管理者、质量管理、质量策划、质量控制、质量保证、质量改进、持续改进、有效性、效率；

（3）有关组织的术语 7 个：组织、组织结构、基础设施、工作环境、顾客、供方、相关方；

（4）有关过程和产品的术语 5 个：过程、产品、项目、设计和开发、程序；

（5）有关特性的术语 4 个：特性、质量特性、可信性、可追溯性；

（6）有关合格（符合）的术语 13 个：合格（符合）、不合格（不符合）、缺陷、预防措施、纠正措施、纠正、返工、降级、返修、报废、让步、偏离许可、放行；

（7）有关文件的术语 6 个：信息、文件、规范、质量手册、质量计划、记录；

（8）有关检查的术语 7 个：客观证据、检验、试验、验证、确认、鉴定过程、评审；

（9）有关审核的术语 12 个：审核、审核方案、审核准则、审核证据、审核发现、审核结论、审核委托方、受审核方、审核员、审核组、技术专家、能力；

（10）有关测量过程质量保证的术语 6 个：测量控制体系、测量过程、计量确认、测量设备、计量特性、计量职能。

4．概念的简要说明

术语之间在概念上的三种相互关系为：属种关系、从属关系和关联关系。

当术语概念之间具有上下继承关系时称为属种关系，例如体系与质量管理体系、环境管理体系和财务管理体系之间就是属种关系，可用图 6-1 表示。

图 6-1　术语的属种关系

当术语概念之间具有整体和部分关系时称为从属关系，例如质量管理与质量策划、质量控制、质量保证和质量改进之间就是从属关系，可用图 6-2 表示。

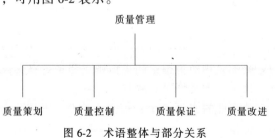

图 6-2　术语整体与部分关系

当术语概念之间具有因果关系时，称为关联关系，例如过程和产品之间就是关联关系，可用图6-3的箭头图表示。

过程 ◄─────────────────► 产品

图6-3　术语的因果关系

（二）八项质量管理原则

在ISO 9000—2000标准中增加了8项质量管理原则，这是在近年来质量管理理论和实践的基础上提出来的，是组织领导做好质量工作必须遵循的准则。8项质量管理原则已成为改进组织业绩的框架，可帮助组织达到持续成功。

1．以顾客为关注焦点

组织依存于其顾客。因此，组织应理解顾客当前和未来的需求，满足顾客的要求并争取超越顾客的期望。

组织贯彻实施以顾客为关注焦点的质量管理原则，有助于掌握市场动向，提高市场占有率，提高企业经营效益。以顾客为中心不仅可以稳定老顾客、吸引新顾客、而且可以招来回头客。

2．领导作用

强调领导作用的原则，是因为质量管理体系是最高管理者推动的，质量方针和目标是领导组织策划的，组织机构和职能分配是领导确定的，资源配置和管理是领导决定安排的，顾客和相关方要求是领导确认的，企业环境和技术进步、质量体系改进和提高是领导决策的。所以，领导者应将本组织的宗旨、方向和内部环境统一起来，并创造使员工能够充分参与实现组织目标的环境。

3．全员参与

各级人员是组织之本。只有他们的充分参与，才能使他们的才干为组织带来收益。

质量管理是一个系统工程，关系到过程中的每一个岗位和每一个人。实施全员参与这一质量管理原则，将会调动全体员工的积极性和创造性，努力工作、勇于负责、持续改进、作出贡献，这对提高质量管理体系的有效性和效率，具有极其重要作用。

4. 过程方法

过程方法是将活动和相关的资源作为过程进行管理，可以更高效地得到期望的结果。因为过程概念反映了从输入到输出具有完整的质量概念，过程管理强调活动与资源结合，具有投入产出的概念。过程概念体现了用 PDCA 循环改进质量活动的思想。过程管理有利于适时进行测量保证上下工序的质量。通过过程管理可以降低成本、缩短周期，从而可更高效的获得预期效果。

5. 管理的系统方法

管理的系统方法是将相互关联的过程作为系统加以识别、理解和管理，有助于组织提高实现目标的有效性和效率。

系统方法包括系统分析、系统工程和系统管理三大环节。系统分析是运用数据、资料或客观事实，确定要达到的优化目标；然后通过系统工程，设计或策划为达到目标而采取的措施和步骤，以便及时地进行资源配置，最后在实施中通过系统管理而提高有效性和高效率。

在质量管理中采用系统方法，就是要把质量管理体系作为一个大系统，对组成质量管理体系的各个过程加以识别、理解和管理，以实现质量方针和质量目标。

6. 持续改进

持续改进是组织永恒的追求、永恒的目标、永恒的活动。为了满足顾客和其他相关方对质量更高期望的要求，为了赢得竞争的优势，必须不断地改进和提高产品服务的质量。

7. 基于事实的决策方法

有效决策建立在数据和信息分析的基础上。基于事实的决策方法，首先应明确规定收集信息的种类、渠道和职责，保证资料能够为使用者得到。通过对得到的资料和信息分析，保证其准确、可靠。通过对事实分析、判断，结合过去的经验作出决策并采取行动。

8. 与供方互利的关系

供方是产品和服务供应链上的第一环节，供方的过程是质量形成过程的组成部分。供方的质量影响产品和服务的质量，在组织的质量效益中包含有供方的贡献。供方应按组织的要求也建立质量管理体系。通过互利关系，可以增强组织及供方创造价值的能力，也有利于降低成本和优化资源配置，并增强对付风险的能力。

上述8项质量管理原则之间是相互联系和相互影响的。其中，以顾客为关注焦点是主要的，是满足顾客要求的核心。为了以顾客为关注焦点，必须持续改进，才能不断地满足顾客不断提高的要求。而持续改进又是依靠领导作用、全员参与和互利的供方关系来完成的。所采用的方法是过程方法（控制论）、管理的系统方法（系统论）和基于事实的决策方法（信息论）。可见，这8项质量管理原则，体现了现代管理理论和实践发展的成果，并被人们普遍接受。

（三）质量管理体系基础

2000版GB/T 19000提出了质量管理体系的12条基础，是8项质量管理原则在质量管理体系中的具体应用。

1. 质量管理体系的理论说明

主要是阐明质量管理体系的作用：

1）说明质量管理体系的目的就是要帮助组织增强顾客满意。顾客满意程度可以作为衡量一个质量管理体系有效性的总指标。

2）说明顾客对组织的重要性。组织依存于顾客，在质量管理8项原则中已经阐明。顾客要求组织提供的产品能够满足他们的需求和期望，这就要求组织对顾客的需求和期望进行整理、分析、归纳和转化为产品特性，并体现在产品技术标准和技术规范中。产品是否被接受，最终取决于顾客，可见顾客意见的重要。

3）说明顾客对组织持续改进的影响。由于顾客的需求和期望是不断变化的，这就促使组织持续改进其产品和过程，这也充分体现了顾客是组织持续改进的推动力之一。

4）说明质量管理体系的重要作用。质量管理体系能够帮助组织识别和分析顾客的需求和期望，并能将顾客的需求和期望转化为顾客的要求，并生产出顾客可以接受的产品。质量管理体系还可以推进持续改进，以此提高质量管理体系的有效性和效率，提高顾客的满意度，也能不断地提高组织的经营业绩。

2. 质量管理体系要求和产品要求

质量管理体系的要求是通用的，适用于所有行业或经济领域的各种产品类别，包括硬件、软件、服务和流程性材料；适用于各种行业或经济部门；也适用于各种规模（大、中、小型）的组织。

产品要求是指产品标准、技术规范、合同条款或法律、法规等的规定。产品要求是各种各样和千差万别的，只适用于某种具体的产品。

这两种要求是有区别的，这一点非常重要，不能以为建立和实施了质量管理体系就意味着产品的要求得到了满足，或意味着产品等级的提高，只能说质量管理体系的建立和实施有助于实现产品要求，对一个组织来说，两者缺一不可，不能互相取代，只能相辅相成。

3. 质量管理体系方法

这是8项质量管理原则中管理的系统方法的具体体现，这包括8个步骤，即：

（1）确定顾客的需求期望。

（2）建立组织的质量方针和质量目标。

（3）确定实现质量目标必须的过程和职责。

（4）确定和提供实现质量目标必须的资源。

（5）规定测量每个过程的有效性和效率的方法。

（6）应用这些方法确定每个过程的有效性和效率。

（7）确定防止不合格并消除产生原因的措施。

（8）建立和应用持续改进质量管理体系的过程。

质量管理体系方法不仅适用建立和实施新的质量管理体系；也适用于保持和改进现有的质量管理体系，以帮助组织在过程能力和产品可靠性方面建立信任，为持续改进创造条件，以提高顾客满足程度。

4. 过程方法

这是 8 项质量管理原则中"过程方法"的具体体现。任何活动都可看成是由一组将输入转化为输出的相互关联或相互作用的活动。过程方法就是系统识别和管理组织所应用的过程，特别是这些过程之间的相互作用。在 2000 版 GB/T 19000-ISO 9000 中给出了一个过程方法模式（图 6-4）。

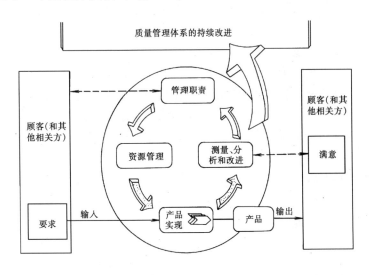

图 6-4　过程方法模式

从图 6-4 中可以看出，质量管理体系的四大过程"管理职责"、"资源管理"、"产品实现"和"测量、分析和改进"彼此相连，最后通过体系和持续改进而进入更高的阶段。从图中可以看出，顾客（及其他相关方）的要求形成产品实现过程的输入，而产品实现过程的输出是最终产品。将产品交付给顾客后，顾客将对其满意程度的意见反馈给组织的测量、分析和改进过程，并作为持续改进的一个依据。

5. 质量方针和质量目标

建立质量方针和质量目标的目的就在于为组织提供一个关注的焦点，就是一个组织的与质量有关的总的意图与方向，与质量有关的追求与目的。

质量方针是组织总方针的一部分，应与总方针协调一致。8项质量管理原则是制定质量方针的基础；质量方针应体现8项管理原则的精神。

质量目标应建立在质量方针的基础上，并分解到适当的层次上。在作业上的质量目标应是定量的。

建立质量方针和质量目标的意义在于能够使组织统一认识和统一行动，引导质量活动和评价活动结果，使顾客满意和组织取得成功。

6. 最高管理者的作用

这是8项管理的原则中领导作用的具体体现。领导作用在于将本组织的宗旨、方向和内部环境统一起来，并创造使员工能够充分参与实现这些宗旨和方向的机会与环境。为此，最高领导应做到：

1）确定并保持组织的质量方针和质量目标。

2）通过增强员工的意识、积极性和参与程度，在整个组织内促进质量方针和质量目标的实现。

3）确保整个组织关注顾客要求。

4）确保实施适宜的过程以满足顾客和其他相关方要求并实现质量目标。

5）确保建立、实施和保持有效的质量管理体系以实现这些质量目标。

6）确保获得必要资源。

7）定期评审质量管理体系。

8）决定有关质量方针和质量目标的措施。

9）决定改进质量管理体系的措施。

为了充分发挥最高管理者的作用，应对某些组织最高管理者进行必要的培训，使其明确应该发挥什么作用，如何发挥作用。

7. 文件

文件就是"信息及其承载媒体",能起到沟通意图和统一行动的作用。文件的价值有助于:

1) 满足顾客要求和质量改进。

2) 提供适宜的培训。

3) 重复性和可追溯性。

4) 提供客观证据。

5) 评价质量管理体系的有效性和持续适宜性。

文件化的质量管理体系包括建立和实施两个方面,建立文件化的质量管理体系只是开始,只有通过实施文件化质量管理体系才能变成增值活动。

质量管理体系的文件共有6种:

1) 质量手册,即"规定组织质量管理体系的文件",也是向组织内部和外部提供关于质量管理体系的一致信息。

2) 质量计划,即"对特定的项目、产品、过程或合同,规定由谁及何时应使用哪些程序和相关资源的文件"。

3) 规范,即"阐明要求的文件"。

4) 指南,即阐明推荐的方法或建议的文件。

5) 程序、作业指导书和图样,这些都是提供如何一致地完成活动和过程的信息的文件。

6) 记录,即"阐明所取得的结果或提供所完成活动的证据文件"。

8. 质量管理体系评价

1) 质量管理体系过程评价

(1) 质量管理体系中的过程是否已经被识别并确定相互关系?

(2) 质量管理体系中过程的职责是否已经被分配?

(3) 质量管理体系中过程的程序是否已经实施和保持?

(4) 质量管理体系中在实现所要求的结果方面,过程是否有效?

2）质量管理体系审核

审核就是"为获得审核证据并对其进行客观的评价，以确定满足审核准则的程度所进行的系统的独立的并形成文件的过程"。

质量体系审核时，应按 GB/T 19000 标准、质量手册、程序以及适用的法规等进行。

审核的内容：质量管理体系运行的符合性和有效性。

审核的作用：寻求改进机会。

体系审核有第一方面审核、第二方审核、第三方审核三种类型：

第一方审核由组织或组织的名义进行，用于内部审核，自我判断是否合格；

第二方审核由顾客或以顾客的名义进行，用于外部审核，由顾客判断是否合格；

第三方审核由认可的机构或组织进行，用于外部审核，由第三方判断是否合格，并进行认证和注册。

3）质量管理体系评审

质量管理体系评审就是管理评审。

管理评审的主体是最高管理者。

管理评审的内容是质量管理体系对质量方针和质量目标的适宜性、有效性和效率。

管理评审的频次，一般来说是定期的，并且是系统的。

管理评审结果，如果相关方的需求和期望有所变化，应考虑对质量方针和质量目标进行适当的修改，并确定是否需要采取必要的改进措施。

管理评审中的输入，也就是信息源，主要是审核报告。

4）自我评定

自我评价是参照质量管理体系或优秀管理模式对组织的活动和结果所进行的全面的和系统的评审，也是一种第一方的自我评价。

自我评价的结果用于评价组织的业绩和质量管理体系成熟程

度，识别需要改进的领域和确定优先开展的事项。

9. 持续改进

这是 8 项管理原则中"持续改进"的具体体现。改进包括产品的改进和活动的改进，以致质量管理体系的改进。改进活动包括：

1）分析和评价现状；以识别改进的区域。

2）确定改进目标。

3）寻求可能的解决办法以实现这些目标。

4）评价这些解决办法并作出选择。

5）实施决定的解决办法。

6）测量验证、分析和评价实施的结果以确定这些目标已经实现。

7）正式采纳更改（即形成正式的规定）。

8）必要时，对结果进行评审，以确定进一步改进的机会。

改进是一种持续的活动，持续意味着渐近地和不断地进行。改进不仅应注意重大的技术革新和设备改造，更应当重视日常的小改小革和合理化建议等的作用。开展 QC 小组活动是实现持续改进的重要形式。

10. 统计技术的作用

统计技术的作用在于以下两方面：

（1）统计技术可以帮助组织了解变异。这种变异可通过产品和过程的可测量特性观察到，通过统计收集数据，经整理分析，便可了解变化的规律和原因，有助于组织解决问题和提高有效性和效率。

（2）统计技术有助于组织更好地利用所获得的数据进行基于事实的决策，并促进持续改进。

11. 质量管理体系与其他管理体系的关注点

质量管理体系是组织管理体系的一部分，它致力于使与质量目标有关的输出（结果）满足相关的需求和期望。

其他管理体系的目标可以是与增长、资金、利润、环境、安全等有关的目标。例如财务管理体系所关注的目标是资金和利润，环境管理体系所关注的目标是环境等。

质量管理体系可与其他管理体系融合为一个使用共同要素的管理体系，使质量目标与其他目标相互补充，共同组成组织的总目标。

12. 质量管理体系与优秀模式之间的关系

所谓组织优秀管理模式指的是像美国的鲍德里奇奖、日本的戴明奖或国家质量管理奖等质量管理模式，也有一些企业自己建立的质量管理模式。

ISO 9000 族标准提出的质量管理体系和优秀模式之间的相同点是：

（1）使组织能够识别它的强项和弱项；

（2）包含对按通用模式评价的规定；

（3）为持续改进提供基础；

（4）包含外部承认的规定。

两者之间的不同点是：

（1）应用范围不同。质量管理体系评价确定其是否满足要求。而优秀管理模式包含能够定量评价组织业绩的准则，并且能够适用到组织的全部活动和所有的相关方。

（2）评价方法不同。质量管理体系的评价方法有质量体系审核、管理体系评审或自我评定等，而优秀模式评定准则允许使用水平对比法。

（四）质量管理体系标准 2000 版与 1994 版的差异

1. 2000 版 GB/T 19000 族标准的主要变化

1）以过程模式为标准的结构、内容顺序的逻辑性更强；

2）持续改进过程是提高质量管理体系的重要手段；

3）更加强调最高管理者的作用，包括对建立并对质量管理体系进行持续改进的承诺，对法律和法规要求的考虑，在相关职能层次上建立可测量目标的要求；

4）在 ISO 9001：2000 中 102 介绍了"应用"的概念，以此

作为处理各类组织与活动的方式；

5）要求组织将顾客满意有关信息的监控作为对质量管理体系业绩的评价手段；

6）明显减少了所要求的文件数量；

7）术语的变化和改进使其更加易于翻译；

8）提高了与环境管理体系标准 ISO 14000 的相容性；

9）特别引用了质量管理原则；

10）考虑了所有相关方的需求和利益；

11）增加了自我评价的概念（ISO 9004：2000）作为改进的驱动力。

2．新版标准的优点

1）适用于所有的产品类别、所有行业和所有规模的组织；

2）易于使用，语言明确，易于翻译且易于理解；

3）明显减少了所要求的文件数量；

4）将质量管理体系与组织过程联系起来；

5）强调了对组织业绩的持续改进；

6）强调了持续改进和顾客满意是质量管理体系的动力；

7）与环境管理体系标准 ISO 14000 有更好的兼容性；

8）能满足各行各业对标准的需求和利益；

9）强调了 ISO 9001 作为要求的标准和 ISO 9004 作为指南的标准的协调一致，有利于组织业绩的改进；

10）考虑了所有相关方的需求。

3．ISO 9001 新增加的要求

1）持续改进；

2）强调了最高管理者的作用；

3）考虑了法律法规要求；

4）在相关的职能层次上建立可测量目标；

5）监视顾客满意的有关信息，作为对体系业绩的一种测量；

6）强调了资源的可获得性；

7）确定了培训的有效性；

8）测量的范围扩展到体系、过程和产品；

9）对所搜集的有关质量管理体系业绩的数据的分析。

（五）质量手册

1．质量手册的定义

质量手册是质量体系建立和实施中所用主要文件的典型形式。

质量手册是阐明企业的质量政策、质量体系和质量实践的文件，它对质量体系作概括的表达，是质量体系文件中的主要文件。它是确定和达到工程产品质量要求所必须的全部职能和活动的管理文件，是企业的质量法规，也是实施和保持质量体系过程中应长期遵循的纲领性文件。

2．质量手册的性质

企业的质量手册应具备以下6个性质：

（1）指令性

质量手册所列文件是经企业领导批准的规章，具有指令性，是企业质量工作必须遵循的准则。

（2）系统性

包括产品质量形成全过程应控制的所有质量职能活动的内容，同时将应控制内容，展开落实到与工程产品形成直接有关的职能部门和部门人员的质量责任制，构成完整的质量体系。

（3）协调性

质量手册中各种文件之间应协调一致。

（4）先进性

采用国内外先进标准和科学的的控制方法，体现以预防为主的原则。

（5）可操作性

质量手册的条款不是原则性的理论，应当是条文明确、规定具体、切实可以贯彻执行的。

（6）可检查性

质量手册中的交件规定，要有定性、定量要求、便于检查和监督。

3. 质量手册的作用

(1) 质量手册是企业质量工作的指南，使企业的质量工作有明确的方向。

(2) 质量手册是企业的质量法规，使企业的质量工作能从"人治"走向"法治"。

(3) 有了质量手册，企业质量体系审核和评价就有了依据。

(4) 有了质量手册，使投资者（需方）在招标和选择施工单位时，对施工企业的质量保证能力、质量控制水平有充分的了解，并提供了见证。

（六）质量认证

质量认证是第三方依据程序对产品、过程或服务符合规定的要求给予书面保证（合格证书）。质量认证分为产品质量认证和质量体系认证两种。

1. 产品质量认证

产品质量认证又分为合格认证和安全认证。经国家质量监督检验检疫总局产品认证机构国家认可委员会认可的产品认证机构可对建筑用水泥、玻璃等产品进行认证，产品合格认证自愿进行。与人身安全有关的产品，国家规定必须经过安全认证，如电线电缆、电动工具、低压电器等。

通过认证的产品具有较高的信誉和可靠的质量保证，自然成为顾客争相采购的产品。通过认证的产品发给认证证书并可使用认证的标志，产品认证的标志可印在包装上或产品上，认证标志分为方圆标志、长城标志和 PRC 标志，如图 6-5 所示。方圆标志又分为合格认

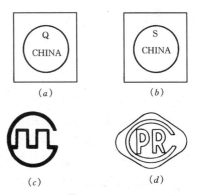

图 6-5　认证标志
（a）、（b）方圆标志；
（c）长城标志；（d）PRC 标志

证标志（图6-5a）和安全认证标志（图6-5b），长城标志（图6-5c）为电工产品专用标志，PRC（图6-5d）为电子元器件专用标志。

2.质量管理体系认证

由于工程行业产品具有单项性，不能以某个项目作为质量认证的依据。因此，只能对企业的质量管理体系进行认证。

质量管理体系认证是指根据有关的质量保证模式标准，由第三方机构对供方（承包方）的质量管理体系进行评定和注册的活动。这里的第三方机构指的是经国家质量监督检验检疫总局质量体系认可委员会认可的质量管理体系认证机构。质量管理体系认证机构是个专职机构，各认证机构具有自己的认证章程、程序、注册证书和认证合格标志。国家质量监督检验疫总局对质量认证工作实行统一管理。

1）质量管理体系认证的特征

（1）认证的对象是质量体系而不是工程实体；

（2）认证的依据是质量保证模式标准，而不是工程的质量标准；

（3）认证的结论不是证明工程实体是否符合有关的技术标准，而是质量体系是否符合标准，是否具有按规范要求，保证工程质量的能力；

（4）认证合格标志只能用于宣传，不得用于工程实体；

（5）认证由第三方进行，与第一方（供方或承包单位）和第二方（需方或业主）既无行政隶属关系，也无经济上的利益关系，以确保认证工作的公正性。

2）企业质量体系认证的意义

1992年我国按国际准则正式组建了第一个具有法人地位的第三方质量体系认证机构，开始了我国质量体系的认证工作。我国质量体系认证工作起步虽晚，但发展迅速，为了使质量管理尽快与国际接轨，各类企业纷纷"宣贯"标准，争相通过认证。

（1）促使企业认真按 GB/T 19000 族标准去建立、健全质量体系，提高企业的质量管理水平，保证施工项目质量。由于认证是第三方的权威性的公正机构对质量管理体系的评审，企业达不到认证的基本条件不可能通过认证，这就可以避免形式主义地去"贯彻"，或用其他不正当手段获取认证的可能性。

（2）提高企业的信誉和竞争能力。企业通过了质量管理体系认证机构的认证，就获得了权威性机构的认可，证明其具有保证工程实体的能力。因此，获得认证的企业信誉提高，大大增强了市场竞争能力。

（3）加快双方的经济技术合作。在工程的招投标中，不同业主对同一个承包单位的质量管理体系的评审中，80%以上的评审内容和质量管理体系要素是重复的。若投标单位的质量管理体系通过了认证，对其评定的工作量大大减小，省时、省钱，避免不同业主对同一承包单位进行的重复评定，加快了合作的进展，有利于选择合格的承包方。

（4）有利于保护业主和承包单位双方的利益。企业通过认证，证明了它具有保证工程实体的能力，保护了业主的利益。同时，一旦发生了质量争议，也是承包单位自我保护的措施。

（5）有利于国际交往。在国际工程的招投标工作中，要求经过 GB/T 19000 标准认证已是惯用的作法，由此可见，只有取得质量体系的认证才能打入国际市场。

**二、施工质量的控制**

（一）检验规则

检验是全面质量管理中的关键手段，只有通过检验才能证实全面质量管理的结果，才能把不合格产品（半成品）检查出来，使它不流入下道工序或出厂。幕墙的检验规则是为配合全面质量管理制定的，即在每道主要工序完成后进行检验，只有合格的半成品才能进入下道工序，这样来保证最终产品的质量。如果只进行竣工验收，幕墙加工工程中的不合格部分要到竣工时才能被发现，进行返工损失太大。因此要针对普通幕墙与隐框幕墙不同特点，规定不同的检验规则。普通幕墙的主要工序为杆件制作、安装和玻璃镶嵌，要对这两部分进行质量检验控制，即杆件制作安装检验合格后再镶嵌玻璃，这样可避免在杆件安装不合格的框格体系上镶嵌玻璃，返工时又要拆除玻璃的损失。普通玻璃幕墙产品合格的前提条件是型式试验合格，即产品物理性能达到设计规定的等级，如果物理性能达不到规定的等级，即使其外观尺寸偏差在允许偏差范围之内，仍不能评定为合格。对个别项目的个别检验点超过允许偏差范围20%以内，且这种检查点占全部检查点的百分比在10%以内，且不影响使用或下道工序使用的，也可评为合格品。

按隐框幕墙生产过程特点，要进行两次中间检验和一次竣工检验。两次中间检验为框格体系中间检验与结构玻璃装配组件制作中间检验。隐框幕墙合格的前提同样是型式试验合格。

1. 框格体系的中间检验

框格体系中间检验在力梃、横梁及设计中规定的辅助体系全部安装完毕，结构装配组件安装前进行。对力梃、横梁间距，力梃垂直度，力梃同一表面内位置度，弧形幕墙力梃外表面与理论定位位置差，每个单位工程每次抽查10处，对分格对角线长度差，抽查5%的分单元（且不少于3个单元）。抽查的全部项目偏差符合合格品标准的评为合格品，其中如有10%的点按合格品超差在20%以内且不影响使用或下道工序使用的也可评为合格品。

2. 结构玻璃装配组件中间验收

结构玻璃装配组件中间验收在组件制作完毕、胶缝固化期满时进行，只有验收合格的组件才能出厂上墙安装。

对结构玻璃装配组件要100%进行外观检验，在制造过程中按随机原则，每100樘制作两个剥离试样，两个切开试样，每超过100樘及其尾数加做一个试样。对试样按时进行试验，在切开试验、剥离试验合格的前提下（即切开试验、剥离试验不合格的则此批产品不合格不能出厂安装），检查的项目全部达到合格品标准的评为合格品，其中如有10%按合格品标准超差20%以内，且不影响使用的，可评为合格品。

3.竣工验收

隐框幕墙在结构玻璃幕墙装配组件安装完毕，填缝结束，全部清洗工作完成后进行竣工验收。竣工验收时每单位工程抽查10处，所抽查点全部合格，评为合格品。

(二)型式试验

型式试验就是幕墙的物理试验。这种试验过去只有金属门窗才进行，对墙体则不进行这种试验，即使墙体是工厂预制的也没有物理性能检验的习惯。墙体的物理性能检测是随金属幕墙的发展而兴起的。这是因为由金属型材与玻璃组成的墙体的防雨水渗漏问题比砖石（混凝土）墙体严重很多，它是由墙体所采用的材料特性决定的。虽然金属幕墙允许构件规格比砖石（混凝土）规格大，暴风雨中渗入金属幕墙墙体的水比渗入砖石（混凝土）墙体的少，但由于砖石（混凝土）材料的吸水性能，可将渗入的水大部分先吸收再蒸发，不吸水的金属幕墙有允许相互移动的接缝，渗入缝隙的水渗漏到室内或滞留在接缝中产生锈蚀问题，材料的性能决定了金属幕墙必须进行物理性能检测。金属幕墙型式试验有两方面的作用，其一是在正式投产前，在模拟的环境条件下，通过检测对其物理性能作出评价，找出原理设计中的薄弱环节，还可找出在安装过程中安装程序和必须采取的措施。幕墙设计过程中，这种检验称为探索性检验。必要时还要进行破坏试验，找出破坏的临界值，达到揭示设计弱点，提出实质性改进措施。这种检验可由工厂委托专门检测单位进行，也可以由工厂检测部门进行。检测单位要保证检测的正确性，并提供检测报告等证明文件。至于检测设备可用检测单位的，也可利用工厂的，但都要有检测单位提出检测结果的报告和证明文件。

幕墙鉴定投产时必须经过实验室检测。这是由于幕墙设计时大都含有新的未经验证的特殊功能，只有通过检测才能证明哪些达到预定的功能，哪些还达不到预定的功能。至于已定型生产的幕墙，因为已经实验室实践检验，只要设计上没有实质性改变，工艺、材料没有重大的变动，使用环境与实验室检测条件有一致性就无需再进行类似的检验，所以中国建筑装饰铝制品协会产品标准（LXB—001—93）规定有下列情况之一时，应进行型式试验。

1. 新产品试制定型鉴定时；

2. 正式生产后，如结构、材料、工艺有较大改变，可能影响产品性能时；

3. 用户要求时；

4. 国家质量监督机构或行检提出要求时。并规定型式试验，应不少于三项基本性能，即抗风压变形、空气渗透、雨水渗透的试验。

检测用试样，应制作高度大于一个楼层，宽度至少有两根承受荷载的力榀（即不少于 4 根力榀），且应包括典型的垂直和水平接缝的拼合框组件。试样可按上述要求专门制作，但最好是抽取已制作好的成品，试验后再安装在建筑物上，这是一种理想的做法。因为：(1) 这种试验充分代表现场工艺水平，比实验室人员制作的更符合实际；(2) 易于和实际构造的细部一致，并可满足安装工序中的主要要求；(3) 常可使工程技术人员通过试验件安装提出有关便于安装的修改方案。这种试样的构成和安装在建筑物上的幕墙一样，试件的安装和受力情况应与实际相符，即采用同样的支撑和安装方法，在所用构件之间应采用相似的连接方法，应采用相同的玻璃和密封材料。试件安装过程中，对支承幕墙的建筑框架也应尽可能加以模拟，在任何情况下，试件所用的锚固体系的所有细部，如角钢、垫片、托架、螺栓和焊接点等部件都应和在建筑物上实际安装的细部一致。

抗风压变形、空气渗透、雨水渗漏这三项检测通常用同一个试样。三项基本检测项目的先后次序，通常都是按检测风压的大小程度而定，首先进行空气渗透性能试验，所用压力为 10Pa、20Pa、50Pa、70Pa、100Pa，如果幕墙上有可开启部分，空气渗透测试在干燥试件上进行，因为有些密封条浸湿后其气密效果可提高一倍左右，只有对采用干燥的气密条的试件，进行测试才能得出符合实际结果。其次进行雨水渗漏性能测试，其检测压力范围为 100～2500Pa。最后进行抗风压性能检测压差值最大达 5000Pa以上。

还必须指出，即使是认真的实验室检测也难以准确无误地取得和实际使用中完全一致的准确性。幕墙的实际性能的优劣在很大程度上取决于其安装过程中的锚固，连接的正确合理和施工质量，以及密封材料质量；其次决定于建筑框架的定位质量、现场施工条件、制作质量负责的监督检查。上述各项因素都不能在实验室检测中得到证实，同时也难以取得胶缝老化效应的数据。

虽然实验室检测不能取得与安装完成后墙体的真实性能完全一致的检测效果，然而标准的实验室检测仍具有实际价值，因为它可揭示出设计中存在的薄弱环节，生产制作中的缺陷和安装过程中应注意的事项。为了弥补实验室与现场真实性能的差距，对重要工程还要进行现场补充检测，主要是雨水渗漏性能的检测，通过现场补充检测来证实幕墙设计与安装的可靠性，揭示出现场可修补的缺陷，就是说可以对实验室检测中未能事先发现的问题采取措施。这种现场补充检测应在安装施工早期进行，以能在大部分幕墙安装前发现缺陷及早补救。对于高层建筑这样的检测要多进行几次以保证安全。显然，在施工过程中及时发现问题并加以解决，总比在全部安装完毕后再返工损失少得多。

现场水密性能检测，可采用便携式气压箱，但由于它只能对一个不大的组件（1500mm×1200mm）范围进行静压检测，虽然其方法与实验室中的做法相近，而运输、安装均费时而不大采用。经常采用的是水龙喷水法，它是一种简易可行、花费很少的方法，检测在建筑物底部两层框格和幕墙组件安装后，至少有 20m 长的两层幕墙镶嵌完，涂胶固化后，进行室内装修前，选择两跨幕墙进行水密性能检测，被检测的部分要包括有典型水平和垂直接缝或其他易于渗水的部位。检测工作在外脚手架上进行，在幕墙内侧观察，水从水龙头喷出，用一特别喷嘴将喷水量和水压控制到要求水平。检查从最低的水平接缝向上进行，如果发生渗漏现象，但未能找出渗漏部位时，必须用防水粘接条将所用接缝粘牢，由最低接缝开始检测，边揭掉密封胶条，边测定，反复进行，直到找出渗漏部位为止。发现渗漏部位后，采用由设计部门决定（认可）的水密方法处理。处理后还要进行复查。

现场补充检测虽然较粗糙，但对于大规模幕墙的安装工程的确具有其实际价值。然而现场检查只能被认为是一种补充性的检查，绝不能认为这种检查方法就可以代替规定的实验室检测，因为在实验室的检测更为全面、精确和严格，实验室检测常常和墙体设计生产过程同步进行。这样就可对设计中存在的不足之处进行揭示和修正，而现场检查只有在产品设计、制作已经完成，运到现场安装后才进行，这时欲对幕墙系统进行任何实质性修改已为时过晚了。

幕墙抗震性能测试方法，日本 JCMA、美国 ASTM 均采用静态法，即用伪静力试验来测定幕墙平面内变形性能。我国一些测试单位也采用此法。这种方法有一定局限性，即幕墙是处于静止状态下用油压千斤顶对其施加挤压，使之变形，这与实际地震时幕墙产生的复杂效应相距甚远。

在抗震试验台上模拟建筑物设置的后置框架为正方形，四角设钢柱，每 3m 为一层（最多可设三层，9m 高），楼层处安放钢梁，在钢梁上设置配重（相当于楼板重量及楼板上活荷载），通过调整配重数目来调整计算简图中质点的质量，按试验要求使后置框架在设防烈度地震作用下层间角变位达到 1/130 或 1/150 等。先将后置框架的层间变位调整到设计要求，再装上足尺试样，在设计部位设置应力片和位移计，分别用人工波、$R$-$S$ 波使振动台振动，施加的地震作用从 0.06g（60Gal）起，逐步增加到 0.1g（100Gal，相当于 7 度第二水准烈度），分别进行 $x$ 方向，

$x$、$y$ 二维，$x$、$y$、$z$ 三维震动。此时后置框架在模拟地震作用下产生各种效应，包括设计要求的层间变位，幕墙也在模拟地震作用产生各种效应，通过测试仪记录各测点的应力与变位。后者框架变位强制幕墙平面内变形、平面外变形、扭转等，主要是平面内变形（达到设计要求的幕墙平面内变形 1/130 或 1/150 等），以后可逐步增加到 0.2g（200Gal，相当于 8 度第二水准烈度）。在每次施加作用后应观察并记录幕墙变化与破坏情况，如果施加 0.2g 后，幕墙主要部位仍然完好，可用 0.335g（相当于 8.5 度）进行试验。

通过这种试验不仅可得到幕墙平面内变形的容忍值，还可以找出幕墙设计中的薄弱环节，为完善幕墙设计提供实践依据。

（三）质量控制检查

竣工验收时除依据竣工验收施测资料与中间验收结构进行评定外，还应对质量控制过程的资料进行检查，检查以下资料是否完整、正确。

1. 施工竣工图；

2. 相容性试验报告。检查报告内容是否确定材料相容，如果有不相容是否更换材料并复试合格；

3. 粘接性试验报告。检查报告内容是否肯定粘接性能良好，如果有不稳定情况是否按报告建议执行或更换材料，并复试合格；

4. 胶供应商对节点审查结果，提交的节点设计是否通过，对修改建议是否已完全执行；

5. 送样样品材料批号与生产使用材料批号记录，两者批号是否一致；

6. 切开试验记录与每批批量记录，及切开试验评定结果；

7. 剥离试验记录与每批批量记录及剥离试验评定结果；

8. 用双组分密封胶时，还要检查蝴蝶试验（扯断试验）记录及每批批量记录，及蝴蝶试验（扯断试验）评定结论；

9. 设计修改通知单；

10．事故处理记录，及生产、安装中对不符合设计文件部分所达成的协议文件；

11．隐蔽工程验收记录；

12．测量定位记录；

13．净化工、注胶工、安装焊工钢印代号或可供查考的记录；

14．铝型材出厂合格证及壁厚复测资料；

15．玻璃、密封胶出厂合格证明及质量保证书；

16．制造厂质量保证书；

17．型式试验报告（物理性能测试报告）；

18．中间验收及竣工验收测量记录；

19．综合评定结论报告。

每项工程只有在检查以上相关项目资料齐全准确，才能完成竣工验收。

## 第三节　计算机应用

### 一、汉字的输入方法简介

在 Windows98 的操作过程中免不了要进行文字的输入，虽然可以用键盘直接输入英文，但更多的时候需要输入中文。中文和英文不一样，它的每个汉字都是由笔画构成的，而不是由字母构成的，所以不能用键盘直接入中文。为了解决这个问题，我国的专家总结出几种汉字编码方案。常用的主要有两种：一种是根据汉字的读音进行编码，另一种则是根据汉字的字形进行编码。这两种都各有特点：前者容易掌握，只要会读汉字就可以，操作也比较简单，但是重码较多，也就是同音字较多，另外当用户读音不准确输入很不方便；后者不受读音的限制，只要会写汉字或看到的汉字即可，重码也较少，但是掌握起来比较麻烦，需要记忆大量的词根并要掌握一定的拆字方法。

从尽快掌握汉字输入方法的角度出发，下面将介绍 Windows98 系统自带的智能 ABC 输入法。该输入法是一种比较常用的汉字输入方法。

1. 智能 ABC 输入法的使用

1) 智能 ABC 输入法的启动

Windows98 系统启动后，一般默认的状态是英文输入状态。这时可以直接输入英文字符，但如果输入汉字，则必须先进入汉字输入状态。

在任务栏右端的输入法图标 EN 上单击鼠标左键，将打开一个输入法列表，从中选择"智能 ABC 输入法"项，便启动了智能 ABC 输入法，屏幕上将出现图 6-6 所示的输入法状态窗口。

在图 6-6 所示的输入法状窗口中共有五个按钮，它们的含义分别介绍如下：

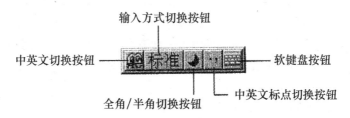

图 6-6　输入法状态窗口

（1）中英文切换按钮：该按钮上有一个图标，表示系统正处于汉字输入状态。单击该按钮则按钮上的图标变为 A，表示系统进入英文输入状态。

（2）输入方式切换按钮：该按钮上有两个汉字"标准"，表示系统正处于标准输入方式。单击该按钮，则按钮上的汉字变为"双打"，表示系统进入双打输入方式。

（3）全角/半角切换按钮：该按钮上有一半月形图标，表示系统正处于"半角"状态，此时输入的英文字母与普通英文字母相同，即每个字母占一个字符位置。单击此按钮（或按下［shift

＋空格〕组合键）则按钮上的半月形图标将变为满月形图标，表示系统进入"全角"状态，此时输入的英文字母将占用两个字符的位置，即和汉字所占位置相同。

（4）中英文标点切换按钮：该按钮上有一个英文标点符号图标，表示正处于输入英文标点符号的状态。单击该按钮上的图标变为，表示系统切换到输入中文标点符号的状态。

（5）软键盘按钮：该按钮上有一个键盘图标。用鼠标左键单击此按钮，可以打开和关闭软键盘。Windows98 系统共提供了 13 种软键盘布局。在该按钮上单击鼠标右键，将打开一个包含所有软键盘的快捷菜单。从中选择所需的软键盘后，相应的软键盘就会显示在屏幕上。单击软键盘上的模拟键既可以输入汉字或字符，也可以输入一些特殊符号。

2）中文/英文输入状态的切换

可以通过按〔Ctrl＋空格〕组合键来实现 Windows98 系统下中、英文输入状态的切换。在英文输入状态下按〔Ctrl＋空格〕组合键后，屏幕上出现汉字输入法状态窗口，系统进入汉字输入状态；再次按〔Ctrl＋空格〕组合键，汉字输入法状态窗口消失，系统回到英文输入状态。

2. 标准输入方式下的拼音输入

在标准入方式下，可以任意选用全拼、简拼三种方式输入汉字。

1）拼音输入的两点说明

（1）在标准输入方式下，全拼、简拼和混拼使用的是汉语拼音键盘，但其中的"ü"对应的是英文键盘中的"V"键，例如"女"字的编码"nv"。

（2）a、o、e 开头的音节连接在其他音节后面的时候，如果音节的界限发生混淆，可用隔音符号单引号（'）隔开。例如用"xi'an"（西安）区别"xian"（先）；再如用"ming'e"（名额）区别"minge"（民歌）。另外，在简拼和混拼中有时也需要使用隔音符号。

2）单个汉字的输入

单个汉字一般可使用全拼输入。全拼输入是指按规范的汉语拼音输入，输入过程和书写汉语拼音的过程完全一致。依照全拼输入法，输入一个汉字的汉语拼音，所输入的拼音会在打开的外码输入窗口，若外码输入窗口中没有所需的汉字，可以按加号键（＋）或单击候选窗口下部的按钮向后翻页，直到出现所需的汉字为止。另外，也可以按减（－）或单击候选窗口下部的按钮向前翻页。

此外，也可以用以词定字的方法来输入单个汉字，这样可以有效地减少输入过程中的重码，大大提高单个汉字的输入速度。例如，若要输入汉字"熙"，则可以键入"XXRR"（此为词"熙熙攘攘"的简拼输入），按下"["键可取词的第一个字（若要取词的最后一个字则应按下"]"键），此时外码输入窗口中显示"熙"字，按下空格键即可完成输入。

在用以词定字法输入单个汉字时，要注意所使用的词应为最常用的词，而且最好用全拼，否则所选的字可能不对或需要通过选字过程来选取，这样就会使输入速度受到影响。

3）词组的输入

智能 ABC 输入法系统中带有大量的词组，通过使用词组输入方式能大大提高速度。词组的输入既可以使用全拼，也可以使用简拼和混拼。

（1）词组的输入与单字基本相同，只要按顺序将词组中所有汉字的拼音全部输入就行了，如"北京"的全拼为"beijing"；"长城"的全拼为"changcheng"；"计算机"的全拼为"jisuanji"。

（2）简拼是拼音的简化形式，词组输入中简拼的简化规则是取各个汉字全拼的第一个字母（或复合声母）。如"北京"的简拼为"bj"；"长城"的简拼为"cc"或"chch"、"cch"、"chc"；"计算机"的简拼为"jsj"。在简拼时，需在注意隔音符号的使用。例如，"中华"的简拼为"zhh"或"z'h"，若简拼为"zh"则不正确，因为它是复合声母 zh（知）；再如，"恶人"（全拼为

"eren") 的简拼为 "e'r" 若简拼为 "er" 则不正确，因为它是 "而" 等字的全拼。

双字词使用简拼输入一般需要翻页，不太方便，三字及多字词的输入使用简拼则非常方便。

（3）混拼是指一个词中有的汉字采用简拼有的汉字使用全拼，如 "北京" 的混拼可以是 "beij" 也可以是 "bjing"；"计算机" 的混拼可以是 "jsuanj"，还可以用别的混拼组合表示。混拼时，同样也需要注意隔音符号的使用。例如，"历年"（全拼为 "linian"）可混拼为 "li'n" 或 "lnian"，若混拼为 "lin" 则不正确，因为它是 "林" 等字的全拼。双字词的输入使用混拼效果比较好。

4）中文标点符合的输入

单击输入法状态窗口（如图 6-6 所示）中的中英文标点切换按钮，按钮上的图标变化，此时输入的标点符号即为中文标点符号。也可以使用 ［Ctrl + （句号）］来进行此切换。

5）中文数量词的快速输入

智能 ABC 输入法具有阿伯数字和中文大小写数字的转换能力，这样就可以实现中文数字的快速输入。另外，在该输入法中，对一些常用的量词也可实现快速输入。

若需要输入小写的中文数字，则应先输入小写字母 i，然后再输入相应的阿拉伯数字即可；若需要输入大写的中文数字，则应先输入大写字母 I，然后再输入相应的阿拉伯数字即可。例如，输入 "i3" 按下空格键，则可输入小写中文数字 "三"；输入 "I3"，按下空格键，则可输入大写中文数字 "叁"。

6）在中文输入状态下直接输入英文

在进行拼音输入的过程中，如果需用输入英文，可以不必切换到英文输入状态。方法是先键入 "V" 作为标志符，后在跟随要输入的英文，最后按空格键即可。例如，在输入过程中希望输入英文 "Windows"，则可以连续输入 "vWindows"，再按下空格键即可。

7）拼音和笔形的混合输入

拼音和笔形的混合输入是为了减少在全拼、简拼或混拼输入时的重码，加快输入速度。拼音和笔形混合输入的规则如下：

（拼音 + ［笔形描述］）+（拼音 + ［笔形描述］）…… +（拼音 + ［笔形描述］）其中"拼音"可以是全拼、简拼或混拼，该项一般是不可少的；"［笔形描述］"项可有可无，最多不超过2笔。

在智能 ABC 输入系统中，按照汉字的基本笔画形状，将笔形共分为八类，在输入"笔形描述"时按照笔顺，即写字的习惯，最多取 2 笔。例如，要输入词组"蟋蟀"则可以输入"X82S"这里共使用了两个笔形（即"方"和"竖"，代码分别是 8 和 2）来描述"蟋"字的笔画形状。

3. 提高输入速度的技艺

要提高输入速度，首先应建立比较明确的"词"的概念，尽量按词、词组、短语进行输入，并注意把握输入的大体规律：

（1）三个汉字以上的词语可以使用简拼输入，特别是常用词语。个别情况下，尤其是三个汉字的情况下，对其中的一个汉字可以使用全拼或者简拼 + 笔形，以区分同音词。

（2）最常用双字词可以使用简拼输入，这些词大约有 500 个，一般常用双字词，可采取混拼或者简拼 + 1 笔笔形描述。普通双字词，应当采用全拼或者简拼 + 2 笔笔形描述的形式进行输入。少量字词，特别是简拼为"zz、yy、ss、jj"等结构的词，需要在全拼的基础上增加笔形描述。

（3）最常用的单个汉字可以采用简拼 + 1 笔笔描述进行输入。一般常用的单字，应当全拼（简拼 + 2 笔笔形描述相当于全拼）。重码高的单字（特别是"yi、ji、shi"音节的单字）可以采用全拼 + 笔形描述输入，一般不超过两笔。

另外，还应充分利用"以词定字"的功能来输入单个汉字。如果没有现成的、恰当的词可以自己定义一个。

**二、工具类软件**

（一）文字处理软件 Microsoft Word2000

在施工项目管理中，经常需要进行文字处理工作，比如编写和打印施工方案、技术交底、会议纪要等。通过使用计算机上的文字处理软件我们可以很方便地进行文档的输入、修改、排版和打印等操作，这样不仅能够节省大量的时间和精力，而且可以获得令人满意的输出效果。Micrisoft Word 是目前最为常用的文字处理软件，它不但可以处理多种文本格的效果。下面我们就来简单介绍一下该软件的使用方法。

1．Word2000 的启动和退出

（1）启动 Word

Word2000 是 Windows95/98 操作系统下运行的应用程序，可从 Windows95/98 的"开始"菜单中启动。方法是：单击"开始"按钮，在"开始"菜单中选择"程序"，在"程序"子菜单中选择 Microsoft Word。注意，如果你找不到 Microsoft Word 这一选项，可以找右边带有箭头的 Microsoft Office 选项。右边带有箭头选项不是真实的程序，而是程序组。将鼠标指针指向 Microsoft Office 选项，选项旁边会出现 Microsoft Office 程序组里的程序清单，找到 Microsoft Word 程序选项，单击它即可。

Word 开始启动后，首先看到的是 Word 的标题屏幕，接着进入 Word 应用程序窗口。

这时，Word 自动根据默认的模板新建一个名为"文档 1"的空白文档，如图 6-7 所示。它相当于一张白纸，用户可根据需要输入文档内容、进行文档编辑等操作。

（2）退出 Word

在工作完成之后并且确认不需要再使用 Word 时，以释放该应用程序所占用的内存空间，便于其他应用程序的使用。有几种不同方法退出 Word，用户可以根据情况和习惯选用其中一种：

a．用鼠标单击窗口右上角的"窗口关闭"按钮

b．用鼠标双击 Word 应用程序窗口左上角的小图标

c．用鼠标单击 Word 应用程序窗口左上角的小图标，出现"应用程序控制"菜单后，选到"关闭"

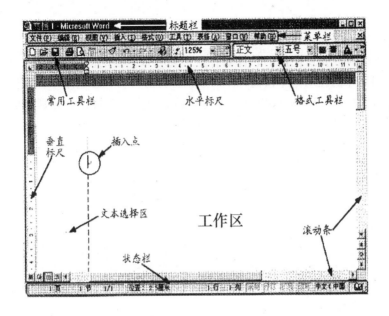

图 6-7　Word 2000 的工作窗口

　　d. 用鼠标单击菜单栏中的"文件"，在下拉菜单元中选取"退出"

　　e. 用键盘按［Alt + F］键，在下拉菜单中选取"退出"

　　f. 用键盘按［Alt + F4］键

　　g. 用键盘按［Alt + 空格键］，在出现的"应用程序控制"菜单选取"关闭"

　　退出 Word 前，要记住先保存文档文件，在接到退出命令后，Word 会检查它所打开的文件夹，对于改动过的文件，会在屏幕上显示提示，询问是否保存该文件，请仔细阅读提示后，再决定按"是"确认、"否"放弃或"取消"退出命令，否则可能会使所做的工作前功尽弃。

　　2. Word 2000 的窗口组成

　　在图 6-7 所示的 Word2000 的工具栏、状态栏、标尺、滚动条、工作区等几个部分，下面分别予以介绍。

（1）标题栏

标题栏位于窗口的最上方，主要用于显示当前正在编辑的文档名称以及所使用的软件名称。标题栏最左边的图标是 Word 应用程序的控制菜单按钮，单击该图标可打开窗口控制菜单，双击该图标可关闭 Word 窗口。标题栏最右边有三个按钮，分别是应用程序最小化、最大化/还原按钮和关闭按钮。

（2）菜单栏

标题栏的下面是菜单栏，通常包括文件菜单、编辑菜单、视图菜单、插入菜单、格式菜单元、工具菜单、表格菜单、窗口菜单和帮助单等 9 组。只要用鼠标单击菜单名即可下拉该菜单。

菜单中还有一些菜单项的后边跟有一个向右的箭头，这表明执行这样的菜单命令还有几种选择。选中这样的菜单命令后，下拉菜单的右侧还会出现另外一个菜单供选择，这一菜单称为子菜单。

（3）工具栏

工具栏提供了执行菜单命令的最直接的操作方式，例如保存文件、打开文件、剪切、粘贴、设定文字格式、设定段落格式等。原来需要好几次菜单操作才能完成的工作，现在只需要按下工具栏中相应的工具按钮即可。

通常情况下，启动 Word2000 后，在菜单栏的下面是两个首尾相连的工具栏，一个是常用的工具栏，一个是格式工具栏。如果需要使用其他工具栏，则可在"视图"菜单中选择常用工具栏命令，在"工具栏"子菜单单击要增加的工具栏名称即可。

工具栏中的按钮很多，尽管每个工具按钮标有明显的图案，但要记住所有工具按钮的功能还是比较困难的，为此 Word2000 提供了"工具提示"的帮助功能。当用户想了解某一工具按钮的功能时，只需将鼠标指针移到该工具按钮处，几秒钟后，该按钮的功能提示便会显示出来。

（4）状态栏

状态栏位于窗口的最底端，一般从左至右当前的页号、节号、目前所在页数、总页数以及插入点在当前页面上的垂直位置、插入点在当前页的行数和列数等内容。

在状态栏的右侧还有四个按钮，每个按钮分别代表 Word 的一种工作方式（如改写式），双击某个按钮可进行也可退出相应的工作方式。当进入某种方式时，该按钮显示黑字；退出某种方式时，该按钮显示灰字。

（5）标尺

标尺分为水平标尺和垂直标尺，只有在页面视图方式下才会显示垂直标尺。移动水平标尺上的标记可调左右页边距、段落缩进量、表格列宽以及设置制表位等，垂直标尺可调整页的上下边距和表格的行高。

选择"视图"菜单中的"标尺"命令，可以设置在窗口中是否显示标尺。

（6）滚动条

滚动条分为水平滚动条和垂直滚动条，分别位于窗口的底部和右侧。滚动条中的滑块用于指示当前所显示的内容在整个文档中所处的位置。操作滚动条来改变文档的显示范围，便于查看文档的内容。

在垂直滚动条的下端有一个"选择浏览对象"的按钮，单击该按钮会打开一个工具栏，用户可根据需要选择相应的按钮，如按页浏览，按图形浏览等，其优点是便于浏览文档并可加快浏览速度。随着所选取浏览项目的不同，垂直滚动条上的和按钮的作用也会发生变化，例如由"前一页/下一页"变为"前一张图形/下一张图形"。

在水平滚动条的最左端有四个切换和"大纲视图"按钮，单击某一按钮可切换相应的文档查看方式。

（7）工作区

窗口中间的空白区域称为工作区（也称编辑区或文本区），供用户输入文档内容。不断闪烁的光标"I"表示插入点，指示当前输入内容位置，用鼠标单击某位置，或移动键盘上的方向键，可以改变插入点位置。在普通视图方式下，文档的末尾还会出现一个文件结束标志："——"。

工作区最左边用虚线分隔开的条形区域（实际上滑虚线）是文本选择区，用于选取整行内容。当鼠标指针移动到文本选择区中时，它的形状会变成一个斜的箭头。只要单击鼠标按钮，即可选取指针所在的行，拖动鼠标则可选取多行内容。

3．文稿的创建

（1）新建文档

在输入文稿前，首先需新建一个文档或打开已有的文档，然后才能进行文稿的录入工作。

（2）文稿的录入

文稿的内容主要是文字和符号。由于 Word 具有图文混排功能，因此还可以插入图片、表格、图形和公式等内容。

由于 Word 具有自动换行的功能，因此用户只有在输入完一段内容后，才需要按回车键开始新的段落。每按一次回车键，在段尾就形成一个段落标记，它是非打印字符，将来打印输出时不会在纸上看到它。

A．汉字的输入启动 Word 后，一般处于英文输入状态，此时按一下［Ctrl＋空格］键便启动了当前汉字输入法（屏幕底部显示汉字输入法状态框）；再按一下 Word［Ctrl＋空格］键则退出了汉字输入状态。

此外，也可用按【右 Ctrl＋左 Shift】键的方法，进行汉字输入法的启动、退出和不同输入法之间的切换。

B．输入英文字母和数字英文字和数字可以直接从键盘输入，如果当前正处于汉字输入状态，但需要输入小写英文字母时，就需要先按［Ctrl＋空格］，关闭汉字输入法或单输入法状态框中的中英文切换按钮，进入英文状态，然后再进行输入（要输入大写英文字母，还需先按下 CapsLock 键）。

C．输入符号利用键盘可以输入各种标点符号、货币符号、数学符号等。中文输入状态框中的";"按钮在中文符号输入方式下，键入的标点符号为中文标点符号，它们都有是全角符号，占一个汉字的位置。

此外，对于一些特殊字符或符号的输入，Word还提供了符号工具栏和插入符号、插入特殊符号两个菜单相应的符号按钮，即可将所需的符号插入到当前光标处。

（3）保存文稿

当一篇文稿输入完成之后就需要进行文稿的保存工作了。选择"文件"菜单中的"保存"命令或单击工具栏中的"保存"按钮都可以完成文档的保存工作。如果是新文档的第一次保存，将会弹出"另存为"对话框，要求用户指定文档的文件名和文件的存放位置，然后单击"保存"按钮即可；如果是已存在的文件，则Word会自动地将它以原文件名保存，不再弹出"另存为"对话框。

此外，如果要将已有的文档以新的文件名保存到其他驱动器或文件夹中，则可以选择"文件"菜单中的"另存为"命令，在弹出的"另存为"对话框中改变其保存位置或文件名，然后单击"保存"按钮即可。这种方式可用于进行文档的复制。

（4）打开已有的文档

在Word窗口中，要打开原有文档，重新进行编辑，通常有四种操作方法，具体选择哪一种，用户可以根据具体情况和习惯来定。

第一种：选择"文件"菜单中"打开"命令，在出现的"打开"对话框（如图6-8所示）中填好原有文档的位置和文件名称（也可以浏览相关文件夹后进行选择），然后单击"打开"按钮即可。

第二种：单击"文件"菜单，在"文件"下拉菜单的最后列出最近使用权的文档，单击所需的文档名，即可打开该文档，通常列出的文档个数是4个，最多可以列出9个文档。

第三种：单击工具栏中的"打开"按钮即可出现"打开"对话框（如图6-7所示），填好原有文档的位置和文件名称后（也

图 6-8　"打开"对话框

可以浏览相关文件夹后进行选择）也可以打开已有文档。

第四种：在 Windows95/98 的"开始"菜单中有一个"文档"选项，这里列出了最近打开的 15 个文档，通过单击所需的文档名也可以打开已有的文档。

(5) 打印文稿

为了得到满意的打印效果，在正式打印文稿前，通常要用打印预览功能对文稿的格式进行观察和必要的调整。使用打印预览功能的操作方法是：选择"文件"菜单中的"打印预览"命令或者单击工具栏中的"打印预览"按钮，在打开的打印预览窗口中，可以调整和修改页边距、段落缩进格式等。

如果对文稿的效果完全满意，就可以进行正式打印了。具体操作方法是：选择"文件"菜单中的"打印"命令，将打开"打印"对话框，如图 6-9 所示。在该对话框中，用户可根据具体要示进行打印设置。设置完成后单击"确定"按钮即可开始打印。

此外，用鼠单击工具栏中的打印按钮可直接执行打印操作，不会显示"打印"对话框。

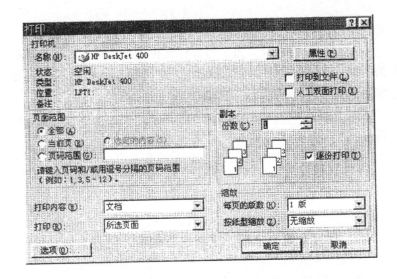

图 6-9 "打印"对话框

（6）关闭文档

用户保存完文稿后就可以退出 Word 应用程序，但如果还想对其他文档进行操作，可以先关闭当前文档，再打开新的文档。

单击位于菜单栏最右侧的文档窗口关闭按钮 X，可以关闭当前的文档。如果文档已进行过修改但尚未保存，则系统将弹出询问是否保存的对话框，要求用户确认。注意，若同时打开了多个文档，则将不会显示文档窗口关闭按钮 X，用户可以单击位于标题栏最右侧的 Word 应用程序窗口关闭按钮 X，来关闭当前的文档。

4．文稿的编辑

Word 具有很强的编辑功能，利用它不仅可以快速地插入、选定、复制、删除和移动文本，而且还可以对错误的操作进行撤消，恢复原操作。

（1）插入点的定位

文本的插入、选定、删除、替换、移动和复制均涉及到插入点的定位。Word 仍然支持传统的键盘定位方法，同时又支持鼠标自由定位插入点和其他的定位方法。

A.使鼠标定位插入点，用鼠标定位插入点时，在屏幕所见的范围内可以用鼠标直接单击所需位置，除此而外，则需要通过水平和垂直滚动条进行移动和翻页操作。

B.用键盘移动插入点，可用方向键移动插入点到所需的位置。此外，如果文本的内容不能同屏显示时，还可使用 PgUp、PgDn 键进行翻页，然后再用方向键定位插入点。

（2）文本的插入

一旦掌握了插入点的定位方法，文本的插入就得非常简单。将插入点移动需要插入字符的位置，然后输入字符，则输入的字符就出现在插入点的前面。

在输入字符时，还需要要注意当前是处于改写模式还是插入模式，如果状态栏右侧的"改写"字样是灰色的，则表明当前为插入到插入点的左边，插入点和插入点后的文本向右移动，其他字符位置不变。通过双击状态栏上的"改写"字样或按下 Insert 键，可在插入模式或改写之间快速切换。

（3）文本的选定

选定文本可以使用键盘，也可以使用鼠标。与插入点位相类似，用键盘选定文本比较机械，而用鼠标选定文本则较为随意。

A.使用键盘选定文本　首先将插入点移动所要选定的文本的起始位置（或终止位置），按住 Shift 键，再将插入点移到所要选取定的文本的终止位置（或起始位置），松开 Shift 键，所选中的文本呈反白显示（即文字颜色和背影颜色对调），表示该部分文本已选取定。

此外，按下［Ctrl + A］键则可选定整个文档。

B.使用鼠标选定文本　首先将鼠标指针指向所在选定的文本的起始位置（或终止位置）时，按住鼠标左键不放，拖动鼠标即可选中文本，到达所要选定的文本的起始位置（或终止位置）时，再松开鼠标左键即可。若是需要进行整行文本的选定，则可将鼠标指针移到工作区左边的文本选择区中，此时鼠标指针会变

成一个右斜的箭头。使用鼠标选定文本的具体操作方法见下表
6-1。

用鼠标选定文本的方法　　　　　　　　　表 6-1

| 选定内容 | 操　　　　　作 |
|---|---|
| 一个单词 | 双击要选定的单词 |
| 一个句子 | 按住 Ctrl 键，单击名中任意位置 |
| 一　　行 | 在文本选择区中单击该行 |
| 多　　行 | 在文本选择区中单击第一行并拖动到最后一行 |
| 一个段落 | 在段落中三击鼠标或用鼠标双击该段对应的文本选择区 |
| 任意文本 | 直接用鼠标从所在选定的文本的开始位置拖动到结束位置处 |
| 整个文档 | 要文本选择区的任意位置三击鼠标或按住 Ctrl 键后单击鼠标 |
| 矩形文本区 | 按住 Alt 键，用鼠标从选定区域的左上角拖动到右下角 |

　　如果需要取消对文本的选定，可以按键盘上的任意方向键，
或者，在工作区的任何位置单击鼠标即可。
　　（4）文本的删除
　　当需要删除一两个字符时，可以直接用 Delete 键或 Backspace
键。而当删除的文字很多时，就需先选定要删除的文本，然后再
按 Delete 键删除，或者用鼠标单击常用工具栏中的"剪切"按
钮，或在编辑菜单中选择"剪切"命令。特别说明的是，按
Delete 键后，选定的内容被删除但不送入到剪贴板中；而用鼠标
单击常用具栏中的"剪切"按钮后，选定的内容在被删除的同时
会送入到剪贴板中。与"剪切"命令等效的键盘操作是【Shift +
Delete】组合键。
　　（5）文本的移动
　　在文本的编辑过程中，常常会对文本的前后顺序进行重新调
整。这就涉及到一段文字甚至几段、几十段文字从文档的一个位
置的操作，即文本的移动。
　　文本的移动可通过以下两种方式来实现：
　　A. 使用剪贴板移动文本　　使用剪贴板移动文本通常分为以
下四个步骤：

Ⅰ．文本的选定：即选定需要移动的文本；

Ⅱ．剪切操作：将选定的文本"剪切"掉，放入剪贴板中；

Ⅲ．插入点的定位：将插入定点位到需要插入该段文本的位置；

Ⅳ．粘贴操作：粘贴剪贴板中的文本。

B．使用鼠标快速移动文本，首先选中需要移动的文本，然后将鼠标指针向所选取的文本，当鼠标指针变为左斜的箭头时，按住鼠标左键，这时鼠标指针的箭头处出现一条竖虚线，箭柄处有一个虚方框，然后拖动鼠标，直到竖虚线定位到需要插入所选定文本的位置，松开鼠标左键，于是所选定的文本就移动到了这个新位置。此外，也可以按住鼠标右键进行拖动，到达目的地后松开鼠标右键会弹出一个快捷菜单，选择"移动到此位置"即可。

（6）文本的复制

与文本的移动相同的是，文本的复制也要将选定的文本从文档的一个位置搬移到另一个位置。所不同的是，移动完文本后，原处的文本不再存在，而复制完文本后，原处仍保留着被复制的文本。

文本的复制也可以通过以下两种方式来实现：

A．使用剪贴板复制文本，使用剪贴板复制文本通常也分为以下四个步骤：

Ⅰ．文本的选定：即选定需要移动的文本；

Ⅱ．复制操作：将选定的文本复制到剪贴板中；

Ⅲ．插入点的定位：将插入点定位到需要插入该段文本的位置；

Ⅳ．粘贴操作：粘贴剪贴板中的文本。

其中，步骤Ⅰ、Ⅲ和Ⅳ的操作方法前面已经介绍过，下面仅讨论复制操作。

复制操作是把选定的内容复制到剪贴板上，选定的内容仍保留在文档中。选择编辑菜单（或在选定的文本上单击鼠标右键弹出的快捷菜单）中的"复制"命令（或单击常用工具栏"复制"按钮）即可执行复制操作。同样，当没有被选定的内容时，"复制"命令选项和"复制"按钮呈灰色，不可执行。

B.使用鼠标快速复制文本，首先选中需要复制的文本，然后将鼠标指针指向所选的文本，当鼠标指针变为左斜的箭头时，按住 Ctrl 键不放（直至整个操作结束），并按住鼠标左键，这时鼠标指针的箭头处出现一条竖虚线，箭柄处有一个虚方框，虚方框上有一个加号，然后拖动鼠标，直到定位需要插入所选定文本的位置，松开鼠标左键，于是所选定的文本就复制到了这个新位置。此外，也可按住鼠标右键（不需要按住 Ctrl 键）进行拖动，到达目的地后松开鼠标右键会弹出一个快捷菜单，选择"复制到此位置"即可。

（7）操作的撤消与恢复

A.撤消误操作，在编辑过程中有时难免会出现误操作，利用 Word 所提供的"撤消"功能可以撤消已经发生的误操作，包括撤消已出现的一连串的误操作。

常用工具栏中的按钮是"撤消"按钮，每单击一次可以撤消此前进行的一次操作。单击按钮，则会打开一个操作顺序列表框，它依次列出最近进行的各项操作，如图 6-10 所示。用鼠标单击其中的某项，则发生在它后面的其他操作都将被取消。

B.恢复操作　如果在执行完"撤消"命令后再单击"恢复"按钮，表示放弃这次撤消操作，恢复到原来的状态。如果在执行"撤消"命令后又进行了新的操作，则"恢复"按钮不再起作用。

（二）电子表格软件 Microsoft Excel2000

在施工项目管理中，经常需要对大量的数量进行计算、统计和分析，例如对混凝土质量的统计数据进行计算和分析等。Microsoft Excel2000 是微软公司最近推出的电子表格软件，它不仅能够对施项目管理中发生和大量数据进行快速的计算和处理，而且能够按照所需要的形式对这些数据进行组织，如分类、筛选、排序、统计等，并能生成多种直观形象的统计图表，给管理人员处

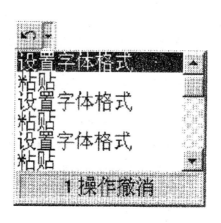

图 6-10　撤消列表框

理和使用数据带来了极大的方便。

Microsoft Excel2000 与 Microsoft Word2000 都是微软公司开发的办公套装软件，所以它们的用户界面和使用方法有很多相似之处，比如文件的新建、打开、保存和关闭等操作，再比如动态自适应的菜单栏和工具栏，等等，前面已经介绍 Word2000 的使用方法，为节省篇幅，Excel2000 中类似的内容这里就不再详细介绍了。

1. Excel2000 的窗口组成

Excel2000 启动后，屏幕上出现 Excel2000 的工作窗口，如图 6-11 所示。

在 Excel2000 工作窗口中，由若干行和列组成的网络叫做工作表，它是 Excel 的主要工作区域。行和列分别有行号和列标，行号位于行的左侧，从上到下依次为"1，2，3，4……"；列标位于的上方，从左到有依次为"A、B、C、D……"。某行和某列的相交处就是单元格，相应的行号和列标构成单元格的地址，例如第三行第三列单元格的地址就表示为 C3。工作表中只有一个单元格处于当前工作状态，它是有黑色粗框，称为活动单元格，单元格中可以输入文字、数值和公式，每个单元格最多可以容纳 32767 个字符。Excel2000 的工作表可以非常大，最多可容纳

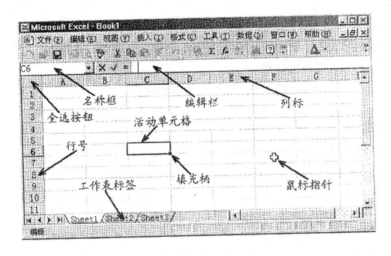

图 6-11　Excel2000 的工作窗口

65536 × 256 列数据。

在工作表的上方一栏，左边为名称框，右边为编辑栏。当选定某单元格时，名称框中会出现相应的地址；若选定的是单元格区域，则名称框中内会出现该单元格或区域。如果需要快速选定的单元格或区域，可单击名称框中相应的名称。当输入公式时，名称框中会出现函数名称。

编辑栏用于显示活动单元格中的常数或公式，其中始终包括一个编辑公式按钮。当向单元格中输入、编辑数据时，编辑栏上还会出现确定输入的输入按钮、撤消输入的取消按钮。

另外，在工作表的左下方有一个工作表标签栏。每张工作表都有一个标签，上面标注着工作表名。单击工作表标签可以在不同的工作表之间进行切换，标签为白色的就成为活动工作表；双击某工作表标签，可以给该工作表命名。标签左侧的工作表签滚动按钮用于工作表标签的管理，从左到右单击它们分别可以看到第一张工作表标签栏中对工作表进行插入、删除操作，还可以移动和复制工作表，给工作表重命名等。

Excel2000 工作窗口中的其他部分，如标题栏、菜单栏、工具栏、滚动条、状态栏等，与 Word2000 基本类似，限于篇幅，这里不再进行介绍。

2．工作表的建立

（1）工作簿的创建、打开、关闭和保存

与 Word 软件不同的是，Excel 软件把一个文档叫做一个工作簿（英文是 Book），它一般由多个工作表组成，最多可达 255 个。默认情况下，每个工作簿内有三个工作表（见图 6-11），分别命名为 Sheet1、Sheet2、Sheet3，显示在工作表窗口底部的工作表标签上。

Excel 工作簿的创建、打开、关闭和保存等操作与 Word 文档的对应操作相同，这里不再述。

（2）Excel 的窗口操作

Excel 允许同时打开多个工作簿，也允许在一个工作簿中打开多个窗口，这样就可以在屏幕上同时看到一个工作簿中同时找开多个窗口，首先应单击任务栏中的对应按钮激活该工作簿窗口，然后选择"窗口"菜单口，首先应单应单击任务栏中的对应按钮激活该工作簿窗口，然后选择"窗口"菜单中的"新窗口"命令，屏幕上就会出现一个新的工作簿窗口，内容与原工作簿窗口完全一样，名称为"原工作簿名：序号"。序号由原有的窗口数决定，若原有一个窗口，则序号为 2，并且原工作簿窗口的名称变成"原工作簿名：1"。工作簿的所有窗口都是相对独立的，可用于显示工作簿的不同部分，但它们的内容完全一致。对其中某个窗口内的内容进行修改，其他窗口内的内容也会相应地发生变化。

选择"窗口"菜单中的"重排窗口"命令，将弹出"重排窗口"对话框，如图 6-12 所示，利用该对话框，可以重新排列所有已打开的工作簿窗口（不包括处于最小化状态的工作簿窗口）。

（3）单元格的选定

在对单元格进行数据输入、编辑等操作之前，首先要选定一个单元格作为活动单元格。Excel 还允许选定单元格区域，此时，该单元格区域左上角的单元格为活动单元格。在 Excel 工作窗口

图 6-12　"重排窗口"对话框

左上角的名称框中将随时显示当活动单元格的地址。

选定一个单元格：用鼠标单击需要选定的单元可即可选取中该单元格。被选中的单元格将成为活动单元格，并用粗框表示。

在 Excel 中，也可以利用键盘来选定或移动活动单元格，其主要操作如表 6-2 所示。

用键盘选定或移动活动单元格　　　　表 6-2

| 按　　钮 | 完成的操作 |
| --- | --- |
| ↑、↓、←、→ | 上、下、左、右移动活动单元格 |
| Home | 移到当前行的第一个单元格 |
| Ctrl + ↑ | 移到当前列的第一个单元格 |
| Ctrl + ↓ | 移到当前列的最后一个单元格 |
| Ctrl + ← | 移到当前行的第一个单元格 |
| Ctrl + → | 移到当行的最后一个单元格 |
| Ctrl + Home | 移到 A1 单元格 |
| PgUp | 上移一屏 |
| PgDn | 下移一屏 |

①选定单元格区域：将鼠标指针移动区域左上角的单元格内，然后按住鼠标左键拖动到区域右下角的单元格，此时，被选中的区域呈黑色，左上角的活动单元格呈白色。

②选定整行或整列单元格：用鼠标单击行号或列标，即可选中该行或该列中所有的单元格。

③选定多个不连续的单元格区域：首先按（2）中的方法选定第一个单元格区域，然后按住 Ctrl 键，再选定第二个及以后的单元格区域。在这种情况下，最后选定的单元格或单元格区域中左上角的单元格为活动单元格。

④选定整个工作表：只要单击 Excel 工作表上角的全选按钮就可以选中整个工作表。

⑤快速定位：由于 Excel2000 的工作表很大（有 256 列、65536 行），利用键盘或鼠标定位到表中的某单元格或单元格区域可能不太方便，此时可以在工作窗口左上角的名称框中直接输入需要选定的单元格地址或区域（例如 B4：E9），再按下 Enter 键，系统就立即定位指定的单元格或区域上。

选定单元格区域后，如果需要取消选定，则单击表中任务位置即可。

（4）输入数据的基本方法

要向单元格中输入数据，首先需用鼠标单击要输入数据的单元格，使它成为活动单元格，这时就可以进行数据输入了。输入的内容可以是文本，也可以是数值和公式。所输入的数据会同时显示在编辑栏中，输入完毕后单击编辑栏上的输入按钮或按下 Enter 键（即回车键），即可确认所输入的内容。如果要取消所输入的内容，单击编辑栏上的取消按钮或按下 Esc 键即可。需要注意的是，直接输入数据会覆盖单元格中有的内容。如果只想对单元格中原来的内容进行修改。此外，双击某单元格，也可以对该单元格中原有的内容进行修改。

另外，通过先选定一个单元格区域，再输入数据，然后按【Ctrl + Enter】组合键，可以在区域内的所有单元格中输入同一数据。

①文本型数据的输入

文本型数据包括字符串、汉字以及作为字符串处理的数字（如电话号码、身份证号码、邮政编码等）。文本型数据在单元格中默认为左对齐。

输入文本型数据时最多可以输入 255 个字符（122 个汉字），当文本型数据的字符长度超过单元格的显示宽度时，如果右边相邻的单元格中还没有数据，则系统允许超出的数据临时占用相邻的单元格进行显示。如果右边相邻的单元格中已有数据，则超出的数据将无法显示，这时可以通过调整单元格的宽度或改变单元格中数据的对齐方式来解决。

当数字作为字符串输入时，需要在数字前面加上西文单引号（'），也可以采用 ＝ "数字"的形式来输入数字字符串。例如，文本型数据 110 可以使用'110 表示，也可以使用 ＝ "110"的形式表示。

②数字型数据的输入

数字型数据包括整数、小数和分数。也可以用科学计数法来表示数字型数据，例如，123.45，12.345E02，1234.5E-01，它们代表同一个数。

在输入数字包括注意以下几点：

A. 在输入分数时，要求在数字前加一个 0（零）与空格，以避免与日期型数据相混淆。例如：分数"1/8"应输入成"01/8"。

B. 在数字前面输入的正号将不显示：输入负数需用数字前加减号（或用圆括号将数字括起来）；输入的数字后以百分号"％"结尾的，系统按百分数处理。

C. 数字中单个的"."开头，单元格显示时在"."前自动补"0"。

D. 在数字中可以包含千分位符号","（即逗号）、美元符号"＄"与人民币符号"￥"。例如，2000.00，＄2000.00，

￥2,000.00 都是允许的。

E. 数字型数据在单元格中默认为右对齐。如果输入数据的宽度超过单元格的宽度则会显示若干个"＃"号，此时需要调整单元格的宽度才能显示数据中的所有数字。

F. 在单元格中看到的是显示值，即 Excel 实际真正存储的数值。同一个单元格的实际值和显示值可能相同，也可能不同。系统根据单元格的实际值进行计算。

（5）数据的自动填充

当我们往表格中输入数据的时候，往往会遇到输入一系统连续数据的情况，比如输入连续的编号、年度序号、月份序列、星期序列、时间序列、连续的文字序列等等。如果采用手工输入，既麻烦又容易出错，而利用 Excel 所提供的自动填充功能来完成这些输入工作，就可以做到又快又省事。

①利用填充柄实现单元格的复制

填充柄是位于活动单元格右下角的一个黑色小方块，如图6-11 所示。当鼠标移到填充。要利用填充柄进行单元格的复制，首先需单击要进行复制的单元格，然后将鼠标指针置于填充柄上，待鼠标指针变成黑色实心的十字形状后，按住鼠标左键并拖动到所需位置，所扫过的单元格被选中，释放鼠标后被复制的单元格中的数据以相同的形式填充到所有这些单元格中。

②利用填充柄进行预设序列的填充

首先在起始单元格中输入序列的初始值。如果要让序列按给定的步长增长，则还需在下一单元格中输入序列的第二个数值。头两个单元格中数值的差额将确定该序列的增长步长，然后选定包含初始值的单元格，再用鼠标向（左）或向下（上）拖动填充柄，则 Excel 会在扫过的单元格中自动填充该序列。如果是向左或向下拖动鼠标，则序列填充建立的是递增的序列。如果是向左或向上拖动。当序列填充完毕后，用鼠标继续拖动填充柄还可以重新填充此序列。

3. 工作表的编辑

（1）插入单元格

在编辑表格时，有时需要插入一个单元格，有时还需要插入一行或一列。它们操作方法基本类似：首先单击相关的某个单元格，使它变成活动单元格，然后选择"插入"菜单中的"单元格"命令，弹出"插入"对话框，如图 6-13 所示。如果需要插入单元格可以选择"活动单元格右移"或"活动单元格下移"如果要插入一行可能选择"整行"，如果要插入一列可以选择"整列"。如果需要插入的不是一个单元格或一行或一列，那么就需要先拖动鼠标选中多个单元格，然后再选择"插入"菜单中的"单元格"命令进行操作即可。此外，也可选择"插入"菜单中的"行"或"列"命令来进行整行或整列的插入操作。

（2）删除单元格

首先单击要删除的单元格，使它成为活动单元格，然后选择"编辑"菜单中的"删除"命令，弹出"删除"对话框，如图 6-14 所示。选择所需的选项，单击"确定"即可。

图 6-13　"插入"对话框　　　图 6-14　"删除"对话框

（3）单元格的复制和移动

首先选中的要移动或复制的单元格或单元格区域（以下称源单元格），然后将鼠标指针移到单元格或单元格区域的边框上，待鼠标针变成左斜的箭头形状，按住鼠标右键并拖动到目的地，松开鼠标右键后会弹出一个菜单。此时可以选择以下命令，指定操作类型：

①移动到此位置：将源单元格（包括内容和格式，下同）移动到目的地，目的地原有的单元格被替换。

②复制到此位置：将源单元格复制到目的地，目的地原有的单元格被替换。

③仅复制到此位置：仅将源单元格中的数值复制到目的地，目的地单元格的格式保留，但其中的内容被替换。

④仅复制格式：仅将源单元格的格式复制到目的地，目的地单元格中的内容仍被保留。

⑤下移目标单元格并复制源：将源单元格复制到目的地，目的地原有的单元格向下移动。

⑥右移目标单元格并移动源：将源单元格移动到目的地，目的地原有的单元格向下移动。

⑦下移目标单元格并移动源：将源单元格移动到目的地，目的地原有的单元格向右移动。

⑧右移目标单元格并移动源：将源单元格或区域中的部分内容（比如公式）复制到目的地，那么就需在使用"编辑"菜单中的"选择性粘贴"命令。具体操作方法是：选中要进行复制的单元格或区域（以下称源单元格）再单击"常用"工具栏中的复制按钮，这时所选区域的左上角单格，再单击"编辑"菜单中的"选择性粘贴"命令，将打开"选择性粘贴"对话框，如图6-15所示。对话框中各选项栏的含义分别是：

A．粘贴选项栏

全部：将源单元格的有关内容和格式全部复制到目标区域。

公式：仅复制源单元格的内容（含公式）。

数值：仅复制源单元格的内容（不复制公式、仅复制公式的计算结果）。

格式：仅复制源单元格的格式。

批注：仅复制单元格中附加的批注。

有效数据：仅复制源单元格中所定义的数据有效性规则。

图 6-15 "选择性粘贴"对话框

边框除外：除了边框，复制源单元格的所有内容和格式。

列宽：仅将源单元格的列宽复制到目标区域，使目标区域中的单元格与源单元格有同样的列宽。

B.运算选项栏　各运算选项的作用是：将源单元格的内容与目标区域中的内容经本选项指定的方式运算后，放置在目标区域内。

C.跳过空单元格：不将空的单元格复制到目标区域。

D.转置：将源单元格转置后复制到目标区域，如图 6-16 所

| | A | B | C | D | E | F | G |
|---|---|---|---|---|---|---|---|
| 1 | | | | | 转置1 | 转置4 | |
| 2 | 转置1 | 转置2 | 转置3 | | 转置2 | 转置5 | |
| 3 | 转置4 | 转置5 | 转置6 | | 转置3 | 转置6 | |
| 4 | | | | | | | |
| 5 | | | | | | | |
| 6 | | | | | | | |
| 7 | | | | | | | |

图 6-16　转置后复制

示。即源单元格是水平排列的，在目标区域垂直排列；源单元格是垂直排列的，在目标区域水平排列。同时公式也会作相应的调整，以适应转置的变化。

（4）单元格的合并

先选中要进行合并的单元格，然后单击"格式"菜单中的"单元格"命令，在弹出的"单元格格式"对话框中选择"对齐"选项卡，如图 6-17 所示。再选择"合并单元格"选项，若要水平居中显示则还需要在"水平对齐"下拉列表框中选择"居中"项，最后单击"确定"按钮即可。此外，选中要进行合并的单元格后，直接单击"格式"工具栏中的"合并及居中"按钮即可快速实现单元格的合并和单元格内容的水平居中显示。

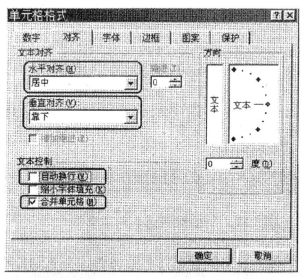

图 6-17 　"对齐"选项卡

（5）单元格数据的清除

使用"编辑"菜单中的"清除"命令，可以清除单元格或单元格区域的内容、格式以及附注等。清除前需先选中要清除的区域，然后单击"编辑"菜单，将鼠标指针指向"清除"项，出现子菜单后选取所需的命令，就可以了。这些命令的含义是：

全部：指清除所选区域的全部内容、格式和批注等。

格式：指清除所选区域的全部格式设置，而保留其内容和附注。清除格式后所选区域的格式变为常规格式。

内容：指清除所选区域的全部内容，包括数字、字符、公式等，而保留其格式和附注。

批注：指清除所选区域的全部批注，而保留其格和内容。

此外，按下 Delete 键也可以快速清除所选区域中的全部内容。

（6）改变行高和列宽

默认状态下，工作表中的每一个单元格宽度和高度一样。但在实际应用中，往往由于数据长短不一样，字体大小不一样，需要经常调整表格的行高和列宽。

A. 改变行高用鼠标指向某个行号的下边线，待鼠标指针变成带上下箭头的黑色十字形状后，按住鼠标左键进行上下拖动，即可快速调整该行的行高。此外，用鼠标双击某个行号的下边线，可以给该行设置最合适的行高。当然，也可以选择"格式"菜单中"行"子菜单下的有关命令来进行操作。

B. 改变列宽用鼠标指向某个列标的右边线，待鼠标指针变成带左右箭黑色十字形状后，按住鼠标左键进行左右拖动，即可快速调整该列宽。此外，用鼠标双击某个列标的右边线，可以给该列设置最合适的列宽。当然，也可以选择"格式"菜单中"列"子菜单下的有关命令进行操作。

C. 同时设定多行的高或多列宽，首先用鼠标单击其中的第一行号或列标并拖动，选中要改变行高或列宽的若干行或列，然后将鼠标指针指向选定区域任意一个行号的下边线或列标的右边线，待鼠标指针变成带箭头黑色十字形状后，按住鼠标左键进行拖动，合适后松开鼠标左键，选定区域的行高和列宽同时改变。

（7）对整个工作表的编辑

用鼠标单击某工作表标签，就可以选中该工作表，使它成为活动工作表。只有活动工作表才能在屏幕上显示。用户可以根据需要在活动工作表前添加新的工作表，并且还可以对工作表进行更名、删除、移动和复制等操作。

①工作表的更名　用鼠标双击要更名的工作表标签，该工作表标签将变成反白形式。这时就可以输入新的工作表名了，注意不要与其他工作表重名。

②插入工作表　如果要在某个工作表前插入一个新工作表，只需在该工作表的标签上单击鼠标右键，从弹出的快捷菜单中选择"插入"命令，在打开的"插入"对话框中选择"常规"选项卡下的"工作表"选项即可。此外，通过在该工作表的标签上单击鼠标左键，使它成为活动工作表，然后选择"插入"菜单中的"工作表"命令，也可以在该工作表前插入一个新工作表。

③删除工作表　首先在要删除的工作表的标签上单击鼠标右键，然后从弹出的快捷菜单中选择"删除"命令，这时系统为防止用户误操作会给出一个提示框，若确实要删除此工作表，单击"确定"即可。此外，也可以利用"编辑"菜单中的"删除工作表"命令来删除活动工作表。

④移动和复制工作表　工作表的移动和复制可以在同一个工作簿中进行，也可以在不同工作簿之间进行。如果在同一个工作簿中，则可以通过鼠标拖动来实现。将鼠标指针指向要移动或复制的工作表的标签，待鼠标指针变成左斜箭头时就可以进行拖动了。若要移动一个工作表，只需用鼠标把该工作表拖动到相应的位置上即可。若要复制一个工作表，只需在拖动鼠标的同时按住shift键，这样就可以在所需的位置上生成一个原工作表的副本，以"原工作表名（序号）"命名，这里的序号是由第几次复制决定的，如是第一次复制则序号为 2，依次类推。如果不在同一个工作簿中，则可以在要移动或复制的工作表的标签上单击鼠标右键，从弹出的快捷菜单中选择"移动或复制工作表"，将打开"移动或复制工作表"对话框。在"工作簿"下拉列表框中选择

目标工作簿名称，并在"下列选定工作表之前"列表框中指定工作表的放置位置。若要进行工作表的复制，则还需选中"建立副本"选项；否则进行的是工作表的移动操作。最后单击"确定"按钮即可。

（三）计算机绘图软件 AutoCAD

1. AutoCAD 简介

AutoCAD 自 80 年代推出以来，由于其具有简便易学、精确无误等优点，一直深受广大工程技术人员的青睐。AutoCAD 已广泛应用于建筑、机械、电子等工程设计领域，极大地提高了设计人员的工作效率。建筑装饰装修幕墙行业的设计也大多使用 AutoCAD 计算机软件来完成，可以说 AutoCAD 软件是幕墙行业必备的工具软件。AutoCAD 软件目前已出版到了 2002 版，但从应用情况和普及程度来看，大多数以 AutoCAD R14 为主，在学习和应用时，可考虑从 AutoCAD R14 学起，有条件的可深入学习较高版本的 AutoCAD。由于该软件学习掌握的内容相对比较多，其中的操作命令较多，想要全面掌握需要不断地学习和实践，鉴于本教材篇幅有限，在此就不多涉及，详细的内容可找相关的 AutoCAD 软件书籍学习。

2. AutoCAD 的优点

1）工作界面友好，便于掌握，且可灵活设置。

2）AutoCAD 为用户提供了完善的数据交换功能，用户可以十分方便在 AutoCAD 和 Windows 其他应用软件及 Windows 剪贴板之间进行文件数据的共享和交换，也可以和 3DS 等软件进行交换。

3）为用户提供了一系列图形模板文件，用户可从中任意选用，提高速度，节省时间。

4）工作环境形象生动，如目标捕获功能中可显示捕获标记，视窗可进行动态的平移和缩放等。

5）环境和外设的配置方便，且支持更多的外设。

6）可与 Windows 系统共用字体文件。

7）菜单的分类更加合理。

8）三维作图功能强大，可作出形象逼真的渲染图形。

9）提供了快捷键或简捷命令，同时，用户还可自己进行定制。

# 第四节 技 术 总 结

## 一、技术总结的撰写

（一）技术总结的意义及作用

技术总结是对一定时期内的技术工作加以总结、分析和研究，肯定技术方法，找出技术问题，得出经验教训，用于指导下一阶段技术工作的一种书面文体。它所要解决和回答的中心问题，是对某种技术工作实施结果的总鉴定和总结论，是对技术工作实践的一种理性认识。

写好技术总结，须勤于思索，善于总结，这样可以不断提高技术理论水平。总结中，须对技术上的失误等有个正确的认识，勇于承认错误，可以形成批评与自我批评的良好作风。写好总结，须从技术工作实际出发，可养成独立思考研究之风。总之，写好技术总结是非常重要的，但也要非常困难。难度主要表现在两方面；一是"总"（过去的技术工作），二是"结"（技术工作的经验、教训、规律）。要正确处理好两者关系："总"是"结"的依据，"结"是"总"的概括。

（二）技术总结的种类

1．按范围划分

（1）地区技术总结；

（2）部门技术总结；

（3）单位技术总结；

（4）个人技术总结。

2．按时间划分

（1）月份技术总结；

（2）季度技术总结；

（3）年度技术总结。

（三）技术总结的特点

1. 客观性

技术总结是对过去技术工作的回顾和评价，因而要尊重客观事实，以事实为依据。

2. 典型性

技术总结出的经验教训是基本的、突出的、本质的、有规律性的东西，对以后的工作有帮助作用。

3. 指导性

通过技术总结，深知过去工作的成绩与失误及其原因，吸取经验教训，指导将来的工作，使今后少犯错误，取得更大的成绩。

（四）技术总结的内容

技术情况不同，总结的内容也就不同，总的来说，一般包括以下几个方面：

1. 基本情况

包括技术工作的有关条件、工作经过情况和一些数据等等。

2. 成绩、缺点

这是技术总结的中心重点。总结的目的就是要肯定成绩，找出缺点。

3. 经验教训

在写技术总结时，须注意发掘事物的本质及规律，使感性认识上升为理性认识，以指导将来的技术工作。

（五）技术总结的格式和构成

1. 技术总结的格式

总结的格式，也就是总结的结构，是组织和安排材料的表现形式。其格式不固定，一般有以下几种：

1）条文式

条文式也称条款式，是用序数词给每一自然段编号的文章格式。通过给每个自然段编号，总结被分为几个问题，按问题谈情况和体会。这种格式有灵活、方便的特点。

2）两段式

总结分为两部分：前一部分为"总"，主要写做了哪些工作，取得了什么成绩；后一部分是"结"，主要讲经验、教训。这种总结格式具有结构简单、中心明确的特点。

3）贯通式

贯通式是围绕主题对工作发展的全过程逐步进行总结，要以各个主要阶段的情况、完成任务的方法以及结果进行较为具体的叙述。常按时间顺序叙述情况、谈经验。这种格式具有结构紧凑、内容连贯的特点。

4）标题式

把总结的内容分成若干部分，每部分提炼出一个小标题，分别阐述。这种格式具有层次分明、重点突出的特点。

一篇总结，采用何种格式来组织和安排材料，是由内容决定的。所选结论应反映事物的内在联系，服从全文中心。

2．技术总结的构成

总结一般是由标题、正文、署名和日期几个部分构成的。

1）标题

标题，即总结的名称。标明总结的单位、期限和性质。

2）正文

正文一般又分为三个部分：开头、主体和结尾。

（1）开头

或交待总结的目的和总结的主要内容；或介绍工作的基本情况；或把所取得的成绩简明扼要地写出来；或概括说明指导思想以及在什么条件下作的总结。不管以何种方式开头，都应简炼，使总结很快进入主体。

（2）主体

是总结的主要部分，是总结的重点和中心。它的内容就是总结的内容。

（3）结尾

是总结的最后一部分，对全文进行归纳、总结。或突出成绩；或写今后的打算和努力的方向；或指出工作中的缺点和存在的问题。

3．署名和日期

如果总结的标题中没有写明总结者或总结单位，就要在正文右下方写明。最后还要在署名的下面写明日期。

（六）技术总结写作的基本要求

不论何种格式的技术工作总结，其写作都应遵循以下要求：

1）掌握客观事实，广泛占有材料

这是写总结的基础。总结，就是总括事实，得出结论。没有事实就无法得出结论。总结的材料要准确、典型、丰富。写总结的人得花大量的精力去搜集、积累丰富的材料，义要对搜集的材料进行筛选，确保材料的真实性和典型性。

2）对占有的材料作认真的分析研究

这是写好总结的关键。认真分析与研究，首先要有正确的指导思想。其次，要坚持实事求是的原则，克服夸大成绩、回避错误的缺点。再次，要坚持运用辩证法，全面地看待过去的工作。既能看到得，又能看到失；既能看到现象，又能看到本质；既能看到主流，又能看到支流。最后，要突出重点。总结不是流水账，不能不分主次地去罗列数字和事例，要围绕一个中心主题精心选用、分析典型材料，突出主要问题。

3）反映特点，找出规律

这是撰写技术总结的重点。好的总结应当总结出那些具有典型意义的、反映技术特点的以及带规律性的经验教训。

4）要走群众路线

"从群众中来，到群众中去"，是一切工作的根本路线。只有走群众路线，才能集中群众的智慧和经验，丰富总结的思想内容。

5）具体写作过程中的要求

（1）编好写作提纲

在编写的提纲中，要明确回答想写什么问题，哪些问题是主要问题等。就是简单的总结，不写提纲，也得有个腹稿。

（2）交待要简要，背景要鲜明

总结中的情况叙述必须简明扼要。对工作成绩的大小以及工作的先进、落后，叙述一般要用比较法，通过纵横比较，使得背景鲜明突出。

（3）详略须得当

根据总结的目的及中心，对主要问题要详写，次要的要略写。

（七）科技论文

1. 科技论文的基本特征

①科学性——这是科技论文在方法论上的特征，使它与一切文学的、美学的、神学的等文章区别开来。它不仅仅描述的是涉及科学和技术领域的命题，而且更重要的是论述的内容具有科学可信性，科技论文不能凭主观臆断或个人好恶随意地取舍素材或得出结论，它必须根据足够的和可靠的实验数据或现象观察作为立论基础。

②首创性——这是科技论文的灵魂，是有别于其他文献的特征所在。

③逻辑性——这是文章的结构特点。它要求论文脉络清晰、结构严谨、前提完备、演算正确、符号规范，文字通顺、图表精制、推断合理、前呼后应、自成系统。

④有效性——指文章的发表方式。当今，只有经过相关专业的同行专家的审阅，并在一定规格的学术评论会上答辩通过、存档归案；或在正式的科技刊物上发表的科技论文才被承认为是完备的和有效的。

2. 科技论文的分类

①论证型——对基础性科学命题的论述与证明的文件。如对数、理、化、天、地、生等基础学科及其他众多的应用性学科的

公理、定理、原理、原则或假设的建立、论证及其适用范围，使用条件的讨论。

②科技报告型——在国标 GB 7713—87 中，说科技报告是描述一项科学技术研究的结果或进展或一项技术研究试验和评价的结果；或者论述某项科学技术问题的现状和发展的文件。

③发现、发明型——记述被发现事物或事件的背景、现象、本质、特性及其运动变化规律和人类使用这种发现前景的文件；

阐述被发明的装备、系统、工具、材料、工艺、配方形式或方法的功效、性能、特点、原理及使用条件等的文件。

④计算型——提出或讨论不同类型数学物理方程的数值计算方法，其他数列或数字运算，计算机辅助设计及计算机在不同领域的应用原理、数字结构、操作方法和收敛性、稳定性、精度分析等。它往往是计算机软件进一步开发的基础。

⑤综述型——这是一种比较特殊的科技论文，与一般科技论文的主要区别在于它不要求在研究内容上具有首创性，尽管一篇好的综述文章也常常包括有某些先前未曾发表过的新资料和新思想，但是它要求撰稿人在综合分析和评价已有资料基础上，提出在特定时期内有关专业课题的发展演变规律和趋势。

⑥其他型。

3．科技论文的编写格式

（1）章、条、条、条的编号

按国家标准《标准化工作导则第 1 单元：标准的起草与表述规则第 1 部分：标准编写的基本规定》的规定，科技论文的章、条、条、条的划分、编号和排列均应采用阿拉伯数字分级编写，即一级标题的编号为 1，2，…；二级标题的号为 1.1，1.2，…，2.1，2.2，…；三级标题的编号为 1.1.1，1.1.2，…，如此等等，详细参见 GB/T 1.1—93 和 GB 7713—87。

国标规定的这一章条编号方式对著者、编者和读者都具有显著的优越性。

（2）题名（篇名）

题名是科技论文的必要组成部分。它要求用最简洁、恰当的词组反映文章的特定内容，把论文的主题明白无误地告诉读者，并且使之具有画龙点睛，启迪读者兴趣的功能。

题名应简短，不应很长，国际上不少著名期刊都对题名的用字有所限制。对于我国的科技期刊，论文题名用字不宜超过 20 个汉字，外文题名不超过 10 个实词。

题名应尽量避免使用化学结构式、数学公式、不太为同行所熟悉的符号、简称、缩写以及商品名称等。

（3）著者

著者署名是科技论文的必要组成部分。著者系指在论文主题内容的构思、具体研究工作的执行及撰稿执笔等方面的全部或局部上作出主要贡献的人员，能够对论文的主要内容负责答辩的人员，是论文的法定主权人和责任者。

合写论文的诸著者应按论文工作贡献的多少顺序排列。著者的姓名应给出全名。科学技术文章一般均用著者的真实姓名，不用笔名。同时还应给出著者完成研究工作的单位或著者所在的工作单位或通信地址，以便读者在需要时可与著者联系。

（4）文摘

文摘是现代科技论文的必要附加部分，只有极短的文章才能省略。

根据 GB 6447—86 的定义，文摘是以提供文献内容梗概为目的，不加评论和补充解释，简明确切地记述文献重要内容的短文。

文摘可以由文献的著者编写，也可以由文摘人员或期刊编辑编写。

文摘应简明，它的详简程度取决于文献的内容。通常中文文摘以不超过 400 字为宜，纯指示性文摘可以更简短一些，应控制在 200 字上下，外文文摘不宜超过 250 个实词。

文摘应具有独立性和自明性，并拥有与文献同等量的主要信息，即不阅读文献的全文，就能获得必要的信息。因此文摘是一种可以被引用的完整短文。

（5）关键词

为了便于读者从浩如烟海的书刊中寻找文献，特别是适应计算机自动检索的需要，GB 3179/T—92 规定，现代科技期刊都应在学术论文的文摘后面给出 3～8 个关键词。

（6）引言

引言（前言、序言、概述）经常作为论文的开端，主要回答"为什么研究（why）"这个问题。它简明介绍论文的背景、相关领域的前人研究历史与现状（有时亦称这部分为文献综述），以及著者的意图与分析依据，包括论文的追求目标、研究范围和理论、技术方案的选取等。引言应言简意赅，不要等同于文摘，或成为文摘的注释。

（7）正文

正文是科技论文的核心组成部分，主要回答"怎么研究（how）"这个问题。正文应充分阐明论文的观点、原理、方法及具体达到预期目标的整个过程，并且突出一个"新"字，以反映论文具有的首创性。根据需要，论文可以分层深入，逐层剖析，按层设分层标题。

正文通常占有论文篇幅的大部分。它的具体陈述方式往往因不同学科、不同文章类型而有很大差别，不能牵强地作出统一的规定。一般应包括材料、方法、结果、讨论和结论等几个部分。

写科技论文不要求有华丽的词藻，但要求思路清晰，合乎逻辑，用语简洁准确、明快流畅；内容务求客观、科学、完备，要尽量让事实和数据说话；凡是用简要的文字能够讲解清楚的内容，应用文字陈述。用文字不容易说明白或说起来比较繁琐的，应由表或图（必要时用彩图）来陈述。

物理量与单位符号应采用《中华人民共和国法定计量单位》的规定，选用规范的单位和书写符号；不得已选用非规范的单位或符号时应考虑行业的习惯，或使用法定的计量单位和符号加以注解和换算。

考虑到制版的困难与出版费用。插图应尽量不用折页,少用彩色,多用黑白图。图、表要精心设计,精心选择,删除可有可无或表达类同含义的图和表。图、表应随文给出,编排在第一次提到它的文字段落后面,并应争取安排在同一视觉版面上。

(8)结论

结论(或讨论)是整篇文章的最后总结。尽管多数科技论文的著者都采用结论的方式作为结束,并通过它传达自己欲向读者表述的主要意向,但它不是论文的必要组成部分。

结论不应是正文中各段小结的简单重复,主要回答"研究出什么(what)"。它应该以正文中的试验或考察中得到的现象、数据和阐述分析作为依据,由此完整、准确、简洁地指出:

①由对研究对象进行考察或实验得到的结果所揭示的原理及其普遍性;

②研究中有无发现例外或本论文尚难以解释和解决的问题;

③与先前已经发表过的(包括他人或著者自己)研究工作的异同;

④本论文在理论上与实用上的意义与价值;

⑤对进一步深入研究本课题的建议。

(9)致谢

致谢一般单独成段,放在文章的最后面,但它不是论文的必要组成部分。它是对曾经给予论文的选题、构思或撰写以指导或建议,对考察或实验过程中作出某种贡献的人员,或给予过技术、信息、物质或经费帮助的单位、团体或个人致以谢意,一般对例行的劳务可不必专门致谢。

(10)参考文献

文后参考文献是现代科技论文的重要组成部分,但如果撰写论文时未参考文献也可以不写。它是反映文稿的科学依据和著者尊重他人研究成果而向读者提供文中引用有关资料的出处。

被列入的参考文献应该只限于那些著者亲自阅读过和论文中引用过,而且正式发表的出版物,或其他有关档案资料,包括专利等文献。

（11）附录

附录是论文的附件，不是必要组成部分。它在不增加文献正文部分的篇幅和不影响正文主体内容叙述连贯性的前提下，向读者提供论文中部分内容的详尽推导、演算、证明、仪器、装备或解释、说明，以及提供有关数据、曲线、照片或其他辅助资料，如计算机的框图和程序软件等。

**二、技能传授**

幕墙工共分为五个等级，分别为：初级幕墙工、中级幕墙工、高级幕墙工、幕墙工技师、幕墙工高级技师。

中级幕墙工有对初级幕墙工操作难点进行示范、指导的职能；

高级幕墙工有对初级、中级幕墙工操作难点进行示范、培训、指导的职能；

幕墙工技师有对初级、中级、高级幕墙工操作难点进行示范、培训、指导的职能；

幕墙工高级技师有对初级、中级、高级幕墙工和幕墙工技师操作难点进行示范、培训、指导的职能。

总之，五个等级的幕墙工级别高的对级别低的有进行技能传授的义务，也有对低级别幕墙工解决不了的疑难问题进行处理的职责。

# 第五节　班组管理

## 一、班组管理的内容和特点

（一）建筑企业班组管理的内容

班组管理的内容是由班组的中心任务决定的，或者说是围绕着其中心任务来展开的，建筑企业班组的中心任务一般来说是：在不断提高职工的政治、技术素质和完善岗位经济责任制的基础上，以提高经济效益为中心，全面完成工程处（工区）、施工队、车间或项目承包班子下达的施工生产任务，为企业的两个文明建设不断作出新贡献。建筑企业班组管理的具体主要有：

1. 组织生产活动，完成施工任务

班组要根据工程处（工区）、施工队、车间或者项目承包班子下达的施工生产任务，认真做好施工生产计划，有效地组织生产活动，总结推广先进经验，开展技术革新与合理化建议活动，加强安全措施，保证优质、安全、低耗、高效地完成施工生产计划和承包任务。

2. 抓好全面质量管理

产品质量是企业的命根。建筑产品投资大、使用周期长，其质量尤其重要。生产优质产品是每一个班组完成施工生产任务的目标之一。因此，班组管理就要把全面质量管理作为关键性的工作来抓，使全班组的每一位成员都树立起"百年大计，质量第一"的强烈质量意识，保证自己所生产的产品是用户信得过的优质产品。抓好质量管理，要经常向工人群众进行质量意识教育、职业道德教育以及思想政治工作。同时，要建立健全以质量为核心的一系列行之有效的、便于执行的规章制度和班规班约，建立起有效的质量保证体系。

3. 做好劳动工资和生活福利的管理

班组的劳动管理，主要是做好劳动定额的贯彻执行与管理，建立健全劳动组织和劳动管理制度，做好劳动力的组织安排和每个班组成员的劳动任务分配，开展各种形式的社会主义劳动竞赛，加强劳动纪律，保证施工生产任务的圆满完成。班组的工资工作主要是做好班组成员劳动量完成情况的统计和核实，领取和发放工资，重点是做好班组成员超额工资和奖金的核算与使用。班组职工福利工作，最重要的是要切切实实帮助班组成员解决好实际的困难，消除后顾之忧，确保工人群众劳动积极性的充分发挥，更好地完成施工生产任务。

4. 加强班组机具设备、材料及能源的管理，搞好文明施工

机具设备是完成施工生产任务的手段，加强机具设备的科学

管理，精心维护和保养，保证其正常、安全运转，实现其合理利用，是优质、高效、安全地完成施工生产任务的重要保证。材料和能源是完成施工生产任务的条件，而我国的各种原材料和能源供应都很紧张，努力节约材料和能源不仅是提高建筑企业经济效益的重要手段和途径，而且也是为子孙后代造福，因此，班组必须加强材料核算和现场材料与能源的管理，杜绝浪费，做到文明施工。

5. 落实岗位经济责任制，做好经济核算工作、努力增加效益

岗位经济责任制是把每个岗位的职、责、权、利以及应该对国家、企业所承担的经济责任统一起来的一种管理制度。建立岗位经济责任制是班组管理的一项基础工作。通过落实岗位经济责任制，使班组事事有人管，人人有专责，办事有标准，工作有检查，而且使每个成员对班组整体的经济效益以及企业的经济效益承担经济风险，共同为实现企业目标、提高经济效益尽职尽责，尽心尽力。与此同时，班组还要做好经济核算和经济活动分析，这不仅是工人参加经济管理的一种重要的民主形式，更重要的是，能让每个工人随时了解施工生产的完成情况、材料和人工用量情况，了解哪里存在浪费，哪里可以节约，弥补差距，堵塞漏洞，减少重复和浪费、提高经济效益。

6. 做好班组基础资料的建设与管理

班组的基础资料是班组生产、管理等一切工作、活动的原始记载。它不仅记载了班组工作的过程与联系，更重要的是，它记载了班组工作的成功与失败、经验与教训。它是班组发扬成绩、克服不足、不断走向胜利的指南。同时班组基础资料的建设和管理，也是企业管理的基础工作之一，是企业进行经营决策的重要依据。

7. 做好思想政治工作，加强职业道德教育和文化技术培训，塑造团队精神，加强民主管理，发挥工人群众的主人翁作用，积极参与班组管理和企业管理

教育工人坚持四项基本原则，模范执行党的方针、政策、遵守国家的法律、法令以及企业的各项规章制度，遵守社会公德和职业道德，维护企业的形象和声誉，这是班组管理的重要内容。同时，班组要努力创造一切机会和条件，加强成员的文化技术以及管理知识的培训，提高人员素质，这是提高班组战斗力的基础。另外，班组要加强民主管理，使每个成员都成为班组的管理者，真正成为企业的主人。班组还应按照本企业的企业精神的核心内容，塑造有自己特点的团队精神，使全班组成员牢固树立起群体意识、民主意识、主人意识和协作意识，自觉地把自己融合在集体之中，形成强大的凝聚力，把班组建设成为一个团结协作、作风顽强的集体。

（二）班组管理的基本特点

1. 具体性

班组管理的具体性是指，班组管理是具体实施上级下达的施工生产计划，完成各项具体的经济技术指标。企业的目标计划就是分解为具体的经济技术指标和工作计划落实到班组而最终完成的。班组在实施这些计划的过程中所遇到的来自生产、劳动、质量、安全、材料、设备以及职工思想、生活等各方面的问题，都是实实在在的具体问题。班组管理就是要合理、及时地解决这些问题，保证计划的完成。所以说，班组管理就是解决和处理一系列具体问题的过程。

2. 细致性

班组管理的细致性是指，班组管理必须认真、仔细、周密地考虑、计划、安排和处理每一项工作和每一个问题。班组是企业的前沿阵地，每一项工作都来不得半点疏忽大意，稍有疏忽麻痹，就会造成损失。班组的每一项工作都是整个施工生产的一个基本要素或基本环节，哪一个环节出了毛病，都会影响到整个工程的进度或质量，影响到企业的声誉和效益。因此，班组在执行计划的整个过程中，必须认真分析、仔细考虑、周密安排，把好每一道关。

3. 全面性

班组管理的全面性是指，班组管理的内容广泛，涉及到方方面面。班组是企业各项工作的落脚点。班组不仅要组织施工生产，还要抓好工人的学习和生活；不仅要管工地，还要管家庭。大到计划组织、技术质量，小到生活娱乐、吃住冷暖，无所不管。特别是建筑企业班组作业面大、人员分散、地点不固定、队伍流动性大，管理工作更是纷繁庞杂，面面俱到。

## 二、班组管理的一般方法

### （一）建立健全各项规章制度和班规班约

建立健全班组的各项规章制度和班规班约，可以使个人的行为都有了一定的规范要求，可以使施工生产以及职工生活等各方面工作都有了保证措施和检查标准，可以使班组管理规范化、程序化。但是，管理的源泉在于人，在于工人群众内在的积极性，建立健全规章制度还只是外在的形式，要搞好班组管理，更重要的是建设班组文化，塑造团队精神，形成班组自身的团体士气和凝聚力。因此，班组在建立健全各项规章制度时，要立足于充分尊重人，立足于充分调动每一个人的生产劳动积极性，立足于充分发挥每一个人的聪明才智，使广大工人群众的主人翁地位得到制度上的保障，使工人群众民主管理企业落到实处，这样，大家就会把规章制度中的各种要求变成自觉的行动。

### （二）"知人善任"，充分发挥每一个成员的长处

一切管理实质上都是对人的管理，因为一切工作都是由人去做的。对人的管理，最根本的是要知人善任，充分发挥每一个职工的长处和优势。班组管理也不例外。所谓"知人善任"，就是要全面了解每一个成员的思想作风、工作特点、劳动技能、特长，需要以及心理性格等各方面的情况科学组织劳动，合理分配任务，使每个人都处在适当的位置上，能够充分扬其所长，避其所短。

### （三）以身作则，起好模范带头作用

"喊破嗓子不如干出样子"，这是许多班组长长期实践的体

会。这就是说，班组长以身作则，起模范带头作用，是最响亮的号召。班组长以身作则，起模范带头作用，就是凡自己提倡的事情或要求别人做到的事情，自己都要身体力行，带头去做，并努力做好，这样才能在班组里起到示范作用、引路作用。因此，班组长应该严格要求自己，处处事事做群众的表率，用自己的模范行动去影响、教育、带动全体班组成员。有的班组总结出的"六在前"经验概括了以身作则的做法，即思想工作做在前、完成计划跑在前、搞好管理干在前、艰巨任务抢在前、遵纪守法走在前、关心同志想在前。

（四）把思想政治工作与关心群众需要结合起来

加强思想政治工作是抓好班组两个文明建设的重要方法之一。思想政治工作是做人的工作，它通过适当的引导、教育，提高人们的政治思想觉悟、工作热情，圆满完成各项生产和工作任务。思想政治工作不能简单化、教条化，空讲大道理，而应充分了解人们的需要，把他们的需要同企业的需要结合起来，引导到企业需要相一致的方向上，从而产生与企业要求相一致的动机和行为，最终实现企业的目标。

（五）坚持群众路线，群策群力搞好班组管理

坚持群众路线是做好一切工作的根本方法。群众路线就是一切为了群众，一切依靠群众，从群众中来，到群众中去。它包括两个方面的含义：一是相信群众，依靠群众；二是从群众中来，到群众中去的方法，即将群众的意见集中起来，经过分析和研究形成系统的意见、决定，又到群众中去作宣传解释，变成群众的思想，使群众坚持下去，见之于行动，并在群众的行动中检验这些意见，决定是否正确，然后再从群众中集中起来，再到群众中坚持下去。如此无限循环，一次比一次更正确、更生动、更丰富。

### 三、班组劳动管理

班组的劳动组织管理，就是根据施工生产任务的需要，科学地进行定编和定员，合理地进行人员配备和每个工人劳动任务的

分派，努力提高劳动生产率，保证施工生产任务顺利、圆满完成。

（一）定编定员

定编定员就是确定岗位和编制定员人数。确定岗位就是根据所要完成的施工生产任务和其他工作的数量和质量、工期等要求，确定应设立哪些岗位、多少个岗位，每个岗位的职责、工作量、技术工艺要求、期望效果等等。确定岗位一是为合理安排劳动力提供依据，二是使每个劳动者都能知道自己应该干什么，不应该干什么；应该怎样干，不应该怎样干；每个工日应投入多少劳动量、应该创造多少劳动成果等等。由于建筑企业施工生产的多变性，班组的岗位只能相对地确定。编制定员，就是根据所要完成的施工生产任务和其他工作量确定班组的人数。对于生产任务比较固定的班组来说，按照岗位来定员是比较科学合理的。按岗位定员，就是根据岗位来定员是比较科学合理的，按岗位定员，就是根据岗位的工作量、生产班次、工人劳动效率和出勤率等，综合计算班组的定员人数。按岗位定员能够避免浪费人力资源，也有助于实现因岗择人的良好用人风气的形成。当然，建筑企业班组的施工生产任务比较复杂，也经常变化，除了按岗定员外，还可采用另外的两种基本的定员方法：一是按劳动效率定员，二是按设备定员。

编制定员是辅助劳动定额、合理而节约地使用劳动力的一种方法。班组的定员既要有相对的稳定性，也要根据建筑企业施工生产任务多变性的特点保持一定的弹性。

（二）合理进行人员配备

班组的人员配备是在定编定员的基础上对人员结构进行的调配。在一个集体中，人员结构的合理化、科学化，是这个集体团结协作、"能征善战"、超额完成工作任务的重要条件之一。无论是生产班还是班内作业组都应努力做到群体人员结构的合理化。群体人员结构包括年龄结构、文化结构、技术专业结构、技术等级结构、智力结构、思想水平结构以及心理结构等。结构的合理化不存在千篇一律的固定模式，但却有共同遵循的原则，即系统性原则，互补性原则和动态性原则。

## 1. 系统性原则

就是把班组看成一个系统，从系统的整体性功能出发去考察班组的人员结构问题。班组在考虑人员结构时，要从系统性原则出发，从根本上讲就是要从如何有利于充分发挥班组的整体效能出发。追求整体效能，不单纯是安排每一个人的工作、发挥个人的作用，而是要使班组的每个人合理地组合，形成整个班组最大的整体效益。因此，从系统性原则出发，一是不单纯用人，二是不用多准备人，从而收到整体大于部分之和的效果。

## 2. 互补性原则

互补性原则和系统性原则是密切联系的。它就是根据每个人的不同优势与劣势、长处与短处，合理搭配，使其相互补充，达到优化组合，充分发挥整体效能的目的。每个人都有长处和短处，而且还各有差别。在一个组织内，不能所有的人全是同样的长处或存在同样的不足——在现实中这也是不可能的，应当合理组合，充分发挥各自的长处，尽量避免其短处。比如，一个班组内，从技术等级来说，如果大家都是高级工，一是会造成人才浪费，二是容易产生内耗，结果不利于生产，不利于充分利用人才资源，也不利于建立良好的人际关系。反过来，如果大家都是初级工，也不利于生产和形成良好的士气。又比如，从心理结构来看，根据心理学家的研究，每个人的性格特点都有着很大的差异。如果一个班组里的每一个人都有因循守旧的性格，那么，整个集体就不会创造性地开展工作，缺乏主动精神，各项工作就会处于被动。如果大家都是火爆脾气，不能谦让，那么，遇到问题就无法解决；但如果大家都过于谦让，有时又可能失去自信，甚至难以坚持原则，也会被动。所以，性格并没有绝对的优劣，只要善于利用，合理搭配，就能互相弥补，收到最佳的整体效果。互补原则要求我们对集体的各种构成要素要做到互相补充。

3．动态性原则

动态性原则是根据施工生产任务内容的变化而随时调整人员结构，从而达到新的优化。建筑企业班组的施工生产任务并不是固定不变的，特别班内作业组的施工生产任务更是经常变化，在这种情况下，班组长要及时与上级取得联系，在上级组织的支持下，对本班组的人员构成进行调整。

（三）提高劳动生产率

努力提高劳动生产率是班组劳动管理的根本目的。劳动生产率是指劳动的生产效率，或者说是劳动者的生产效果或能力。劳动生产率同单位时间内所生的产品数量成正比，而同单位产品所包含的劳动量成反比。也就是说，单位时间内所生产的产品越多，单位产品所包含的劳动量越少，则劳动生产率就越高；反之，劳动生产率就越低。

劳动生产率是用劳动产品量同劳动消耗量相比较的一种劳动量的投入产出的经济指标。提高劳动生产率就是千方百计地降低劳动消耗量，增加劳动产品量，即减少劳动投入，增加劳动产出。因此，一切有助于减少劳动投入、增加劳动产出的方法都是提高劳动生产率的途径。对于建筑企业的班组来说，提高劳动生产率主要应做好五个方面的工作：

（1）加强班组劳动力资源管理，科学进行劳动组合，实现人与人、人与物的合理组合，做到人尽其才、物尽其用，使班组始处于优化组合状态。

（2）加强劳动定额管理，充分调动班组成员的生产劳动积极性，努力超额完成劳动定额。

（3）加强班组文化技术的培训，提高广大工人群众的文化技术素质。工人的文化技术素质提高了，不仅能够实施先进的施工工艺和使用先进的劳动工具，而且能够改进施工工艺和劳动工具，从而提高劳动效率。

（4）不断开展群众性的技术革新和合理化建议活动，依靠广大工人群众的智慧和力量，改进工艺，改善管理，提高劳动效率，超额完成施工生产任务。

（5）加强思想政治工作，关心和解决班组成员的劳动环境、生活等问题，在提高大家的思想政治觉悟的同时，消除他们的后顾之忧，从而全身心地投入施工生产劳动之中。

（四）建立健全班组劳动管理组织

建立健全班组劳动组织是圆满完成任务的组织保证。建筑企业施工作业层面广、工艺复杂、工种繁多，班组的组织形式也多种多样。一般有以下四种主要形式：

1. 专业班组

它是按照施工工艺的要求由单一的专业工种组成的班组，如机加班、打胶班、包装班等；有的也根据施工需要适当配备一定数量的辅助工种，如主梁安装班以安装工为主体配备 2 ~ 3 名焊工组成。

2. 混合班组

它是根据施工工艺的要求由多工种组成的班组，这种班组可以有效地完成某些分部分项工程。如金属结构安装班一般由 8 ~ 10 名铆工、7 ~ 8 名起重工、1 ~ 2 名气焊工、2 ~ 3 名电焊工和 1 名油漆工组成。

3. 项目小分队

它不是固定的班组，而是为了独立完成某一施工任务临时组织起来的，任务完成后即回原班组。小分队的人数应根据任务的实际需要来确定，一般应在 30 ~ 50 人左右为宜，太多了不便于组织和管理。

4. 青年突击队

它以青年工人为主，并具有一种荣誉称号性质。青年突击队的组织形式不尽相同，有的就是一个班组，有的则大一些，具有独立的综合承包能力。青年突击队具有一种模范带头作用，在我国基本的建设和推动建筑施工企业班组建设方面发挥了重要作用。青年突击队虽不完全等同于班组，但是在进行班组管理时，绝不能忽视青年突出队的作用。

#### 四、班组劳动纪律的教育和管理

加强劳动纪律的教育和管理，是巩固劳动纪律、自觉遵守劳动纪律的基础。班组加强劳动纪律的教育和管理应从以下几方面考虑：

（1）订立班规班约，使劳动纪律具体化，便于记忆和掌握，便于执行和检查。

（2）加强教育，使工人群众逐渐养成遵守劳动纪律的习惯，从而形成自觉的行动。教育的方式方法要根据施工生产的具体情况灵活多样，主要有：

1）利用各种开会或学习的机会，经常向大家灌输、讲解劳动纪律的内容以及遵守劳动纪律的意义。

2）抓住一事一例向大家进行劳动纪律的现实教育，使大家认识到违反劳动纪律给国家、集体和个人带来的危害。

3）树立典型。抓住班组成员中遵守劳动纪律的先进事迹，树立起先进典型，吸取教训，从而使大家逐渐培养起遵守劳动纪律的自觉性。

（3）奖惩结合。对自学遵守劳动纪律的人要及时表扬、奖励，对违反劳动纪律的人要及时进行批评教育，严重者给予相应的处罚。在这里，要以表扬为主，处罚为辅，重要的是树立和形成自学遵守劳动纪律的良好风气。

#### 五、班组民主管理

（一）班组民主管理的内容

班组民主管理的内容主要包括以下四个方面：

（1）在政治上实行民主。即全体班组成员民主选举班组长；民主评议班组长及公司领导者并提出奖惩建议；召开民主生活会，开展批评和自我批评；组织班组成员时事政治及有关规章制度；评选和自我批评；组织班组成员学习时事政治及有关规章制度；评选先进人物，总结工作经验等。

（2）在经济上实际民主。即人人当家理财，搞好班组经济核算；公布各项经济指标完成的情况；对班组的生产及其他经济动民主讨论，制定各种有效措施并提出处理意见、防范措施和改进建议；决定班组内部的奖惩办法及有关分配等重要问题。

（3）在技术上实行民主。要组织班组成员学习技术和文化，开展岗位练兵、操作比武和技术协作，建立技术攻关小组、技术革新小组、合理化建议小组质量管理小组等，开展各种形式的技术、业务竞赛以及其他形式的自主管理活动，做到群策群力，共同提高素质和水平。

（4）在生活上实行民主。开展互助互济活动，发扬团结友爱精神，为同班组的成员解除后顾之忧；民主讨论困难补助、生活和工作环境的改善、女工生活、冬雨期施工的后勤服务、医疗保健、慰问病号及伤亡职工家属等涉及职工切身利益的各种问题，并提出合理化建议。

（二）班组民主管理的主要形式

班组民主管理的组织形式是一系统企业民主管理形式的基础，具有很多种类，其中是主要的组织形式有：

1. 班组会。班组会由班组长负责召集和主持。其主要任务是研究班组的主要工作和需在提交班组民主会讨论的重要问题。班组核心会通常每周召开一次，根据实际情况可以增加或减少开会次数。

2. 班组民主会。其是班组民主管理的基本形式，是班组全体职工行使民主管理权力的基本方式。班组民主会由班组长主持召开。会议内容是讨论班组工作的长期规划和近期安排以及工作总结；研究改进和加强班组工作的措施；讨论落实班组的作业计划、承包方案以及安全生产、劳动保护、技术改革等重要事项；讨论通过班组的规章制度、分配办法以其他关系职工切身利益的问题；评议企业的经营方针、决策和各级领导干部的工作作风；对班组的工作提出批评和建议。

（三）班组民主管理的意识和艺术

1. 班组长的民主管理意识

班组长的民主管理意识取决于他的公仆意识，集体观念和群众观点。

（1）公仆意识。班组长必须把自己看成是为全班人民服务的，是为人民群众服务的。因此，不能有"官"气，不能过高地估计自己，甚至把自己看成班组的家长，什么事都想自己一个人说了算。如果这样，那就颠倒了班组长和班组全体成员之间的关系，把班组长自己看成了其他人的"主人"，其他人只有听话才算"好工人"。具有这种错误思想的班组长，不可能推动班组民主管理的进步，相反，只会压抑工人的民主精神。

（2）集体观念。班组长必须看到，只有发挥班组的集体功能，把每个人的积极性都调动起来，才能够保证各项任务的完成；只有靠每个班组成员的集体荣誉心理需求引导到争优创先的实际工作中去，才能使用班组中蕴藏的巨大潜能迸发出来。否则，只凭班组长一人的智慧和能力，是不会实现班组目标的。

（3）群众观点。班组长必须同群众打成一片，信任群众、尊重群众、关心群众、依靠群众，注意倾听群众的意见，遇事同群众商量。悦耳的意见要听，逆耳的意见也要听；正确的意见要采纳，一时不能采纳的要解释清楚；就是错误的意见也要让人家说完，然后再耐心说服解释，以求得认识上的统一。班组长尤其要主动接受来自群众的监督，要经常通过各种形式征求群众的批评意见，鼓励大家对自己的工作评头论足，并要及时改正自己身上或工作上的毛病，对批评自己的人绝不打击报复。

2. 班组成员的民主意识

班组成员的民主意识具体地表现在对班组工作的积极性和责任心上。要搞好班组的民主管理，每个班组成员必须把班组当作自己的家来看待，要有主人的样子，像为自己家干活那样完成班组的工作；像使用自己家的钱或东西那样爱护班组的机具，节省每一寸材料和每一分钱；像关心自己家的事那样热心于班组的事情。如果在班组民主管理方面只是班组长和少数人具有积极性，也不可达到班组民主管理的最终目标。因此，必须使每个班组成员或绝大多数班组成员树立起民主管理的意识，为此，班组长必须做好两个方面的工作。

（1）加强思想教育。要组织班组全体成员学习政治理论上弄清自己与班组之间的关系，克服雇佣思想。此外，还要采用学先进人物、开展谈心活动等多种形式进行思想教育工作，强化先进职工的民主管理意识，促进后进职工实现转化。

（2）搞好规章制度的建设和落实。规章制度包括政治和经济两方面的内容。政治方面的规章制度，主要指班组内部的民主管理的规章制度。经济方面的规章制度，主要指经济责任制和劳动纪律。要把班组的经济目标或经济责任分解到人，坚决打碎过去的那种分配制度上的大锅饭，改变干多干少一样、干好干坏一个样、干与不干一个样的不公局面，真正地贯彻按劳分配原则，谁为班组和企业作出的贡献大，谁的工作高效、优质、低耗，谁就要受到相应的奖励。

3.班组民主管理的艺术

班组民主管理具有很强的原则性，但在进行班组民主管理的同时，还要有一定的管理艺术，下面就班组成员参与管理为内容，对班组民主管理的艺术作一介绍。

班组成员参与管理，这是班组民主管理的核心内容。但到底有哪些问题需要参与、让哪些人自始至终地参与、其他人怎样参与等，就需要富有艺术性地处理。首先，不能把班组活动所涉及的大事小情都列入成员参与的范围，有些常规性的、大家不会有异议问题，班组长按常规或惯例办理即可，没有必要再走班组成中参与讨论的形式，因为那样做除了多耗费时间和精力之外，不会有任何新的收获。必须纳入班组成员参与之列的，是那些拿不定主意问题，或需要集中大家智慧才能进行正确决策的问题。其次，自始至终都参与有关管理问题讨论，只会浪费他们个人的工作精力和工作时间，也会无意义地拖长决策过程。如果让那些只注重个人利益而不是出于对集体利益的关心的人自始至终参与管理，只会讨论复杂化，或无端增加决策的难度，在这种情况下，即便他们参与能力再强，也不会有益于管理的进步。有些人有参与积极性，但却没有参与的能力，即使让他们参与决策问题的讨论，也不会提出有意义的想法，尽管其精神可佳，也不宜自始至终地参与，只有那些既有参与的积极性又具备参与能力的人参与问题讨论的全过程，才有益于决策、有益于班组。只有具有参与积极性和能力的人才能自始至终地参与问题讨论的全过程，并不是要否认其他人参与管理的权利。对于那些有参与能力而没有参与积极性的人，应该通过教育和制度来提高其对组活动的关心，增强其主人翁的责任感，克服个人主义或独善其身的错误思想或消极意识，使他们尽快地加入参与讨论的行列中来。在他们还没有参与积极性时，也应尊重其参与的权利，个别地征求他们对所讨论问题的意见，发挥其参与能力的作用。对于那些有积极性但没有参与能力的人，一方面要帮助他们掌握参与管理的相关知识，提高其参与能力；另一方面，在他们还不具备参与能力时，也不要把他们排除在参与管理的行列之外，而应当在参与管理问题讨论过程的后期吸收他们参加，使他们了解讨论的结果并取得相同的意见，形成贯彻班组决策的自觉性。

**六、班组资料管理**

班组资料包括：基础资料、技术资料以及一系列规章制度。

（一）班组基础资料

1.任务书

任务书又称工程任务单、施工任务单或加工单，主要包括工程项目、工程量（计划与实际完成）、定额标准（劳动定额）、材料消耗、质量安全及班组出勤情况等。

2.领料单

领料单是任务书的组成部分，它是根据材料消耗定额向班组下达用料限额并核算其经济效果的原始记录，也是在限额领料制度下班组领用材料的唯一凭证。领料单应随同任务书同时下达和结算。

3.班组工作台账

班组工作台账是班组验收的必备资料。班组工作台账应填写组员姓名，性别，年龄，文化程度，政治面貌，职务，家庭地址以及变动情况。

4. 班组月奖金分配表。记录每个人的月奖分配额。

5. 考勤表。按月份填写班组出勤人员，应出勤人员，应出勤工日，实出勤工日，缺勤情况（病假、工伤、事假、矿工等），以及月出勤率。

6. 质量自检评定表。填写分项工程名称，自检时间，目测情况，实测检查（总点数、合格数、合格率），评定等级以及质量检查员的意见。

7. 安全活动日情况记录。记录活动日期，地点，主持人参加人数，活动内容，安全问题及解决意见。

8. 文化、技术、政治学习情况表。记录学习时间，学习主持人，学习内容和活动情况。

9. 班组季度工作总结。记录小结时间，小结主持人以及基层行政工会组织意见。

10. QC 小组活登记表。登记 QC 小组成员情况，QC 小组活动课题，QC 教育培训情况统计，QC 小组活动出席统计，QC 小组 PDCA 循环活动情况以及 QC 小组成果。

11. 班组日记

班组日记是对本班组情况的日纪实，其主要内容如下：

（1）日期、气候；

（2）当日班组工作内容及完成任务情况；

（3）操作人员出勤、变动情况；

（4）施工机具故障及处理情况；

（5）技术革新及节约材料情况；

（6）班组质量、安全情况，有无返工及安全事故；

（7）QC 小组活动情况；

（8）班组交底及学习情况；

（9）班组重大活动记事。

（二）班组技术资料

班组技术资料包括：《建筑安装工程施工操作规程》,《建筑安装工程质量检验评定标准》；各项施工工艺卡；技术和安全交底；施工图纸及施工说明书；机具的使用和维修说明书；新材料的性能及使用说明书等。

对于机械班组应建立机械技术档案，机械技术档案的内容主要有以下几点：

（1）原机械技术资料，即使用、保养、修理说明书，零配件目录、图纸，出厂合格证等；

（2）机械附属装置，随机工具、备件登记表及变更记录；

（3）机械改装的批准文件、图纸和技术鉴定记录；

（4）机械验收交接清单和试运转记录；

（5）机械运转和消耗汇总记录；

（6）高级保养和大修记录以及保养修理中的各项技术资料；

（7）设备检查评比记录；

（8）机械事故记录及有关资料；

（9）轮胎及主要机件的更换记录；

（10）其他属于本机的一切原始记录。

（三）规章制度

规章制度包括公司、施工队有关针对班组的各项管理规定；各种工管员的职责；文明宿舍管理规定；进入施工现场的各项管理制度；各项奖罚条例等。

# 主要参考文献

1　中国建筑装饰协会工程委员会．实用建筑装饰施工手册．北京：中国建筑工业出版社．1999

2　张芹．建筑幕墙与采光顶设计施工手册．北京：中国建筑工业出版社．2002

3　彭政国，张芹，孟庆范．现代建筑装饰—铝合金玻璃幕墙与玻璃采光顶．北京：中国建筑工业出版社．1996

4　龚洛书．建筑工程材料手册．北京：中国建筑工业出版社．1997

5　郭锡纯，唐瑞霞，姚积伸．新型建筑五金实用手册．北京：中国建筑工业出版社．1999

6　王永臣，王翠玲．建筑工人技术系列手册—放线工手册．北京：中国建筑工业出版社．1999

7　张坤，沈元勤，郭宏若．建筑企业班组管理．北京：中国建筑工业出版社．1991

8　国家经贸委安全生产局，中华全国总工会经济工作部．企业员工安全知识读本（劳务工版）．北京：中国社会出版社．2000

9　刘忠伟，马眷荣．建筑玻璃在现代建筑中的应用．北京：中国建材工业出版社．2000

10　杨金铎，杨洪波．房屋构造（第三版）．北京：清华大学出版．2001

11　全国建筑业企业项目经理培训教材编写委员会．施工项目信息管理．北京：中国建筑工业出版社．2002

12　全国建筑业企业项目经理培训教材编写委员会．工程招投标与合同管理（修订版）．北京：中国建筑工业出版社．2002

13　全国建筑业企业项目经理培训教材编写委员会．施工项目质量与安全管理（修订版）．北京：中国建筑工业出版社．2002

14　中国建筑金属结构协会铝门窗幕墙委员会．铝门窗幕墙技术新编资料汇编